Grundlagen und Methoden einer Erneuerung der Systematik der höheren Pflanzen

Die Forderung dynamischer Systematik im Bereiche der Blütenpflanzen

Von

Dr. phil. **Franz Buxbaum**
Judenburg, Österreich

Mit 49 Abbildungen, 7 Schemata und 3 Karten

Wien
Springer-Verlag
1951

ISBN-13: 978-3-211-80197-0 e-ISBN-13: 978-3-7091-7777-8
DOI: 10.1007/978-3-7091-7777-8

Vorwort.

Erneuerung der Systematik tut dringend not! Diese Erkenntnis beginnt sich immer fordernder durchzusetzen, je mehr man erkennt, daß keines der gegenwärtig gebräuchlichen Systeme jenen Anforderungen entspricht, die man heute an ein System stellen muß: der größtmöglichen Annäherung an die phylogenetischen Tatsachen. Daß die derzeitigen Systeme nicht längst durch bessere abgelöst worden sind, ist nur darauf zurückzuführen, daß die bisherigen Methoden unzulänglich und nicht imstande sind, schwierigere Probleme zu lösen. Die Erneuerung kann aber ebensowenig von der Phytographie und Floristik her kommen, wie von einer theoretisierenden, mehr oder weniger „spekulativen" Seite. Sie muß von einer, alle Zweige der Botanik einbeziehenden Phylogenetik ausgehen, ganz neue, exaktere Untersuchungsmethoden anwenden und die Dynamik der Entwicklung verfolgen. Eine Aufgabe, der Besten unter dem Botanikernachwuchs wert! Systematik im heutigen, hier geforderten Sinne, muß eine im wahrsten Sinne des Wortes „allgemeine" Botanik sein, die Königin der Botanischen Spezialgebiete.

Judenburg 1950.

Dr. Franz Buxbaum.

Inhaltsverzeichnis.

Erster Teil

Einleitung

Zweiter Teil

Grundlagen der Systematik

Dritter Teil

Die Methodik

Erster Teil

Einleitung

1. Die Ursachen des Verfalles der Systematischen Botanik

Frühere Ansichten über die Ursachen

Schon vor etwa zwanzig Jahren wurde über den Rückgang der Systematischen Botanik debattiert und geschrieben, ein Zeichen, daß schon damals die Nachwuchsfrage, aber auch der Stand dieses Forschungszweiges selbst, höchst unbefriedigend war und ein Stadium erreicht hatte, in dem eine weitere Verschlechterung nicht mehr tragbar erschien. Ganz besonders war es Fedde[1], der sich um diese Frage annahm und 1928 in seiner Schrift „Über die Ursachen des Rückganges der Systematischen Botanik und der Pflanzengeographischen Forschung in Deutschland" eine Zusammenfassung der bis dahin vorliegenden Äußerungen und den Stand der Dinge gab. Sämtliche Autoren der damaligen Zeit suchten die Ursachen in wirtschaftlichen Fragen, d. h. darin, daß immer mehr Lehrkanzeln für Systematik teils aus „Ersparungsgründen" aufgelassen, teils durch sogenannte „Allgemeine Botaniker" besetzt wurden. Dieser Umstand machte nun tatsächlich die Nachwuchsfrage insoweit immer schwieriger, als es dem jungen Botaniker vielfach gar nicht mehr möglich war, Vorlesungen über Systematik zu hören und weil er, der Forschungsrichtung seiner Lehrer entsprechend, auf ein anderes Gebiet der Botanik gelenkt wurde. Der Abbau der Systematischen Lehrkanzeln soll nach Meinung der damaligen Autoren den jungen Botaniker gezwungen haben, sich der „Allgemeinen Botanik" zuzuwenden, da er sonst überhaupt keine Aussicht auf ein Fortkommen hatte. Suessenguth[2] hingegen ist der Meinung, daß der Niedergang der Systematik in Deutschland auf den Verlust der Kolonien zurückzuführen sei, da durch ihn weite Kreise in Deutschland das Interesse an außereuropäischen Pflanzen verloren haben. Dieser Meinung ist allerdings von vorneherein entgegenzuhalten, daß die Lage auch in anderen Ländern nicht günstiger ist und ein wirklicher Fortschritt im System der Höheren Pflanzen nirgends erzielt wurde.

Alle diese Argumente, die damals vorgebracht wurden, beruhten auf unwiderleglichen Tatsachen. Und doch — ich bin der Meinung, daß da ein Symptom für die Ursache angesehen worden ist! Denn, ich muß da schon einen dieser Autoren, Mez selbst, zitieren: „Es ist immer noch der Geist, der das Materielle beherrscht!" Man darf nicht vergessen, daß der weitaus überwiegende Teil aller jungen Botaniker auch dann nicht die

[1] Fedde, Fr., Beiträge zur Systematik und Pflanzengeographie IV. Fedde, Repert. Spec. Nov., Beih. LI, 1928.
[2] Suessenguth, Neue Ziele der Botanik, Berlin-München 1938.

Hochschullaufbahn einschlagen kann, wenn sie sich der „Allgemeinen Botanik“ zuwenden; mit Ausnahme eines fast verschwindend kleinen Teiles treten alle Biologen in die Laufbahn des Höheren Schuldienstes als Erzieher ein. Es kann keiner damit rechnen, daß es ihm gelinge, einmal ein Ordinariat zu bekommen. Anderseits aber hat immer noch eine große Idee, auch auf dem Gebiete der Wissenschaft, Anhänger gefunden, die unbeachtet um „Aussichten“ ihr auch dann folgten, wenn der Vertreter der Idee, in unserem Falle also der Forschungsrichtung, dem Anhänger nur aus seinen Schriften bekannt war.

Die wahre Ursache muß also an anderer Stelle gelegen sein, und zwar in der Systematik selbst. Tatsächlich muß zugegeben werden, daß kaum ein Zweig der Botanik sosehr erstarrt ist, obwohl noch eine Unzahl von Problemen der Lösung harrt.

Daß die Systematik tatsächlich in einer vollständigen Erstarrung liegt, beweist am besten die Feststellung Suessenguths: „Die Entdeckung neuer Beziehungen zwischen den Familien ist sehr schwierig geworden. Dadurch, daß das Neue gegenüber dem bereits Bekannten in den Hintergrund trat, wurde die Systematik der Pflanzen im strengen Sinne der Typenlehre eine mehr und mehr abgeschlossene Wissenschaft. Es traten die Probleme zurück, damit aber auch das allgemeine Interesse.“

Kritik der Meinung, die Systematik sei eine „abgeschlossene Wissenschaft“

Von „abgeschlossener Wissenschaft“ kann man aber nur dann sprechen, wenn man die heutigen Systeme nur ganz oberflächlich betrachtet und sich über ihre Berechtigung nicht die geringsten Gedanken macht! Gewiß, man ist heute imstande, jeder Pflanze und auch so ziemlich jeder Neuentdeckung einen „angemessenen“ Platz zuzuweisen. Man hat Gruppenbildungen vorgenommen, die zum Teil zweifellos richtig sind. Aber war nicht Linné auch schon so weit?! Man nennt die heutigen Systeme „natürliche“, was heißen soll, den phylogenetischen Verhältnissen entsprechende Systeme, aber sie *sind es nicht!* Sonst dürfte man von vorneherein nicht an der Dreiteilung: Monochlamydeae — Dialypetalae — Sympetalae festhalten, denn, das wissen wir heute positiv, jede der Sympetalengruppen besitzt direkte Beziehungen zu einer Dialypetalenreihe, aber keine Beziehungen zu manchen anderen Sympetalen. Worin also soll die „Abgeschlossenheit“ der Systematik bestehen? Die Antwort auf diese Frage hat schon vor vierzig Jahren Hallier[3] in sehr temperamentvoller Weise gegeben, wenn er feststellt, daß durch die Schaffung der systematischen Einteilung zu „Englers Pflanzenreich“ „jede einzelne Pflanzenfamilie ihren numerierten Sitzplatz erhalten hat“ und das offizielle System der Blütenpflanzen dadurch „auf unabsehbare Zeit in Starrkrampf versenkt worden ist“. Hallier hat es ja auch tatsächlich versucht, das System der Blütenpflanzen auf neue Grundlagen zu stellen, konnte aber damit nicht durchdringen, m. E. wohl auch nicht zuletzt darum, weil seine Arbeiten viel zu oberflächlich und zerfahren

[3] Hallier, H., Über Juliania und die wahren Stammeltern der Blütenpflanzen . . ., Beih. Bot. Centralb. XXIII/2, Heft 2, 1908, S. 254.

verfaßt sind und er sich selbst immer wieder korrigiert, so daß seinen Werken durchaus keine Überzeugungskraft innewohnt, so ausgezeichnet und beachtenswert seine Ideen sonst sind.

Denn schon Hallier hat erkannt, daß die Systematik in eine Sackgasse geraten ist, indem sie Primitivität und Reduktion verwechselte. Die absolute Stagnation der Folgezeit hat ihm recht gegeben.

Einige charakteristische offene Probleme

Damit kommen wir auch schon zu der Frage, welche *großen* Probleme in der Systematik noch offen oder doch nur scheinbar gelöst sind. Alle aufzuzeigen, ist gar nicht möglich — es sind ihrer zu viele! So will ich nur auf einige Probleme hinweisen, die ich als geradezu symptomatisch bezeichnen möchte.

Ich habe schon oben die *Dreiteilung der Dicotylen* erwähnt. Die Einteilung in Choripetalae und Sympetalae, von denen die ersteren in Monochlamydeae und Dialypetalae gegliedert werden, kann in einem phylogenetischen System nicht zu Recht bestehen. Jede Reihe der Sympetalae ist ein mehr oder weniger direkter Abkömmling einer bestimmten Dialypetalenreihe; zum Teil bestehen heute nicht einmal mehr Zweifel, wo der Anschluß liegt, zum anderen Teil ist er mehrdeutig und harrt daher noch der Klärung.

Besonders anfechtbar erscheinen mir aber die *Monochlamydeae,* die in allen gegenwärtig anerkannten Systemen als „primitivste" Dicotylen angesprochen werden. Vom vergleichend morphologischen Standpunkt muß dieser Ansicht entgegengehalten werden, daß die Mehrzahl der hieher gezählten Pflanzen zwar wohl sehr „einfache", d. h. perianthlose Blüten besitzen, diese jedoch in oft sehr komplizierten Infloreszenzen angeordnet sind. Man denke nur an die *Betulaceae,* deren „Kätzchen" hochspezialisierte, aus Dichasien zusammengesetzte Infloreszenzen sind, wobei eine von Alnus über Betula nach Corylus fortschreitende Reduktion des Perianthes unverkennbar ist. Das kann keine in umgekehrter Richtung fortschreitend aufbauende Progression sein, denn kein Organ tritt bekanntlich als Rudiment in Erscheinung!

Bei den *Salicales* können wir — im Gegensatz zur derzeit gebräuchlichen Anordnung — wohl eine Reduktion des Andröceums von der Polyandrie (Populus) über die Pentandrie und Triandrie zur Diandrie bei Salix morphologisch begründen, nicht aber so ohne weiteres die umgekehrte Richtung — denn der Begriff der Pleiomerie ist sehr mit Vorsicht zu gebrauchen, wenn er nicht, wie etwa bei den Aizoaceae sich in der Entwicklungsgeschichte aufzeigen läßt.

Ganz dieser Annahme entsprechend, kann man vom Perianthsaum bei Populus wohl im Wege einer „transformierenden Reduktion" (siehe Kapitel „Progression") die Entstehung von zunächst zwei und schließlich einer Drüse bei Salix erklären, nicht aber umgekehrt den Perianthsaum aus der Drüse von Salix ableiten! Populus muß daher primitiver als Salix sein und kann nur von polyandrischen Formen mit Perigon abstammen.

Von den Monochlamydeen-Reihen Verticillatae, Proteales-Santalales, Garryales, Salicales, Batidales und Piperales sind *keinerlei Beziehungen zu an-*

deren Gruppen der Angiospermen aufgedeckt. Will man aber nicht polyphyletischen Ursprung der Angiospermen annehmen, so *muß* irgendwo eine Verbindung bestehen bzw. bestanden haben. Gegen die Annahme eines polyphyletischen Ursprungs sprechen aber neben vergleichend morphologischen insbesondere die embryologischen Tatsachen.

Sehr einfache, d. h. perianthlose oder calycinische monochlamideische Blüten in sehr komplizierten Infloreszenzen, oft mit sterilen „Schaublüten" finden wir auch unter gerade jenen *Centrospermen,* die in den heutigen Systemen als die „primitivsten" dieser „zu den *Dialypetalen* hinüberleitenden" Reihe, den Chenopodiaceae und Amaranthaceae, die sich „an die Urticales anschließen" sollen. Hier ist es sehr bezeichnend, daß gerade die — dieser Anschauung entsprechend als „primitivste Caryophyllaceae" angesprochenen Gattungen Herniaria und Scleranthus becherförmige Blütenachsen und ebenfalls sehr komplizierte Infloreszenzen besitzen — also ebenfalls hochabgeleitete morphologische Merkmale! Gerade bei den Paronychieae kommen sogar aus ganzen Infloreszenzteilen gebildete Klett- und Flugvorrichtungen der Früchte vor, was doch kaum als primitives Merkmal bezeichnet werden kann. Dementsprechend hat schon Kraft[4] die Caryophyllaceae mit einfachen Blüten als Reduktionsformen erkannt, was später auch Troll[5] bewiesen hat, der auch zeigte, daß das Chenopodiaceen-Diagramm sich zwanglos durch Reduktionen von einem „vollkommenen" Caryophyllaceen-Diagramm ableiten läßt — was umgekehrt nur sehr krampfhaft möglich wäre. Zudem haben alle diese sogenannten „primitiven" Centrospermae ein einsamiges Gynöceum, welches aus zwei bis drei Karpellen gebildet wird. Also mindestens ein steriles Karpell, was wieder ein rudimentär in Erscheinung tretendes Organ bedeuten würde, da die Karpelle der Centrospermae peltat mit der Placenta an der Querzone sind. Bei den *Urticales,* von denen sich diese angeblich primitiven Formen ableiten lassen sollen, finden wir gar typisches pseudomonomores Gynöceum — mit von Celtis bis Ficus fortschreitender Reduktion des zweiten Karpells, wie Eckardt[6] eindeutig feststellte. Wir stehen hier also vor der seltsamen Tatsache, daß — immer nach den heutigen Systemen — zuerst ein rudimentäres und ein fertiles einsamiges Karpell, dann ein steriles und ein fertiles einsamiges auftreten soll, von denen sich schließlich die vielfächerigen und „schließlich" sogar apocarpen Gynöceen der Phytolaccaceae ableiten sollten! Wo aber die Urticales her sein sollen — beantworten die bisherigen Systeme nicht. Schon R. v. Wettstein betonte aber, daß die Phytolaccaceae „im Blütenbau den Übergang von den einfachen zu allen übrigen Familien der Reihe vermitteln". Und tatsächlich lassen sich von den Blüten der Phytolaccaceae aus — ganz besonders von ihrem Gynöceum aus — alle anderen Formen der Centrospermae entwickeln, was meines Erachtens um so mehr für die echte Primitivität der Phytolaccaceae spricht, als sich deren Blütenbau von dem der Polycarpicae ableiten ließe, wenn auch derzeit

[4] Kraft, E., Experiment. und entwicklungsgesch. Unters., Flora N. F. IX, 1917.

[5] Troll, W., Organisation und Gestalt im Bereiche der Blüte. Berlin 1928.

[6] Eckardt, Th., Unters. über Morphologie, Entwicklungsgeschichte und system. Bedeutung des pseudomonomeren Gynöceums, Nova Actra Leopoldina N. F. 5, Nr. 26.

noch keine Verbindung klargestellt ist. Diese *Verkennung der Reduktion* finden wir *symptomatisch* immer wieder. Was bei den Gramineae heute allgemein anerkannt ist, daß die „einfachen" Blüten — in komplizierten Infloreszenzen — aus „vollkommeneren" Blüten, in diesem Falle dem Liliifloren-Diagramm, als Reduktionsformen ableitbar sind — wird bei den Dikotylen heute noch glattweg übersehen oder abgeleugnet!

Ein ganz besonders symptomatischer Fall ist die alte Frage um die *Stellung der Cactaceae,* die — auch symptomatisch — in den meisten Systemen zu dem schwächlichen Kompromiß der Aufstellung einer eigenen Reihe (Ordnung) führte, deren Stellung doch wieder umstritten ist. Der Kampf: hie Centrospermen-Anschluß, hie Parietales-Anschluß war mit den bisherigen Methoden nicht zu entscheiden. Die morphologischen und anatomischen Argumente, die Wettstein für die Vereinigung mit den Centrospermen anführte, wurden insbesondere von Ziegenspeck[7] und von Reuter[8] als „unzureichend" erklärt, weil — sie nicht mit dem „serologischen Stammbaum" in Einklang zu bringen sind und mit „morphologischen" Gegenargumenten erwidert, die nur aus der Literatur — niemals aber aus exakten, vergleichend morphologischen Untersuchungen stammten, und daher — das ist eben das Symptomatische an diesem Streit — Worte an Stelle von Tatsachen stellen.

Mit meinen Methoden war es mir[9] inzwischen möglich geworden, zunächst nur auf Grund des Gynöceumbaues und schließlich bis ins letzte Detail auf Grund des gesamten Blütenbaues[10] vergleichend typologisch gelungen, den absoluten und endgültigen Beweis für die Abstammung der Cactaceae von den Phytolaccaceae als Parallele der Aizoaceae und damit ihre echte Centrospermennatur nachzuweisen, was noch durch die embryologischen Befunde Mauritzons[11] restlos bestätigt wurde. Die Ansicht der „serologischen" Systematiker, die sie so krampfhaft verteidigten, der Anschluß an die Parietales, konnte also mit einem Schlag restlos widerlegt werden! Warum konnte dies nicht schon längst geschehen? Diese Frage wird unten zu beantworten sein. Der Erfolg aber zeigt, daß meine neuen Methoden schwierige systematische Probleme zu lösen imstande sind, daß also meine *Kritik* der bisherigen Methoden *berechtigt* ist. Das „Kakteenproblem" wirft aber noch in anderer Hinsicht ein interessantes Schlaglicht auf die bisherige Systematik, denn die embryologischen Verschiedenheiten der *Parietales* lassen es sehr zweifelhaft erscheinen, ob diese Reihe überhaupt eine Einheit ist — ein neues, offenes Problem! Muß ich noch weitere offene Probleme anführen?

---

[7] Ziegenspeck, H., Kritisches und Strittiges, Eine experimentelle Antwort auf Wettsteins: Die Bedeutung der serodiagnostischen Methode für die phylogenetisch-systematische Forschung. Bot. Archiv XVI, 1926, S. 218 ff.

[8] Reuter, K., Die Phylogenie der Parietales, Bot. Archiv XVI, 1926, S. 118 ff.

[9] Buxbaum, F., Blütenmorphologische Einzeluntersuchungen. Zygocactus. „Cactaceae", Jahrb. d. Deutsch. Kakt. Ges. 1938, Buxbaum, F., Untersuchungen zur Morphologie der Kakteenblüte I. Das Gynoeceum. Bot. Archiv 45, 1944, S. 190—247.

[10] Buxbaum, F., Zur Klärung der phylogenetischen Stellung der Aizoaceae und Cactaceae im Pflanzenreich, „Sukkulentenkunde II", Jahrbuch der Schweiz. Kakt. Ges. 1948.

[11] Mauritzon, J., Ein Beitrag zur Embryologie der Phytolaccaceen und Cactaceen, Bot. Notiser 1934, S. 111 ff.

Ich glaube, die Ansicht, daß die Systematik „eine abgeschlossene Wissenschaft" sei, ist schon mit den angeführten Fragen widerlegt. Und dabei habe ich die zahllosen Fragen der inneren Gliederung der Familien und die noch immer zahlreichen *„Genera incerti sedis"* gar nicht erwähnt, von der Artsystematik gar nicht zu reden.

Die wahren Ursachen

Gewiß, mit den bisherigen Methoden sind systematische Arbeiten im eigentlichen Sinne, d. h. solche, die die großen Züge der Entwicklung verfolgen, sehr schwierig geworden. Aber damit ist die Tatsache ungeklärter Probleme nicht zu verteidigen! Im Gegenteil müßte gerade die Schwierigkeit ein Anreiz sein, sich damit zu beschäftigen; denn erst im Ringen mit dem Schwierigen bewährt sich der wahre Forscher und nicht mit Resultaten, die leicht, ja oft rein mechanisch-experimentell erreicht werden! So wenig es in Wahrheit an ungeklärten Problemen der Systematik fehlt, so wenig ist es unmöglich, sie zu lösen, wenn einmal ein neuer Weg gefunden ist! Ich habe schon 1937[12] darauf hingewiesen, daß die Gruppierung nach rein äußerlichen Gesichtspunkten, die ich als „statische" Betrachtungsweise bezeichne, bei schwierigen Formenkreisen unmöglich weiterkommen kann. *Hier muß eine „dynamische" Betrachtungsweise einsetzen, d. h. ein Arbeitsvorgang, der an jedem Punkt die entwicklungsgeschichtlichen Möglichkeiten ins Auge faßt.* Diese Methode hat bei der genannten Arbeit bei der inneren Gliederung einer Familie und beim oben zitierten Cactaceen-Problem bei einer Frage der „Höheren Kategorien" vollkommen zum Ziele geführt; ein Beweis, daß nicht das Problem, sondern die Methodik schuld an den Schwierigkeiten war. Somit kann einleitend schon bewiesen werden, daß eine Erneuerung der Systematik möglich, ja sogar notwendig ist.

Abgesehen von den steckengebliebenen Problemen ist an der Erstarrung aber auch eine geradezu bürokratische Zergliederungsarbeit in einzelnen Formenkreisen schuld, die mit Systematik nichts mehr zu tun hat, aber doch fast allgemein mit ihr verwechselt wird. Vergleicht man mit diesem Erstarrungszustand die Aufstiegsbewegung anderer Zweige der Botanik, so muß man es verstehen, daß der angehende Botaniker sich von der Systematik in keiner Weise angezogen fühlen kann und sich lieber einem der aufsteigenden jungen Zweige anschließt. Man muß es aber auch verstehen, daß ein Forschungszweig, von dem nur Zergliederungsarbeit zu erwarten ist, für die der Nichtfachmann wenig Verständnis hat, als nebensächlich betrachtet und in Notzeiten, wie sie vor 25 Jahren bestanden, abgebaut wurde. Auch in dieser Richtung sieht Suessenguth in seinem oben zitierten Buch eine der Ursachen des Niederganges der Systematik in dem Umstand, daß die meisten systematischen Lehrkanzeln Nichtsystematikern übertragen worden sind, denen die gerade für die Systematik notwendige tiefgründige Kenntnis auf diesem Gebiete fehlt und die daher „keine neuen Probleme sehen und keine treibenden Ideen vermitteln können".

---

[12] Buxbaum, F., Die Entwicklungslinien der Lilioideae, Bot. Archiv 38, 1937.

Mangel an außerordentlich interessanten und lohnenden Problemen kann also auf keinen Fall die Ursache des Niederganges der Systematik sein. Diese stillschweigend anerkannte Tatsache führte ja schließlich auch zu dem Versuch, von einer anderen als der steckengebliebenen alten „morphologischen" Seite der Systematik einen neuen Impuls zu geben, zur „serologischen Methode" der Mezschen „Königsberger Schule". Der Grundgedanke dieser Versuche ist zweifellos gut. Es wird unten anzuführen sein, daß in der systematischen Forschung alle Tatsachenmaterialien herangezogen werden müssen, die sich bieten, wo es gilt, sonst unlösbare Probleme aufzurollen. Das Resultat, der „Königsberger Stammbaum", jedoch muß uns ebenso vor einer vorurteilslosen Anwendung der Serologie warnen, wie die höchst problematische Art der Verteidigung dieses Stammbaumes durch seine Anhänger in Fällen, in denen die Resultate fragwürdig werden. Es setzt jedenfalls die Brauchbarkeit der serologischen Methode in ein sehr schlechtes Licht, daß sowohl meine sehr ins Detail gehenden typologischen Forschungen als auch die embryologischen Untersuchungen Mauritzons wie oben schon erwähnt, absolut eindeutig die Zugehörigkeit der Cactaceae zu den Centrospermen und die enge Verwandtschaft mit den Aizoaceae beweisen konnten — die Embryologie zeigt auch die völlige Unmöglichkeit einer Verbindung mit den Parietales — wenn nach der serologischen Methode absolut keine Verwandtschaft mit den Aizoaceae bestehen soll, und wenn man (Reuter) z. B. den Arillusmantel von Dillenia dem absolut anders gearteten Samenmantel der Opuntioideae, der sonst nur bei der Aizoaceen-Gattung Trianthema vorkommt, gleichsetzt und es übergeht, daß keine — aber auch gar keine — Ähnlichkeit im inneren Bau des Samens zwischen Opuntia und Dillenia besteht. Wenn z. B. Ziegenspeck (l. c.) die — den anderen Königsberger Resultaten widersprechende — von Kirstein gefundene positive Reaktion von Ginkgozentrum mit Taxus und Podocarpus dadurch zu erklären sucht, daß es Kirstein passiert sein muß, daß beim Zerreiben des Podocarpus-Materials staubförmige Teilchen dieses in das Gikgo-Material gelangt sein müßten, so muß man das schon als eine sehr krampfhafte Verteidigung der eigenen Resultate ansehen. Es ist hier nicht der Platz, sich mit der serologischen Methode eingehend auseinanderzusetzen. Es soll nur gezeigt werden, daß wir heute mit absoluter Sicherheit sagen können, daß sie allein nicht imstande war, die offenen Probleme zu lösen und daß also auch dieser Weg, unberechtigt verallgemeinert, ein Fehlschlag war. Vielleicht müssen wir eben diesen Versuch als ein charakteristisches Kennzeichen des Niederganges der Systematik werten, da die serologische Methode versuchte, auf *nur* diesem *einen Weg zu einem phylogenetischen Stammbaum zu gelangen* und die serologischen Resultate mit einer „Morphologie" zu stützen suchte, die nichts weiter ist als eine Terminologie.

Es wurde oben die Zergliederungsarbeit einzelner Formenkreise angeführt, die ja nicht eine Tätigkeit des Systematikers, sondern die des Phytographen ist und dennoch immer wieder mit Systematik verwechselt wird und nach Suessenguth mitschuldig am Niedergang der Systematik ist. Es erscheint mir daher notwendig, eine genaue Analyse dieser beiden Wissenschaftszweige durchzuführen.

2. Systematik, Phytographie und Floristik

Der Umstand, daß diese drei Zweige der Botanik tatsächlich enge Beziehungen untereinander haben, mag der Grund sein, warum sie als „Spezielle Botanik" zusammengefaßt und der „Allgemeinen Botanik" entgegengestellt zu werden pflegen, obwohl, wie unten gezeigt werden soll, gerade dieser Ausdruck der verkehrteste ist, den man für die Systematik wählen konnte. Diese Zusammenfassung ist meines Erachtens aber auch sehr viel daran schuld, daß die Systematik nicht die Wertung genießt, die ihr unter allen Zweigen der Botanik am meisten zukommt, und daß diese drei Fachgebiete fast immer mit einander verwechselt und vermischt werden. Diels[13] charakterisiert diese Vermischung sehr treffend mit den Worten: „Begrifflich und inhaltlich sind Phytographie und Systematik zwei ganz verschiedene Dinge. Wer sie vermengt, kennt beide nicht." Verschiedene Dinge sind sie aber nicht nur begrifflich und inhaltlich, sondern vielmehr noch in den Anforderungen, die sie an den mit ihnen befaßten Botaniker stellen. Die Floristik schließt sich bei diesen Betrachtungen so eng an die Phytographie an, daß die für letztere angeführten Tatsachen auch für sie Geltung haben. Um obige Behauptung zu beweisen, muß zunächst einmal der Wesenszug der phytographischen und systematischen Forschung klar herausgearbeitet werden.

Aufgabe und Art der Tätigkeit der Phytographie

Die Aufgabe der Phytographie besteht, wie schon der Name sagt, darin, von allen Pflanzen eine Beschreibung zu geben, die so vollständig ist, daß sie erlaubt, die beschriebene Art von jeder anderen zu unterscheiden; daher gehört als ergänzende Aufgabe auch die Aufstellung von Bestimmungsschlüsseln (clavis) zum leichteren Erkennen in den Bereich dieser Forschung. Ihre Arbeit ist damit eine ausgesprochen ins Detail gehende *analytische*. Phytographie erfordert genaueste Unterscheidungsfähigkeit; sie ist also eine *optische Tätigkeit*.

Aufgabe und Art der Tätigkeit der Systematik

Dagegen ist die Aufgabe der Systematik eine ordnende, also zusammenfassende, *synthetische*. Heute aber ist es mit der mehr oder minder nur organisatorischen Ordnungsarbeit nicht mehr getan, denn die Forderung an die Systematik geht dahin, eine „natürliche", d. h. den stammesgeschichtlichen Tatsachen soweit als irgend möglich gerecht werdende Ordnung zu schaffen, d. h. also, *den Weg der Entwicklung aufzuspüren*. Die Stammesgeschichte kann aber nicht gesehen, sondern nur aus Indizien erschlossen werden. Die Arbeit der Systematik ist also keine optische, sondern eine *assoziative;* sie ist letzten Endes nicht analytisch, sondern *synthetisch*, wenn sie auch analytische Vorarbeit erfordert, die ihr zum Teil (!) die Phytographie liefern *soll*. Hier gilt ganz hervorragend das Wort Schopenhauers, das auch Suessenguth in ähnlichem Zusammenhang zitiert: „Daher ist die Aufgabe, nicht sowohl zu sehen, was noch keiner gesehen hat, als bei dem, was jeder sieht, zu denken, was noch keiner gedacht hat."

[13] Diels, Phytographie und Systematik, Abderhaldens Handbuch d. biol. Arbeitsmeth. Abt. XI. Teil 1.

Ein System hat für den *Phytographen* vor allem nur die Bedeutung eines Ordnungsprinzips, das ihm eine rasche Orientierung ermöglicht, die Aufzählung derjenigen Merkmale, die einer übergeordneten Kategorie zu eigen sind, erspart und, bei Beschreibung einer neuen Form, ihre Eingliederung erlaubt. Ob dieses System der entwicklungsgeschichtlichen Tatsachen entspricht oder nicht, ist für ihn weniger von Belang als eine weitgehende Formenkenntnis, denn nur durch sie ist er imstande, die Grundforderung der Phytographie, die Unterscheidbarkeit, zu erreichen. Dagegen ist es für den Phytographen völlig belanglos, ob seine Organbezeichnung morphologisch richtig ist oder nicht. Das muß näher ausgeführt werden: Für den Phytographen ist z. B. der Begriff der „Zwiebel" eine Einheit, die eine besondere Unterscheidung nur nach ihrem Aussehen erfordert. Morphologisch-entwicklungsgeschichtlich, kurz, typologisch gesehen, ist das aber keineswegs der Fall, da sie sowohl auf dem Wege über das Rhizom als auf dem über eine ganz anders geartete Knolle entstanden sein kann, also nicht einer Homologie, sondern einer Analogie entspricht. Noch deutlicher ausgedrückt: *Die Phytographie betrachtet das bestehende F a k t u m; sie ist ausgeprägt s t a t i s c h eingestellt.*

Ein weiteres, ganz besonders typisches Beispiel für die statische Betrachtungsweise der Phytographie ist die Bezeichnung „Fruchtknoten" („ovarium") für jenen Teil der Achsenröhre der Kakteenblüte, der die Samenhöhle einschließt — ich habe die Bezeichnung „Perikarpell" dafür gewählt — der aber selbst bei Pereskia sacharosa und P. aculeata angewandt wird, wo das Gynöceum oberständig ist und es sich nur um eine Achsenverdickung handelt. Die Samenanlagen liegen bei diesen Arten „in einer Erweiterung am Grunde des Griffels" — so steht es in der phytographischen Literatur!

Für den *Systematiker* liegen die Forderungen genau umgekehrt. Für ihn ist eine weitgehende Artenkenntnis nur insoweit notwendig, als er aus ihr die Richtungen, die die Entwicklung innerhalb eines bestimmten Formenkreises (Gattung, Familie usw.) zu gehen imstande ist, bzw. die Entwicklungstendenzen, die ihm innewohnen, erkennen muß. Die Variabilität innerhalb der Arten (sens lat.) ist für ihn gegenstandslos, ausgenommen, wenn sie, was bei richtig umschriebenen Spezies wohl fast niemals vorkommt, einen besonderen Weg der Entwicklung erkennen läßt, oder wenn es gilt, an normalen Exemplaren schwierig auflösbare Verzweigungsverhältnisse usw. zu studieren, die in der Regel an schwächlichen Individuen klarer liegen. Es ist für ihn in der Regel auch gar nicht erforderlich, alle Arten einer Gattung zu kennen, da schon die Haupttypen alle Entwicklungstendenzen aufzuzeigen pflegen. Im Gegensatz zum Phytographen muß er aber auf typologisch absolut verläßlicher Grundlage aufbauen können, das heißt, alle Organe dürfen nicht formalistisch gefaßt und bezeichnet werden, sondern müssen viel genauer, ihrem typologischen Wert nach charakterisiert sein. In diesem Punkte aber läßt die Phytographie den Systematiker, wie schon aus dem Vorhergegangenen ersichtlich ist, und unten noch näher ausgeführt werden soll, vollkommen im Stiche. Der Systematiker darf sich aber überhaupt nicht mit den sichtbaren Merkmalen, d. h. mit der Pflanzenbeschreibung an sich begnügen; er muß auch Eigenschaften in seine Betrachtung einbeziehen, die nicht an der toten Pflanze zu sehen sind, z. B. den Chemismus, die Wirkstoffe, biologische und ökologische Eigenheiten usw. Er muß ferner auch in die zytologischen Feinheiten eindringen (Embryologie, Chromosomenbestand) und den inneren Bau der Pflanzen (Anatomie) in Betracht ziehen. Er muß endlich die Keimungs- und Jugendzustände berücksichtigen und schließlich geographische und klimatologische, ja sogar geologische und paläoklimatische Faktoren beachten. *So ist gerade die Systematik in einzigartig wahrem Sinne des Wortes eine „Allgemeine Botanik", da es keinen Zweig der Botanik gibt, der ihr nicht wenigstens fallweise als Hilfswissenschaft dienen muß.*

Anforderungen an den Systematiker

Es ist also ganz klar, daß die Anforderungen, die die Systematik an einen Forscher stellt, ganz andere, und zwar ungeheuer viel größere sind, als jene, die die „Allgemeine Botanik" und vor allem die Phytographie erfordert.

Aus all den angeführten Gründen ist der Systematiker genötigt, sich ein überaus weitumfassendes Wissen aus allen Gebieten der Botanik anzueignen; er muß vor allem eine außerordentlich weite Literaturkenntnis und -erfahrung besitzen und muß endlich, da die von der Phytographie gelieferten Unterlagen meist in typologischer Hinsicht höchst unbefriedigend oder gar falsch sind, auch mikrotechnisch geschult sein. Aber vor allem kann er nicht ohne eine jahrelange Praxis und Schulung auf systematischem Gebiet und einer gewissen Spezialbegabung an die schwierigen Probleme herantreten. Der Systematiker ist am ehesten dem Kriminalisten vergleichbar, da er, wie dieser, durch oft unscheinbare Indizien auf den richtigen Weg geführt wird. Wieder muß man Suessenguth zitieren, der im Kapitel „Allgemeines über die biologische Arbeit" die Tätigkeit des Systematikers vorzüglich charakterisiert: „Denn der Sinn der systematischen Tätigkeit liegt ja nicht darin, einen bestimmten Formenkreis in zahlreiche Arten, Unterarten, Varietäten usw. zu gliedern. Das ist das systematische Handwerk, aber nicht die systematische Wissenschaft. Die Letztere beginnt erst in einem Stadium, welches der allgemeine Naturwissenschaftler und auch der Fachbotaniker nicht erreicht, wenn er nicht auf diesem Gebiete jahrelang weiterarbeitet."

Anforderungen an den Phytographen

Demgegenüber wird der Phytograph, der sich noch dazu fast stets auf gewisse mehr oder weniger eng umgrenzte Formenkreise spezialisiert, mit außerordentlich wenig allgemein botanischen Kenntnissen auskommen. Er braucht praktisch weder Physiologie noch Embryologie und selbst die Morphologie ist für ihn leider meist nichts anderes als eine botanische Terminologie. Was er braucht, ist nur eine gute Beobachtungsgabe, Sorgfalt, sowie die Kenntnis der Methodik, die er leicht aus Diels (l. c.) vorzüglichem Buche selbst als Autodidakt erlernen kann. Für sein Arbeitsgebiet muß er natürlich über weiteste Material- und Literaturkenntnis verfügen. Daß aber selbst diese primitivsten Forderungen nicht immer erfüllt sind, zeigt wohl am besten Feddes Schrift über „Mihilismus und andere Ungenauigkeiten"[14].

---

[14] Fedde, Repert. Spec. Nov. Beiheft XCI, S. 113—124.

Während also die Systematik nur einem umfassend vorgebildeten Fachmann zugänglich ist, kann jeder, der sich etwas tiefer für die „scientia amabilis" interessiert hat, sich als Phytograph betätigen. Tatsächlich finden wir selbst unter den wirklich bedeutenden Phytographen (und Floristen) eine ganze Anzahl von Liebhaber-Botanikern aus den verschiedensten Berufskreisen. Das soll nicht kritisiert werden, sondern es ist sogar in einem Sinne sehr gut so. Denn die ungeheure Fülle von Arbeit, die so von Liebhabern geleistet worden ist, hätte sonst die verhältnismäßig geringe Zahl von Fachbotanikern belastet, die so für andere Aufgaben frei wurden. Denn gerade die Phytographie ist ja außerordentlich zeitraubend, da sie viel Kleinarbeit erfordert. Es liegt aber eine sehr große Gefahr darin, wenn sich solche Liebhaber als Phytographen betätigen, denen es an Sorgfalt und Verantwortungsbewußtsein gegenüber der Wissenschaft mehr fehlt, als an falschem Ehrgeiz. Das um so mehr, wenn es ihnen auch noch an der unbedingt notwendigen fachlichen Mindestgrundlage fehlt und wenn sie nicht die Möglichkeit haben, sich umfangreichstes Material von jeder Art und vollständige Literatur zu beschaffen, mit anderen Worten, wenn ihnen die enge Bindung an ein Institut fehlt. Ganz abgesehen davon, daß es solchen „Mihi-Jägern" sehr oft „passiert", daß sie etwa schon beschriebene Arten aus Unkenntnis wieder neu beschreiben und so die Synonymik außerordentlich belasten oder bereits vergebene Gattungsnamen wieder verwenden und dann nochmals umbenennen müssen, fühlt sich gerade diese Kategorie der Phytographen als „Systematiker" und maßen sich an, auf diesem schwierigsten aller Gebiete als Fachmann zu gelten. Abgesehen davon, daß von ihnen meist heillose Verwirrungen ausgehen, mit denen dann der wirkliche Systematiker zu kämpfen hat, führt der Umstand, daß solche Laienbotaniker sich als Systematiker geben und der Nichtsystematiker die tatsächliche Größe der systematischen Arbeit nicht abschätzen kann, dazu, daß die Systematik als eine „Amateurwissenschaft" angesehen und daher minder hoch eingeschätzt wird. Damit fällt der Anreiz für den jungen Fachbotaniker, sich diesem Gebiet zuzuwenden, erst recht fort. Auch daraus ist der rapide Ausfall an Systematikern erklärbar. Dieser führt aber umgekehrt wieder dazu, daß sich in immer stärkerem Maße Nichtbotaniker mit unzureichender Vorschulung an dieses Fach wagen und so „Systeme" produzieren, die vollkommen unhaltbar sind.

3. Mängel in der Phytographie

Ein Umstand, der ohne Zweifel sehr stark an der Abneigung schuld ist, die besonders von strebsamen jungen Botanikern der Systematik entgegengebracht wird, der aber selbst systematisch geschulte schließlich einem anderen Zweig der Botanik zutreibt, ist die oft geradezu irrsinnige Zersplitterung von Gattungen und Arten, der auf der anderen Seite eine oft erstaunliche Weite des Art- und Gattungsbegriffes entgegensteht. Es hilft nichts, in diesem Punkte „Vogel-Strauß-Politik" zu treiben, man muß sich einmal Ursachen und Folgen dieser Verschiedenheit des Artbegriffes klarmachen, um den aus ihr resultierenden Gefahren begegnen zu können.

Zersplitterung der Arten

Es fällt zunächst auf, daß es gerade gewisse Gattungen sind, in denen die uferlose Zersplitterung der Arten üblich geworden ist. Da es sich größtenteils um europäische Arten handelt, kann man sich oft des Eindruckes nicht erwehren, daß sich da ein ungesunder Betätigungsdrang ausgetobt hat. Man wird dem entgegenhalten, daß es sich eben um besonders variable Arten handelt. Das mag zum Teil richtig sein, aber einesteils wird man bei jeder Art, von der sehr reiches Herbarmaterial vorliegt, eine stärkere Variation feststellen können, als bei spärlichem Material, und anderseits muß man schon darauf hinweisen, daß es noch sehr variable Arten gibt, die keinerlei Zerlegung erfahren haben, obwohl sie unstreitig notwendig wäre. Mir selbst ist dies bei der Liliaceen-Gattung Iphigenia aufgefallen, die als Iphigenia indica ein ungeheures diskontinuierliches Areal (von Madagaskar bis in die Himalayaregion) bewohnt und trotz ungeheurer Verschiedenheiten noch immer als nur eine Art geführt wird; aber man kann diesen weiten Artbegriff auch bei unzähligen anderen extraeuropäischen und weniger „bearbeiteten" europäischen Gattungen feststellen. Die Variabilität allein ist es also nicht oder doch nicht allein, die zur Zersplitterung führt! Wohl aber finden wir sie auch oft bei „Modepflanzen", wie z. B. Kakteen und beliebten Steingartenpflanzen, was ein recht trübes Licht auf die Gründe der Zersplitterung wirft![15]

Es ist ferner auffallend, daß die Zersplitterung der Arten nur selten von einem und demselben Monographen stammt, der natürlich im Verlaufe der monographischen Bearbeitung eher aus seiner Übersicht über die ganze Gattung eine Artabgrenzung nach natürlichen Gesichtspunkten schaffen könnte, sondern daß sich fast stets eine ganze Anzahl von Autoren an der Zersplitterung der Arten einer Gruppe beteiligen und — das ist typisch! — nicht Unterarten, sondern neue Spezies („mihi!") aufstellen, die dann der Monograph erst wieder mit der Art vereinigen muß, da ihnen Artcharakter doch meist nicht zuerkannt werden kann. Hier sehen wir, daß es zum Großteil nur der falsche Ehrgeiz ist, der zur Aufstellung „neuer Spezies" führt. Wie uferlos eine solche Zersplitterung werden kann, zeigt etwa Rosa canina, Rubus, Hieracium u. v. a. Es liegt auf der Hand, daß eine solche unnötige Komplikation jeden abschrecken muß, sich in diesen Wirrwarr einzuschalten, so führt dieser Weg unweigerlich zu einem unfruchtbaren „Artspezialistentum", das — man muß schon den harten Vergleich zulassen — eine unangenehme Ähnlichkeit mit der Fehldrucksammlerei bei Briefmarken hat! Denn, solange mit der Zerteilung nicht auch der genetische Grund der Gliederung einer variablen Art untersucht ist, ist sie sinnlos. Hier trifft Lundegårdh[16] das Richtige, wenn er sagt: „Eine bloße Systematik der Formen, ohne jede Bezugnahme auf die Lebensweise, würde zu einer trockenen Katalogisierung führen." Lundegårdh faßt die Frage also ökologisch auf: viel mehr gilt dieser Einwand aber von der genetischen Seite. Darauf wird

---

[15] Darüber hat schon K. Schumann (Die Verbreitung der Cactaceae im Verhältnis zu ihrer systematischen Gliederung, Berlin. Akad. Wiss. 1899) geschrieben.

[16] Lundegårdh, Klima und Boden, Jena 1930.

noch zurückzukommen sein. Aber so viel sei vorausgeschickt, daß man in solchen Fällen, in denen Apogamie oder vegetative Fortpflanzung überwiegt oder gar allein herrscht, schließlich auf die „Reinen Linien" mit der Benennung käme (Taraxacum u. v. a.), da sich jede Mikromutation unverändert weitervererbt und vermehrt und so zur „Varietät"-Bildung führen muß. Boas[17] weist darauf hin, daß allein von vier Arten der Gattung Hieracium 1560 Kleinformen benannt worden sind (H. pilosella 625, H. cymosum 135, H. Bauhinii 100 und H. Murorum 700). Daß in der Gattung Rubus etwa 200 Großarten in mehr als 1500 Kleinformen *mit Namen* beschrieben worden sind. „Zu diesen 1500 Formen und Namen müssen auch die entsprechenden inneren, chemisch wirksamen Unterlagen gefunden werden", sagt er dazu; man müßte diesen Satz ergänzen: denn sonst wären sie sinnlos! Es besteht aber doch derzeit — und für lange Zeit hinaus — nicht die geringste Wahrscheinlichkeit, die 1500 Formen wirkstoffmäßig im Sinne von Boas zu erfassen; ist doch die Wirkstofflehre noch so sehr in den Anfängen ihrer Entwicklung, daß nicht einmal die Gattungen erfaßt werden können, geschweige die Arten und Kleinformen. Damit aber verliert diese ganze zeitmordende Zersplitterung jede Bedeutung, und man muß endlich den Mut finden, sie einfach abzuschaffen.

Nur in einem Falle kann man der Zerteilung der Art eine Berechtigung zuerkennen: wenn sie genetisch begründet ist! Das ist aber bis heute in fast keinem Falle geschehen; stets ist an Stelle der Arbeit am Versuchsbeet die Registratur des Herbarmaterials getreten. Mit lebendiger Wissenschaft hat diese Arbeit wahrlich nichts mehr zu tun! Wo die „vielen Arten" nach lebenden Stücken beschrieben worden sind, wurde aber vielfach ebenfalls nicht sosehr die Variabilität der Arten, sondern die Nachfrage zum Grund der Neubeschreibungen. Leider! Beachtet man endlich noch die Ungenauigkeiten und die Verantwortungslosigkeit vieler Autoren, die schon Fedde gegeißelt hat, und die die Synonymik und Nomenklaturfragen ins uferlose anschwellen lassen, so ist es klar, daß wir es hier mit einer typischen Verfallserscheinung zu tun haben, die, auf der statischen Arbeitsweise beruhend, sich selbst totlaufen mußte.

Ungleichmäßige Auffassung des Gattungsbegriffes

Was hier für die Artsystematik gesagt wurde, gilt, mutatis mutandis, ebenso für die *Gattungssystematik*. Auch hier finden wir zwei entgegengesetzte Pendelausschläge: auf der einen Seite Zersplitterung bis in kaum mehr unterscheidbare Gattungen, auf der anderen Seite Sammelgattungen, die phyletisch keine Einheit mehr bilden. Dabei möchte ich einen zu engen Gattungsbegriff noch als das kleinere Übel betrachten — im Gegensatze zur Lage der Artsystematik — da dem systematischen Bearbeiter eine leichtere Übersicht über die Entwicklungsmöglichkeiten gegeben wird und eine spätere auf Grund der phyletischen Erkenntnisse erfolgende Umwandlung in Subgenera leicht durchführbar wird. Geht allerdings die Zersplitterung so weit, daß dadurch natürliche Entwicklungszusammenhänge

[17] Boas, Dynamische Botanik, 2. Aufl., München-Berlin 1942.

nicht mehr hervortreten, so ist das eine so wesentliche Komplikation, daß sie nicht mehr vertretbar ist.

Anderseits finden wir Großgattungen, die dem Worte „Genus" völlig widersprechen, indem sie entwicklungsgeschichtlich nicht zusammenhängende Arten vereinigen. So wurde z. B. vor der Neubearbeitung der Liliaceae in Egler-Prantl, 2. Auflage, durch Krause zu Fritillaria als Subgenus auch Nomocharis, Korolkowia und Notholirion gezogen; zu Lilium auch Cardiocrinum. Krause nimmt nun allerdings Nomocharis als Genus heraus und versetzt das Subgenus Notholirion zu Lilium, doch ist damit der Stammesgeschichte noch keineswegs Rechnung getragen. Denn die Zwiebel von Nomocharis entspricht völlig jener von Lilium, dagegen die von Notholirion jener von Cardiocrinum, diese beiden aber keinesfalls jener von Lilium. Nomocharis wäre also von vorneherein nicht zu Fritillaria zu ziehen gewesen, da der ganze Blütenbau sie weit näher zu Lilium stellt. Aber auch Korolkowia, die auch von Krause als Subgenus Liliorrhiza zu Fritillaria gestellt wird, wie Rhinopetalum, welches Krause mit dem Fritillaria-Subgen. Theresia vereinigt, gehören durchaus selbständigen Entwicklungslinien an. So sind Sammelgattungen von so heterogenen Entwicklungslinien geschaffen, daß ihre Aufrechterhaltung nicht vertreten werden kann.

Ähnlich war es bei den Kakteen vor den Arbeiten A. Bergers und Brittons und Roses und es darf nicht wundern, daß, nur um endlich eine Übersicht über die verschiedenen Blütenverhältnisse zu bekommen, der Pendelausschlag nach der anderen Seite erfolgte.

Schafft das eine Extrem Verwirrung durch ein Zuviel, so liegt der Fehler des anderen Extrems darin, daß die Gattung etwas Unreales, Proteushaftes erhält, mit dem jede stammesgeschichtliche Arbeit unmöglich wird. Der Systematiker kann dann nicht mehr auf der Grundlage des Phytographen aufbauen, sondern muß von unten anfangen und alles neu erarbeiten.

4. Morphologie und Terminologie

Ursachen der ungleichen und fehlerhaften Fassung des Gattungsbegriffes

Es entsteht nun die Frage, wieso eine so ungleichmäßige und fehlerhafte Fassung des Gattungsbegriffes zustande kommen konnte. Man muß da vor allem zwei verschiedene Fälle auseinanderhalten:

1. Gattungen bzw. Gattungsgruppen, die durch Übergänge tatsächlich so fließend untereinander verbunden sind, daß nur schwer überhaupt eine Trennung durchführbar ist, die aber doch wegen der zu großen Extreme wünschenwert erscheint.

2. Gattungen, die aus an sich scharf unterscheidbaren oder doch wenigstens nicht eng verwandten Artengruppen zusammengesetzt sind, nur dadurch, daß die Terminologie eine morphologische Trennung von entwicklungsgeschichtlich nicht zusammenhängenden, einander aber ähnlichen Organbildungen nicht kennt. Bei denen also nicht die Stammesgeschichte, nicht die Dynamik der Art- bzw. Gattungsentstehung, sondern nur der statische Zustand der Arten zur Vereinigung führte. Allzuoft findet man

aber noch, daß dieser Fehler noch durch ausgesprochen falsche Literaturangaben, die nicht nachgeprüft worden waren, verschlechtert wird.

Falsche Literaturangaben

Für den letzteren Fall sei nur kurz ein Beispiel gestreift, das schon oben einmal angeschnitten wurde: der Begriff der „Zwiebel" ist terminologisch eine Einheit, entwicklungsgeschichtlich höchst heterogen, indem eine „Zwiebel" sowohl aus einer Knolle als aus einem Rhizom entstanden sein kann; sie kann sowohl aus den Scheidenteilen von Laubblättern (Grundblättern) als aus von vorneherein schuppenartigen Niederblättern gebildet werden. Nur ein Verfolgen der Entwicklungslinien kann da sicher Aufschluß geben. Kommt aber noch dazu, wie es Engler und, trotz inzwischen erfolgter Klärung, Krause bei der Neubearbeitung der Liliaceae in Engler-Prantl widerfuhr, daß noch eine zwiebelförmige Knolle als „Zwiebel" angesprochen wird, so ist natürlich die Verwirrung fertig.

Verfall der Morphologie

Hier treffen wir nun aber das Kernübel, aus dem das Versagen und damit der Niedergang der Systematik, d. h. der phylogenetischen Forschung, sich am stärksten ergibt, und zwar nicht nur bei den untersten, sondern bis zu den höchsten Kategorien: Die mangelhaften morphologischen Grundlagen phylogenetischer Spekulationen, das Herabsinken der Morphologie zu einer rein formalistischen Terminologie oder ihre Umwandlung zu einer kausalistischen, funktionellen Organographie. Die Organographie als Lehre von den Organfunktionen fußt natürlich auf morphologischer Basis, kann aber für phylogenetische Untersuchungen keine Unterlagen geben und will es auch nicht. Für sie ist das Organ an sich maßgebend und nicht seine entwicklungsgeschichtliche Herkunft. *Nur eine von allem teleologisch-kausalistischen Beiwerk befreite vergleichend-deskriptive Morphologie als reine Gestaltlehre kann jene vergleichbaren Unterlagen liefern, aus denen heraus eine entwicklungsgeschichtliche Erwägung überhaupt zulässig erscheint.* Hier krankt es aber in einer derart katastrophalen Weise gerade bei den Phytographen, daß der Systematiker mit den von der Phytographie gebotenen Unterlagen überhaupt nichts anfangen kann, will er nicht rettungslos auf einem Irrweg landen. Leider muß man es aber auch vielen „Phylogenetikern" zum Vorwurf machen, daß sie selbst entweder zu wenig morphologisch geschult sind, oder doch mit mangelhaften Unterlagen arbeitend, zu viel spekulativ theoretisieren und zu wenig untersuchen. Auch „phylogenetische Morphologie" erspekuliert man nicht am Schreibtisch, sondern man erarbeitet sie mit Präparierlupe und Mikroskop!

Unzulänglichkeit der Terminologie

Zunächst sei der Vorwurf gegenüber der Phytographie begründet. Wer sich phylogenetisch mit einer sogenannten „schwierigen" Familie beschäftigt hat, kommt zu der Erkenntnis, daß die Schwierigkeiten hauptsächlich aus der Tatsache entspringen, daß ähnliches Aussehen schon als Gleichwertigkeit ausgelegt wurde. Über einen derartigen Fall, die verschiedenen Wege der Zwiebelentstehung, habe ich schon oben geschrieben. Man möchte es aber auch kaum für möglich halten, daß die eigenartige Knolle einer Gloriosa, Littonia und Sandersonia als „Rhizom“ in die Literatur eingegangen ist, noch dazu, wo sie doch von Irmisch eingehend beschrieben wurde. Daher wird für die Gattung Wurmbea, die entweder eine Knolle vom Colchicum-Typus oder von dem, diesem engverwandten Gloriosa-Typus besitzt, kurzerhand angegeben: „Zwiebel oder Rhizom“! Aber auch für Baeometra, Dipidax, Neodregea, Anguillaria und Iphigenia, die alle eine Knolle des Colchicum-Typus haben, wird a. a. O. eine „Zwiebel“ angegeben, ja selbst für Colchicum s. lat. heißt es: „Zwiebel oder Zwiebelknolle“, ohne die Stolonenknolle des Gloriosatypus von C. (Merendera) soboliferum zu erwähnen. Ganz besonders muß in diesem Belange die Behandlung und Terminologie der Blütenorgane Beachtung finden, und zwar im besonderen Maße der Bau des Gynöceums. Die phytographische Terminologie hat für diese ungeheuer vielfältigen Verhältnisse nur einige wenige Unterscheidungen: *Apocarp — hemisyncarp — syncarp* für den Verwachsungsgrad, bei letzterem unterscheidet sie noch nach der Plazentation: parietale Plazentation (wobei sehr oft nicht zwischen marginaler und laminaler [medianer] Plazentation unterschieden wird), zentralwinkelständige Plazentation und freie Zentralplazenta. Für die Stellung der Karpelle wird noch *Epigynie — Perigynie* (ein sehr vielseitiger Ausdruck!) und *Hypogynie* gebraucht.

Das ist alles! Diese Einteilung ist nicht nur unklar, sie vermengt auch heterogene Gynöceumformen und trennt anderseits zusammengehörige. Z. B. kann Hemisyncarpie und selbst Syncarpie bei in Wirklichkeit apocarpem Gynöceum vorgetäuscht werden (Nigella), wenn die Blütenachse die Karpelle verbindet. Selbst die Apocarpie kann primär (z. B. Ranunculaceae) oder sekundär (Pseudo-Apocarpie, Caylusea) sein.

Besonders vielgestaltig kann — entgegen den wenigen Ausdrücken der phytographischen Terminologie — die Plazentation sein. Um nur kurz zwei typische Beispiele hervorzuheben: Bei den Cactaceae, von denen eine „Ursprünglich parietale“ Lage der Plazenta behauptet wurde, weil eine Verlagerung im Laufe der Ontogenie, wie sie bei Mesembryanthemum s. lat. oder Punica auftritt, nicht stattfindet, entstand dennoch die Wandständigkeit der Plazenten durch eine — allerdings schon vor deren Ausbildung erfolgte Verschiebung der Karpellstielzone bei peltaten Karpellen, deren Plazenten an der Querzone stehen. Sie entspricht daher — morphologisch — einer zentralen Plazenta.

Sehr interessant ist aber besonders die Vermehrung der Samenanlagen von ursprünglich einer aus der Querzone eines peltaten Karpells. Hier gibt es zwei Möglichkeiten, die entwicklungsgeschichtlich zweifellos wichtig sind — aber noch niemals beachtet wurden. In einem Falle tritt eine Streckung des unteren Teiles des Schlauchblattes ein, die die Plazenta nach unten verlängert. Dadurch entstehen „sekundäre“ Samenanlagen in der Richtung von oben nach unten fortschreitend (Aizoaceae). Oder, phylogenetisch von der gleichen Grundlage ausgehend, wird die Plazenta durch die Streckung des oberen Teiles längs der Ränder der Karpellöffnung verlängert und die sekundären Samenanlagen entwickeln sich daher marginal von unten nach oben fortschreitend (Ranunculaceae).

Ganz besondere Vernachlässigung durch die Terminologie hat aber die Mitwirkung der Blütenachse am Gynöceumbau im besonderen und am Bau der ganzen Blüte im allgemeinen erfahren. Dadurch kommt es, daß im „unterständigen" Gynöceum sich alle Bautypen verbergen können, selbst ein apocarpes Gynöceum! Anderseits zeigt es sich, daß die „Epigynie" bei den Alstroemerieae nicht durch Mitwirkung der Blütenachse, sondern durch Verwachsung des Gynöceums mit den Tepalen zustande kommt, und daher mit der Epigynie der echten Amaryllidaceae nichts zu tun hat.

Es ist hier nicht der Platz, auf die Bautypen des Gynöceums näher einzugehen, die ganz besonders von Troll und seiner Schule weitgehend geklärt worden sind. Wegen der ungeheuren Wichtigkeit für die Systematik soll dies einem besonderen Kapitel im methodischen Teil überlassen werden.

Es mutet auch denjenigen, der sich etwas mit den Cactaceae beschäftigt hat, höchst eigenartig an, wenn bei ihnen noch in neuester Zeit mitunter von „Kelch" und „Blumenkrone" gesprochen wird und nicht von sepaloiden und corollinischen Blütenhüllblättern schlechtweg; denn alle Blütenhüllblätter dieser Blüten haben entwicklungsgeschichtlich Hochblattcharakter und sind gleichwertig. Dann wundert man sich auch gar nicht mehr, wenn der die Karpelle einschließende Teil der Röhre (die auch wieder keine „Blumenkronröhre", wie sie noch immer manchmal [z. B. bei Schumann] genannt wird, sondern eine Achsenröhre — receptaculum — ist) bei dieser Familie allgemein noch als „Fruchtknoten" („ovarium") bezeichnet wird.

Man könnte die Reihe ungenauer und irreführender Ausdrücke der Phytographie noch beliebig fortsetzen. Solche Fehler müssen naturnotwendig zu vollkommen falschen Gruppierungen führen, wie z. B. der Einteilung der Gattung Gagea zu den Allioideae, die der Alstroemerieae zu den Amaryllidaceae, die Losreißung der Cactaceae von den Centrospermae und ihr Anschluß hinter die Parietales usw.

Gerade bei den Cactaceae ist es bezeichnend, daß trotz der enormen Mannigfaltigkeit im inneren Blütenbau in der ganzen Monographie von Britton und Rose nur 11 Längsschnittdarstellungen enthalten sind — die obendrein größtenteils alles zu wünschen übrig lassen. Auch K. Schumann bringt in seiner „Gesamtbeschreibung der Kakteen" nur 9 Längsschnittdarstellungen. Die Beschreibungen beschränken sich aber ebenfalls fast ausnahmslos auf Farbe und Dimensionen der Blütenorgane, ohne Rücksicht auf die Anordnung z. B. der Staubblätter zu nehmen. Mit solchen Angaben kann naturgemäß eine innere Gliederung der Familie nach phylogenetischen Gesichtspunkten niemals zustande kommen!

Daß auch die Früchte der Kakteen allgemein einfach als „Beeren" bezeichnet werden, ist ein weiteres Beispiel dafür, wie oberflächlich die Terminologie die Vielfalt der Fruchttypen dieser Familie behandelt, und wie wenig Verlaß auf die Literatur ist.

Ein Beispiel, wie selbst die Vegetativen Organe vernachlässigt werden, geben Pax und Hoffmann[18], indem sie als Unterscheidungsmerkmal der Gattungen Alstroemeria und Bomarea, für Alstroemeria „Wurzelfasern nicht verdickt" und für Bomarea „Wurzelfasern verdickt" angeben — dabei aber im Text für Alstroemeria

[18] Gattungsschlüssel der Amaryllidaveae in Engler-Prantl, Natürliche Pflanzenfamilien. 2. Auflage, Bd. 15 a, S. 399.

(auf Seite 425) ausdrücklich erwähnen „die stärkereichen Wurzeln mehrerer Arten liefern Nahrungsmittel". Tatsächlich haben alle Alstroemerien überaus stark verdickte, knollige Wurzeln!

Ein vorzügliches weiteres Beispiel dafür, wie die phytographische Terminologie morphologische Tatsachen nicht nur übersieht, sondern sogar mit grundsätzlich falschen Ausdrücken bezeichnet, bietet die Phytolaccaceen-Gattung Seguieria. Diese Gattung besitzt zu beiden Seiten des Blattes Dornen, die, wegen ihrer formalen Ähnlichkeit in der Stellung mit jenen von Robinia, in die Literatur als „Stipulardornen" oder kurz als „Stipulae" eingegangen sind. Selbst bei oberflächlicher Betrachtung hätte den Bearbeitern auffallen müssen, daß diese Dornen an den jüngsten Zweigteilen noch fehlen, während Stipulae als Bildungen des Unterblattes mit der Entwicklung des Blattes, dem sie zugehören, Schritt halten müßten. Auch ist für Nebenblattbildungen charakteristisch, daß sie vom Blattgrund aus, und zwar von den Lateralbündeln des Blattes *innerviert* werden, während diese, wie überhaupt der meist deutlich abgesetzte Rand des Blattgrundes bei Seguieria glatt an der Abstammungsachse herablaufen, ohne eine Abzweigung in die Dornen zu entsenden. Bei etwas genauerer Untersuchung erweist es sich aber sogar deutlich, daß an jungen Zweigteilen, die noch unentwickelten Anlagen dieser Dornen sich unverkennbar in der für Knospenschuppen charakteristischen Weise an die — bei den Phytolaccaceae meist sehr geförderten — Axillarknospen des Blattes anlegen und erst später sich allmählich isolieren. Das heißt, die in der gesamten botanischen Literatur als „Stipulae" angesprochenen paarigen Dornen von Seguieria sind typische Vorblattdornen. Man muß sich nur darüber wundern, daß die Tatsache, daß keine andere Gattung aus der Verwandtschaft von Seguieria auch nur eine Andeutung von Nebenblättern besitzt, keinen der Bearbeiter dazu veranlaßt hat, diese Dornen auch nur einigermaßen auf ihre morphologische Natur zu untersuchen!

Ich denke, diese Beispiele müßten genügen. Man könnte sie aber noch ins uferlose fortsetzen.

„Phylogenetische" und „idealistische" Morphologie

Was nun die „Phylogenetische" Morphologie anlangt, so kommt mir der immer wieder krampfhaft hervorgezogene Gegensatz einer „phylogenetischen" und einer „idealistischen" Morphologie vollkommen unbegreiflich vor. Ich selbst bin zwangsläufig durch die phylogenetische Arbeit an „schwierigen" Familien, unabhängig von T r o l l und mit ihm zugleich, zur Erkenntnis der Notwendigkeit einer Reform der Morphologie gekommen und gelangte schließlich auf ganz anderem Weg als T r o l l zu den gleichen Ergebnissen wie er.

Aus dem morphologischen Vergleich ist die Descendenzlehre entsprungen, *der vergleichend morphologische Beweis muß heute wie je das feste Fundament der Entwicklungslehre sein und bleiben und daher auch die Grundlage einer phylogenetischen Systematik!* Alle anderen Beweisführungen müssen, wie unten ausgeführt werden soll, mitwirken, aber ohne exakter morphologischer Unterlage kommt höchstens ein solcher Unsinn heraus, wie etwa S t e i n m a n n s Versuch[19], die Kakteen unmittelbar von den Sigillarien in polyphyletischer Entstehung aus drei Zweigen abzuleiten. Wer

[19] S t e i n m a n n, G., Die geologischen Grundlagen der Abstammungslehre, Leipzig 1908.

die Morphologie der Kakteen wirklich kennt und die klare Entwicklung aus dem Centrospermenstamm verfolgt hat, muß sich nur an den Kopf greifen, wie ein solcher Unsinn möglich ist! Aber das ist eben jene „phylogenetische“ Morphologie, die vom exakten typologischen Vergleich der von ihr verpönten „idealistischen“ Morphologie nichts wissen will!

Ich glaube, man kann diese Gegnerschaft leicht auf eine einfache Formel bringen. Die „Phylogenetischen Morphologen“ suchen krampfhaft nach einer Verbindung zwischen den Lagerpflanzen und Sproßpflanzen, und ferner zwischen den primitiven Pterydophyten der Vorzeit und den heutigen Sproß- und besonders Blütenpflanzen. Sie ringen mit dem Problem der Blattentstehung und sehen in der Potonierschen Übergipfelungstheorie bzw. deren Ausbau zu Zimmermanns Telomtheorie einen Ausweg. Die vergleichende Morphologie hingegen steht fest auf dem Standpunkt der Wolf-Braunschen Theorie, nach der Sproß, Blatt und Wurzel, drei streng getrennte Begriffe, Grundorgane der Sproßpflanze sind, und lehnen die Übergipfelungstheorie und Telomtheorie auf Grund exaktester vergleichend morphologischer Forschung sowie auf Grund der Tatsache, daß es weder in der fossilen noch in der rezenten Pflanzenwelt irgendeinen noch so kleinen Beweis in Gestalt einer Übergangsform gibt, als Spekulation ab. Dazu muß noch betont werden, daß auch die Spekulation einer Telomtheorie die Schwierigkeiten nicht aus der Welt schafft, die darin gelegen sind, daß eben die Entstehung echter Blätter tatsächlich nicht bekannt ist und daß sowohl die vergleichende Morphologie der Sproßpflanzen als auch die in neuerer Zeit von Schussnig bearbeitete vergleichende Morphologie der Lagerpflanzen in keiner Weise für die Telomtheorie sprechen. Anderseits darf aber der Ausspruch Trolls, daß die vergleichende Morphologie für diesen Fall keine Beweise bietet, doch nicht so aufgefaßt werden, daß sie die Descendenzlehre ablehne! Die klare Feststellung, daß die Entstehung der Blätter ungeklärt ist, wie die des allorhizen Wurzelsystems, zeigt nur von einem höchsten wissenschaftlichen Verantwortungsbewußtsein, das bestimmt höher zu werten ist, als Phantastereien, wie Steinmanns Kakteen-„Phylogenie“! Es fehlen an so vielen wichtigen Punkten des Stammbaumes die rezenten wie die fossilen Bindeglieder, daß es doch jedem Phylogenetiker klar sein muß, daß wir kaum jemals alle Abstammungsprobleme lückenlos erkennen werden. Ich bin der Meinung, daß gerade so entscheidende Wandlungen, wie die hier in Frage stehenden, sich nicht an großen, hochausgebildeten und daher einigermaßen haltbaren Organismen vollzogen haben dürften, sondern eher an kleinen, an sich schon vielleicht unscheinbaren, jedenfalls aber wenig haltbaren Formen, und daß uns darum die Zwischenglieder so oft fehlen. Wenn wir z. B. Myosurus als primitivste Ranunculacee ins Auge fassen, oder die Tatsache, daß die nachweislich primitivste Form der Lilioideen-Entwicklungsreihe, Neodregea Glassii ein winziges, zartes Pflänzchen ist, das doch alle Typusgrundlagen für die ganze Entwicklungsreihe bis zu den riesenhaften Cardiocrinum giganteum in sich birgt, so scheint diese Ansicht doch sehr viel für sich zu haben. Man muß es als einen überaus glücklichen Zufall werten, daß sich diese „Urformen“ bis auf den heutigen Tag erhalten haben. Denn gerade letztere Gattung gibt allein die Verbindung für die ganze Gruppe ab! Bedenkt man ferner, daß gerade die Entstehung der beblätterten Pterydophyten in Sumpfregionen erfolgte, so ist die Wahrscheinlichkeit, die Urformen erkennbar erhalten zu haben, sehr gering. Die Ablehnung jeglicher Spekulationen bedeutet aber nicht die Ablehnung der Descendenzlehre. Denn gerade die typologische Morphologie ist, wie kein anderer Zweig der Botanik, geeignet, die Descendenz zu beweisen. In der Einheit des Typus liegt ja gerade der stärkste Beweis für die Einheit der Abstammung.

Somit muß der vergleichenden Morphologie das Primat eingeräumt werden, entscheidend an der Wiedergeburt der Systematik mitzuwirken, wenn auch alle anderen Disziplinen mit zur phylogenetischen Beweisführung herangezogen werden müssen.

Wenn anderseits Zündorf[20] gegen Gedankengänge, wie die eines Dacqué und Steiner, Sturm läuft, so wird er zweifellos damit auch den Beifall der wirklichen Morphologen finden! Denn das ist keine Morphologie (= Gestaltslehre), sondern das sind Phantasien spinozistischer Prägung und es ist eine völlige Verkennung von Trolls überaus exakten Forschungen, wenn man, bloß wegen des Wortes „Typus" solche Irrlehren mit ihnen in Verbindung bringen will! Und damit ist der Punkt am besten erwiesen, daß am Niedergang der Systematik ein fast noch katastrophalerer Niedergang der Morphologie schuld trägt! Eben Trolls Werk ist geradezu berufen, diesen Niedergang endgültig zu überwinden und damit der Systematik als Lehre der Abstammung wieder festen Boden zu bereiten. Um das zu begreifen, muß man außer Trolls Hauptwerk auch die bereits zahlreichen kleineren Arbeiten von ihm und seiner Schule kennen, die, insbesondere in der Klärung von Fragen des Gynöceumbaues, wegbereitend für die Systematik geworden sind.

5. Wege zur Erneuerung

Damit aber kommen wir auf die Problemstellung zurück, auf welchem Wege der Systematik ein neuer Auftrieb gegeben werden kann.

Um einem Forschungszweig Auftrieb zu geben, sind meines Erachtens drei Grundlagen erforderlich:

1. Das Vorhandensein offener, lösbarer, wenn auch schwieriger Probleme;
2. eine erfolgversprechende Methodik und
3. ein Arbeitsvorgang, der in seiner Art geeignet ist, den wissenschaftlichen Nachwuchs anzuregen und zu begeistern.

Daß es in der systematischen Botanik an ungelösten Problemen keineswegs mangelt, wurde bereits eingangs ausgeführt. Ich möchte hiezu aber noch bemerken, daß es nicht nur jene Teile des Systems sind, deren Mängel allgemein bekannt sind, die eine Bearbeitung verlangen, sondern daß auch manche scheinbar befriedigend gelöste Systemfragen bei einer typologischen

[20] Zündorf, W., Phylogenetische oder idealistische Morphologie? Der Biologe, 1940, S. 10 ff.

Überprüfung nicht standhalten und Überraschungen bringen können, gar nicht zu sprechen von der oft sehr unbefriedigenden inneren Gliederung der Gattungen.

Schon aus dem Vorhergegangenen ist zu erkennen, daß wir überhaupt grundsätzlich zwei Gruppen von systematischen Fragen auseinanderhalten müssen, die sowohl in der Problemstellung, wie in der Methodik vollkommen verschieden zu behandeln sind.

1. Kategorien unter der Art (Artsystematik, Genetik, aber *nicht* Phytographie der Unterarten usw.!).

2. Kategorien ober der Art (Systemforschung im engeren Sinne).

A. *Artsystematik.*

In bezug auf die Artsystematik, die, wie oben gezeigt wurde, „verbürokratisiert“ ist, muß ein grundsätzlich neuer Weg eingeschlagen werden, der wieder zum Leben zurückführt, das heißt nicht die Beschreibung als höchstes Ziel auffaßt, sondern die Art als das erfaßt, was sie im Grunde ist, eine Population mit mehr oder weniger großem Allelreichtum, der sich zeitlich wie räumlich ändert. Die Artsystematik wird dadurch — wo dies überhaupt möglich ist, aus den Händen des Phytographen zu nehmen und in das Arbeitsgebiet des Phytogeographen und insbesondere des Genetikers zu verlegen sein.

Geographische Grundlagen

Wettsteins Studien über vikarierende Arten haben den ersten Weg schon gezeigt. Hier ist noch ungeheuere Arbeit zu leisten; denn wenn eine Großart schon nach einer Zerlegung verlangt, so muß gefordert werden, daß der Zerlegung eine kartographische Darstellung der räumlichen Verteilung zugrunde gelegt wird. Auf diese Weise können allein die geographischen Rassen, wie sie z. B. Zimmermann[21] bei Pulsatilla feststellte, erfaßt und bearbeitet werden.

Beeinflussung durch ökologische Faktoren

Hiebei wird auch besonders auf ökologische Tatsachen zu achten sein. Denn, da wir aus Mothes[22] Versuchen wissen, daß das Verhältnis Ca : K einen stark formbildenden Einfluß ausübt, indem Ca-Überschuß Xeromorphie, K-Überschuß Mesomorphie oder selbst Hygromorphie herbeiführt, muß dieser Faktor ohne Zweifel bei der Formabgrenzung beachtet werden. Ich selbst konnte bei Kakteen einen sehr starken Einfluß des Bodens auf das Aussehen der Pflanzen feststellen; bei hoher, aber N-armer Nährsalzkonzentration riefen rein mineralische Böden eine weit stärkere und vor allem buntere Bestachelung hervor als Humusböden, die dafür größere Üppigkeit erbrachten[23]. Lonchophora capiomontana fand ich in Tunesien in der Oase in großen, überaus reichblühenden Stücken, während die

---

[21] Zimmermann, Grundfragen der Stammesgeschichte..., Der Biologe, 1941, S. 404.

[22] Mothes, K., Ernährung, Struktur, Transpiration. Biol. Zentralbl. 52, 1932, S. 193 ff.

[23] Buxbaum, F., Boden und Ernährung. „Kakteenkunde“, 1936, S. 68—70.

gleiche Art in der Wüste zu einem kaum 1 cm hohen, meist einblütigen Pflänzchen verkleinert war. Ähnliche Erscheinungen findet man aber an allen Pflanzen, die sich an extreme Standortverschiedenheiten anzupassen vermögen, ohne daß eine Veränderung im Genom stattfindet. Bloße Herbarbetrachtung führt in solchen Fällen dann meist zur Varietät-Aufstellung — und natürlich zu einem neuen Namen!

Feststellung der Variationsbreite

Es muß also der Varietät-Aufstellung auch die Arbeit am Versuchsbeet vorangehen. Es ist klar, daß diese Art der Unterteilung zeitraubend und mühsam, oft aber gar nicht durchführbar sein wird. Es ist aber meines Erachtens besser, eine Unterteilung überhaupt nicht durchzuführen, als eine bürokratische Registratur mit einem Namensschwall ohne jede andere als eine rein statische, habituelle Unterscheidbarkeit — mehr ist es ja dann nicht — aufzustellen. *An Stelle der Benennung von Varietäten usw. muß eine reine Erfassung der Variationsbreite aller abändernden Merkmale treten.* Hiebei wird auf die in der Art liegenden Variationsrichtungen zu achten sein, die oft allein die Art besser charakterisieren werden, als die Diagnosen von einem Dutzend Varietäten. Ich habe seinerzeit eine solche Überprüfung der Formenfülle bei Euphorbia terracina durchgeführt, die zu dem Ergebnis führte, daß von den zahlreichen Varietäten keine als stichhaltig anerkannt werden konnte, wohl aber die inneren Zusammenhänge aller Formen erkannt wurden[24]. Wenn eine solche Darstellung der Variabilität in einem Falle möglich war, so muß dies auch in anderen, ähnlich gearteten Fällen gelingen. Dies wird auch durch eine teilweise noch in Ausarbeitung befindliche variationsstatistische Bearbeitung von Crocus vernus Wulf. sens lat. bewiesen werden[25]. Eine Forderung muß aber noch dazu erhoben werden: An Stelle der Beschreibungen oder besser als deren notwendige Ergänzung muß — im Gegensatze zum derzeitigen phytographischen Gebrauch — im stärksten Maße die Abbildung treten. Nur durch sie ist es möglich, die Variationsbreite, etwa der Blattgestalt, wirklich zu zeigen.

Genetische Bearbeitung

Die genannten drei Grundlagen: Feststellung der Variationsbreite, kartographische Darstellung und experimentelle Feststellung der ökologischen Beeinflussung geben dann die Grundlage, auf der die Arbeit des Genetikers ansetzen kann.

Ein aufschlußreiches Beispiel für die Bedeutung genetischer Bearbeitung in der Artsystematik bildet die cytologische und genetische Bearbeitung der Gattung Iris durch Simonet[26]. Dieser fand, daß Iris pseudacorus — im Gegensatz zu früheren Zählungen — mit $2n = 34$ von allen anderen untersuchten Irisarten abweicht.

---

[24] Buxbaum, F., Beiträge zur Flora von Tunesien. Verh. Zool. Bot. Ges. Wien, 74, 1926, S. 34—76.

[25] Buxbaum, F., Variationsbreitestudien am Crocus vernus Wulf. sens. lat. I. Österr. Bot. Zeitschr. 95, 1948, S. 451—469.

[26] Simonet, M., Recherches cytologiques et genetiques chez les Iris. Diss. Paris 1932.

Nur I. graminea weist auch 2n = 34 auf, doch sieht deren Chromosomensatz erheblich anders aus als jener von I. pseudacoruns. Dagegen haben alle Oncocyclus 2n = 20, Regelia 2n = 22, 33, oder besonders oft 44, und in Pogoniris wechselt 2n überhaupt sehr stark, wobei allerdings die Zahlen 2n = 24, 44 und 48 besonders häufig, aber selbst Zahlen gegen 100 vorkommen. Es ist so sehr verständlich, daß I. pseudacorus nicht bastardiert; sie steht genetisch tatsächlich den anderen Arten zu ferne, und zwar auch den anderen Apogon-Arten, bei denen sonst die Zahlen 2n = 28 und 40 überwiegen, aber auch 2n = 24 und 38 häufig sind. Besonders die Sect. Regelia zeigt deutlich die Polyploidierung aus der Grundzahl n = 11, und zwar sogar innerhalb der Varietäten einer und derselben Art, der I. Korolkowii.

Diese Umstände weisen auf die Bedeutung genetischer Untersuchungen auf dem Gebiete der Spezies-Systematik hin und werden durch unsere heutigen Erkenntnisse über die Bedeutung der Polyploidie und besonders der Amphidiploidie sehr beachtenswert. Seit es Müntzing gelungen ist, aus Galeopsis speciosa und G. pubescens eine „artificielle G. tetrahit" zu züchten, seit Zossimowich ähnliche Synthesen mit der Gattung Beta gelungen sind, ist es klar, daß die Erforschung der Kategorien unterhalb der Spezies, wenn nicht auch der Spezies selbst (als Gesamtart) nicht in die Hand des Phytographen, sondern in die des Genetikers gehört[27].

Dann allerdings wird die Systematik der untersten Kategorien nicht mehr eine registrative Tätigkeit sein, es wird ihr vielmehr sogar eine eminente Bedeutung in bezug auf die allgemeine Rassenforschung zukommen, die gerade von dieser Seite ihre stärkste Befruchtung erhalten kann.

Es muß noch darauf hingewiesen werden, daß der genetischen Erforschung der Arten in Verbindung mit der geographischen eine vermehrte Bedeutung zukommt, wenn das Verhalten von Populationen in Refugialgebieten, so insbesondere dem von Wright berechneten Allelschwund in peripheren Gebieten eines Areales in Betracht gezogen wird. Schon aus diesem Grunde wurde oben die kartographische Aufnahme vor die genetische Untersuchung gestellt.

B. *Systematik der Höheren Kategorien. Die „dynamische Methode".*

Die Hauptrolle in der „Wiedergeburt" muß notwendig diesem Zweige der Systematik zufallen, denn hier sind die großen Probleme zu suchen, die gar nicht oder nur scheinbar gelöst sind. Die Systematik der Höheren Kategorien ist, wie schon eingangs gezeigt wurde, von der Artsystematik unabhängig. Sie ist auch in ihrem Arbeitsgang von ihr durchaus verschieden.

Reform der Terminologie

Als Grundlage müßte eigentlich eine den neuen morphologischen Erkenntnisse Rechnung tragende Reform der Terminologie gefordert werden. Es dürfte nicht mehr vorkommen, daß analoge Organbildungen oder Erscheinungen mit dem gleichen Ausdruck beschrieben werden. Da jedoch auch damit die Tatsache nicht aus der Welt geschafft wäre, daß alle bisherigen Werke von einer solchen Reform unberührt blieben, könnte diese Maßnahme auch nur für die Zukunft von Bedeutung werden. Derzeit muß der Systematiker sich in allen Fällen erst selbst Klarheit verschaffen.

---

[27] Schwanitz, F., Polyploidie und Phylogenie. Der Biologe, 1939, S. 323 ff.

Morphologische Bestandsaufnahme

Somit wird der erste Schritt gewissermaßen eine morphologische Bestandsaufnahme innerhalb des gesamten, zur Bearbeitung stehenden Formenkomplexes einschließlich der vermuteten Anschlußformen sein müssen. Für jedes einzelne Organ, aber auch tunlichst für jedes Entwicklungsstadium muß der morphologische Typus ermittelt werden.

Schon bei dieser Arbeit werden auch die Entwicklungstendenzen, die zum Typus gehören, klar erkennbar werden. Dieser Teil der Arbeit ist also analytisch.

Erst nach vollständiger Erfassung dieses Teiles, die oft sehr lange Zeit in Anspruch nehmen wird, folgt der zweite, der synthetische Schritt. Die Kenntnis des morphologischen Typus mit allen Entwicklungstendenzen erlaubt es nun, schrittweise vorzugehen und an jeden Punkt die Frage zu stellen: „Wie kann die Entwicklung von dieser Stelle aus weitergeschritten sein?"

Ähnlichkeitssystematik – Dynamische Systematik

Man hat ja auch früher in der Systematik die Progressionen zu verfolgen gesucht; man folgte dabei aber stets nur der Ähnlichkeit, stellte also die Frage: „Was ist ähnlich?" und schreckte dabei oft vor dem entscheidenden Schritt zurück, wo in logischer Weiterentwicklung die Ähnlichkeitsgrenze gesprengt wurde, oder man geriet infolge bloßer Ähnlichkeitsvergleiche auf Querverbindungen. Das Neue, Entscheidende ist die vorangehende morphologische Gesamtanalyse und die Feststellung der Entwicklungsmöglichkeiten. Bei der schrittweisen Verfolgung des Weges können aus den typologischen Erkenntnissen die möglichen Progressionen an jeder Stelle erst gedanklich konstruiert werden, oft, bevor man sie realisiert findet[28].

So können nun unter Umständen Entwicklungsvorgänge selbstverständlich erscheinen und daher erkannt werden, die, auf neue Wege führend, nicht mehr aus der – nun verlorengegangenen – Ähnlichkeit, sondern nur mehr aus der folgerichtigen Weiterentwicklung eines Typus auf Grund seiner Tendenzen die Verbindung herstellen.

Heranziehung aller botanischen Disziplinen

Es ist klar, daß man bei diesen Arbeiten auch wieder von den unteren Kategorien nach oben zu fortschreitend aufbauen muß, bis sich das natürliche System zusammenfügt. Dabei müssen aber in dem morphologischen Tatsachenbestand nun auch noch alle anderen Indizien, insbesondere embryologische, arealgeographische, ökologische, aber selbst physiologische und chemische einbezogen werden, um das Beweisverfahren mit allen Mitteln zu erproben und zu überprüfen. Man kann sagen, daß jede Disziplin der

[28] Anläßlich meiner Arbeiten über die Entwicklungslinien der Lilioideen suchte ich aus typologischen Erwägungen eine Zwischenform, die die Verbindung zwischen Iphigenia und Gagea oder doch verbindende Entwicklung zeigen sollte und die nach meiner Meinung etwa an der Südflanke der zentralasiatischen Gebirge zu erhoffen war. Ich wurde ob dieser Suche weidlich ausgelacht, bis ich diesen Übergang an einer Iphigenia indica aus dem Yünnan verwirklicht fand; ein glänzender Beweis für die Folgerichtigkeit meiner Methode!

Botanik, wenn auch nicht immer, so doch in gewissen Fällen zum Indizienbeweis herangezogen werden muß.

Damit aber ist die dritte Forderung erfüllt, daß der Arbeitsvorgang reich an Anregungen sein muß, um den Nachwuchs für die Systematik zu begeistern. Man kann wohl zusammenfassend sagen, daß es kein vielseitigeres Gebiet der Botanik gibt, als eben eine solche einzig wissenschaftliche Systematik.

Dieses vorliegende Werk soll daher die Aufgabe haben, Grundlagen und Methoden der erneuerten Systematik der Höheren Kategorien aufzuzeigen. Es werden zwar insbesondere die theoretischen Erwägungen immer wieder auf jene Probleme eingehen müssen, die auch für die Systematik der Kategorien unter der Spezies Bezug haben, doch wird der methodische Teil sich so gut wie ausschließlich auf die Kategorien über der Art beziehen. Die Methoden der Genetik sind ohnehin in den bezüglichen Spezialwerken ausgeführt und werden jedem, der sich mit diesem Teil der Systematik beschäftigen will, in Zusammenhang mit dem allgemeinen und theoretischen Teil dieses Buches den richtigen Weg weisen.

Zweiter Teil

Grundlagen der Systematik

Erstes Kapitel

Der Typus-Begriff in der modernen Morphologie

1. Niedergang der Morphologie und ihre Ursachen

„Die Gestalt ist ein Bewegliches, ein Werdendes, ein Vergehendes. Gestaltlehre ist Verwandlungslehre. Die Lehre der Metamorphose ist der Schlüssel zu allen Zeichen der Natur." *(Goethe.)*

Diese Sätze setzte Goethe an den Anfang seiner „Morphologie". Selbst ein Gestalter, erkannte er die Bedeutung der Gestalt als etwas Primäres, das das innere Wesen der Natur bildet. Aus dieser Erkenntnis aber schuf er die Morphologie als neue Wissenschaft, wie er ausdrücklich betonte. Auch bei Betrachtung der Gestalt ist der Vergleich an sich noch keine Wissenschaft. Es ist erst ein gemeinsamer Nenner, ein „Tertium comparationis" erforderlich, auf das alle Vergleichungen bezogen werden und dieses schuf Goethe mit seiner Idee der „Urpflanze". In diesem Abstraktum, das nichts mit einer „ursprünglichen" Pflanze zu tun hat, gab er der Morphologie eine Grundlage, auf die alle existenten Formen bezogen werden können

Leider wurde Goethes geniale Konzeption vollkommen mißverstanden. Troll, der in seinem Begriff des „Typus" Goethes Idee aufgriff und damit der zur Terminologie herabgesunkenen Morphologie wieder eine feste Grundlage gab, hat über die Abwege, die von Goethes Morphologie immer weiter wegführten, ausführlich geschrieben.

Zusammenfassend könnte man sie in ihren Ursachen kurz in folgenden Punkten charakterisieren:

1. Die „Simplifizierungstendenzen" der „idealistischen Morphologie", die an Stelle der „Urpflanze" ein auf einfache Zahlenverhältnisse gestelltes Schema setzten.

2. Die funktionelle Betrachtungsweise, die von der Morphologie zur Organographie führten.

3. Die Zweckmäßigkeitstheorien, die schon von Goethe entschieden abgelehnt, sich doch bis heute erhalten haben. In ihnen sind zwei Wege zu erkennen:

a) die lamarckistischen „Anpassungs"-Theorien, die die Gestalt durch die Umwelt geprägt meinen und

b) die teleologische Auffassung der Darwinistischen Zuchtwahllehre.

4. Der Niedergang der Systematik, über den ich schon an anderer Stelle geschrieben habe, der dazu führte, daß an Stelle phylogenetischer *Forschung* eine — zweifellos bequemere — phylogenetische *Spekulation* trat, was zu einer ebenso spekulativen „phylogenetischen Morphologie" führte.

Daß „Geometrisierungs-Tendenzen" es versuchten, die Gestalt in mathematische Formeln zu pressen, und die Physiologie sie „physiologisch", d. h. physikalisch-chemisch zu erfassen sucht und daß schließlich die Entwicklungsgeschichte den Zusammenhang mit der eigentlichen Morphologie verlor, möchte ich daneben nur als sekundäre Folgeerscheinungen werten.

Jedenfalls sank die Morphologie zu einer so unklaren Terminologie herab, daß auch der Phylogenetiker mit den in der Literatur gegebenen morphologisch-phytographischen Angaben überhaupt nichts mehr anfangen kann. Dadurch aber wurde gerade die Phylogenetik am schwersten in Mitleidenschaft gezogen, die nun, mit unklaren Begriffen arbeitend, vielfach den oben angeführten spekulativen Charakter annahm.

Aber auch Troll wird heute noch vielfach vollkommen mißverstanden. So klar seine Konzeption des „Typus", der „typologischen", d. h. vergleichenden Betrachtung, auch für den ist, der sich mit der Gestalt befaßt hat, wurde er doch gerade von jener Seite am meisten mißverstanden und angegriffen, die am stärksten an der Reform der Morphologie interessiert sein müßte, eben von der (leider spekulativen) Systematik.

Aus diesem Grunde erscheint es mir notwendig, den Typusbegriff einmal von einer anderen Seite zu beleuchten und zu zeigen, wie er zur unbedingt notwendigen Grundlage eben der phylogenetischen Forschung wird, wenn man ihn richtig versteht und anwendet.

2. Mannigfaltigkeit und Einheit im Bau der Höheren Pflanzen

Auch dem oberflächlichsten Betrachter muß es auffallen, daß der praktisch fast unendlichen Fülle der *Mannigfaltigkeit* der Höheren, besonders der Blütenpflanzen, doch eine, uns geradezu zur Selbstverständlichkeit gewordene *Einheit im Bau* gegenübersteht. Diese Einheit im Bau kann aber nicht als ein Zufall angesprochen werden; sie ist nur erklärbar aus einer, die ganzen Höheren Pflanzen beherrschenden Gesetzmäßigkeit, die ihrerseits der stärkste Beweis für ihren monophyletischen Ursprung ist.

Die *Einheit im Bau* ist nun in zwei Punkten fast immer sofort zu erkennen:

1. in der *Dreiteilung:* Wurzel – Sproß – Blattorgane und
2. in der *Gesetzmäßigkeit der gegenseitigen Lage* der Organe.

Dreiteilung. Soweit die Dreiteilung die vegetative Zone betrifft, ist wohl heute ein Widerspruch nicht mehr vorhanden, wenn man von gewissen Organen, namentlich Saugorganen der Parasiten u. ä. absieht. Dagegen wurde immer wieder die Blattnatur der Blütenorgane, insbesondere der Karpelle bestritten, die z. B. von Gregoire ausdrücklich als „Organ sui Generis", von anderen als Achsenbildungen bezeichnet werden. Es erübrigt sich jedoch hier auf diese Fragen einzugehen, da sie von Sprotte, der die letzten und entscheidenden Beweise für die Blattnatur der Karpelle erbracht hat, historisch besprochen werden. (Siehe unten S. 160.)

Gesetzmäßigkeit der Lage. Die Gesetzmäßigkeit der gegenseitigen Lage der Organe ist überhaupt eines der Grundgesetze der gesamten belebten Natur. In der Zoologie haben Transplantationsversuche mit embryonalen

Gewebsstücken erwiesen, daß tatsächlich die Lage bestimmenden Einfluß auf die weitere Entwicklung einer embryonalen Zelle besitzt. Gurwitsch entwickelte aus dieser Erkenntnis die „Theorie des embryonalen Feldes". Es ist dabei aber immer zu beachten, daß die gegenseitige Lage der Organe bei einem *Organismus mit geschlossenem Wachstum,* wie es die tierischen Organismen fast ausnahmslos sind, sich überaus leicht determinieren läßt.

Demgegenüber finden wir in der Höheren Pflanze einen *Organismus mit offenem Wachstum,* d. h. der Wachstumsprozeß kann — theoretisch — ad infinitum fortgesetzt werden. Dadurch ist die gegenseitige Lage mitunter nicht mehr einwandfrei feststellbar, was dazu führt, daß die Unterscheidung von Homologien und Analogien mitunter schwierig werden kann. Schon die oben angeführten Meinungen über die Natur der Karpelle können als Beispiel dieser Art angesprochen werden.

Um hier Klarheit zu schaffen, ist es notwendig, zunächst einmal das *Wesen des offenen Wachstums* klarzustellen. Wenn dies auch nicht immer so klar zutage tritt, wie bei Pflanzen der gemäßigten Zone mit Winterruhe, so läßt sich doch stets nachweisen, daß das offene Wachstum darin besteht, daß *geschlossene Wachstumseinheiten sich aneinanderreihen.*

Unter den *Wachstumseinheiten* müssen wir unterscheiden:

a) Grundeinheit: Keimling;

b) Zuwachseinheiten (in periodischer Folge): Sproß
Wurzel;

c) Abschlußeinheiten: Infloreszenz
Blüte.

Die Grundeinheit. Das Wesen der Grundeinheit, die im wesentlichen nur durch den Keimling repräsentiert wird, liegt in der Einmaligkeit. Sie besteht für gewöhnlich aus Keimwurzel, Hypokotyl und Kotyledonen. In jenen Fällen aber, in denen die Keimwurzel sich zu einer Pfahlwurzel oder Rübe entwickelt, muß auch diese zur Grundeinheit gezählt werden. Dies erhellt besonders aus der Tatsache, daß die verlorengegangene Primärwurzel sich nicht regeneriert; selbst dann, wenn Seitenwurzeln die Funktion der Primärrübe übernehmen, sind sie doch stets als solche zu erkennen.

Ein interessantes Beispiel dieser Art bildet die Kakteengattung Rapicactus. Bei dieser entwickelt sich aus Hypokotyl und Primärwurzel eine massive Rübe, während der junge Sproß sich zunächst als dünner Langtrieb ausbildet, der erst später in einen keulenförmigen bis fast kugelförmigen Kurzsproß übergeht, während der dünne Teil verholzt. Wird der „Kopf" von der Rübe getrennt, was ziemlich leicht vorkommen kann, so ist er nicht mehr imstande, eine neue Rübe zu bilden.

Bei jenen Rübengeophyten, bei denen nicht nur das Hypokotyl, sondern auch die untersten Internodien des Epikotyls in die Rübenbildung eingehen, müssen natürlich auch diese der Grundeinheit zugerechnet werden, da auch sie von der Keimpflanze ausgehen und daher einmalig sind. Dagegen müssen die aus Seitentrieben entstandenen Pflanzen, z. B. bei Anthriscus als Zuwachseinheiten betrachtet werden, da sie in periodischer Folge entstehen und keine Hauptwurzel, sondern sproßbürtige Rübenwurzeln besitzen.

Interessant in dieser Hinsicht sind die Kugelkakteen, die ohne sich zu verzweigen unmittelbar aus dem Keimling entstehen. Typologisch betrachtet sind diese zu vergleichen mit dem epikotylen Kopf eines Rübengeophyten — sie sind übrigens ja sehr häufig selbst Rübenwurzler — und müssen daher ebenfalls im ganzen als Grundeinheit gewertet werden. Ihre Seitensprosse dagegen sind auch dann Zuwachseinheiten, wenn sie selbständig werden. Es ist daher vom morphologischen Standpunkt außerordentlich zu bedauern, daß die meisten schwerer gedeihenden Kakteen schon als Sämling gepfropft werden, sowie daß von vielen Arten überhaupt nur vegetativ vermehrte Exemplare in den Sammlungen vorhanden sind. An diesen ist der wirkliche Bau der Pflanze nie mehr festzustellen.

Auch hier ein praktisches Beispiel. Die infolge ihrer Blühwilligkeit sehr beliebte und daher in den Sammlungen sehr häufige Gattung Rebutia neigt sehr stark zur Sprossung und bildet, gepfropft, oft dichte Ballen. Die wahre Gestalt wurde mir aber erst an Importstücken klar, die ich in der Sammlung C. Backeberg sah. Diese besaßen eine gewaltige Rübe, die an ihrem Kopf eine Unzahl der verhältnismäßig kleinen Kugelkörper trug. Diese Gestalt geht den kultivierten Exemplaren auch dann gewöhnlich ab, wenn sie nicht gepfropft, sondern aus Samen aufgezogen wurden, da beim Pikieren der Sämlinge die Hauptwurzel fast immer zerstört wird.

Die Grundeinheit geht in sehr vielen Fällen bald zugrunde. Bei Pflanzen mit Ausläuferbildung ist sie naturgemäß nur an der Keimpflanze überhaupt vorhanden. Das ändert aber nichts daran, daß ihr Studium für das Verständnis des Gesamtaufbaues der Pflanze von Bedeutung ist.

Die Zuwachseinheiten. Unter diesen muß man wesentlich zwischen der Zuwachseinheit des Sprosses und jener der Wurzel unterscheiden. Das wesentliche Kennzeichen der Zuwachseinheit ist die Periodizität. Diese ist jedoch bei der Wurzel nicht deutlich ausgeprägt. Es sei daher zunächst auf die Zuwachseinheit des Sprosses eingegangen.

Am deutlichsten wird die Periodizität bei der sympodialen Verzweigung. Aber auch das Monopodium zeigt eine deutliche Periodizität. Bei Pflanzen mit rein monopodialem Wuchs, z. B. dem Stamm der Koniferen, könnte man zunächst geneigt sein, infolge seiner Einmaligkeit den ganzen Stamm als Grundeinheit zu betrachten, so wie dies bei den Kugelkakteen der Fall ist. Hier besteht jedoch ein sehr wesentlicher Unterschied. Während bei den Kugelkakteen trotz der Trockenruhe das Wachstum stetig gleichmäßig vor sich geht, so daß ein einheitliches Gebilde zustande kommt, an dem man später keinerlei Periodizität feststellen kann, haben monopodiale Sprosse, wie sie bei den Coniferen, aber auch bei verschiedenen Laubhölzern, wie Acer usw., verkörpert sind, eine deutlich ausgeprägte Rhythmik im Wuchs, die wir als longitudinale Symmetrie bezeichnen und die den periodischen Zuwachs der einzelnen Vegetationsperioden als mehr oder weniger klare Einheiten erkennen lassen.

Wie am Hauptsproß ist die longitudinale Symmetrie natürlich auch an den Seitenachsen stets mehr oder weniger deutlich ausgeprägt. Dabei kann häufig noch zwischen Kurz- und Langtrieben unterschieden werden, die sich in der Periodizität unterscheiden.

Die Zuwachseinheiten der Wurzel sind durch das Fehlen der Knoten und Internodien nicht so scharf trennbar, wie jene des Sprosses. Hier kann aber dennoch oft eine Periodizität in der Ausbildung der Seitenwurzeln festgestellt werden. Wo dies nicht der Fall ist, wie etwa bei den kurzlebigen Wurzeln vieler Pflanzen, wie z. B. der Zwiebelgeophyten, ist die ganze Wurzel als eine Zuwachseinheit zu rechnen. Hier liegt die Periodizität in der Wiederholung des gleichen Verzweigungsrhythmus in jeder Wurzel.

Die Abschlußeinheiten. Für diese ist charakteristisch, daß der Vegetationskegel bei der Bildung verbraucht wird, oder doch blind endigt, d. h. keine Fortsetzung findet. Letzterer Fall tritt z. B. bei ährigen Infloreszenzen ein, bei denen häufig über der obersten Blüte noch ein Achsenstück vorragt, welches jedoch keine Organe mehr ausbildet. Eigenartig in dieser Hinsicht sind gewisse Thesiumarten, bei denen noch über der traubigen Infloreszenz ein belaubter Achsenteil vorragt. In diesem Falle kann man die Traube nicht als Abschlußeinheit bezeichnen, sondern nur die Seitenachsen der Traube, die mit einer Terminalblüte enden.

Pseudanthien, wie die Kompositenköpfchen müssen einesteils als Ganzes, als Abschlußeinheit gewertet werden, anderseits bildet aber auch bei diesen jede Einzelblüte eine Abschlußeinheit. Wir könnten demnach das Pseudanthium als Abschlußeinheit höherer Ordnung bezeichnen.

Anders liegen die Verhältnisse z. B. bei den Cyathien von Euphorbia, wo die Einzelblüten so weit reduziert sind, daß nur mehr das Gesamtgebilde als Abschlußeinheit angesprochen werden kann.

Als Abschlußeinheit zweiter Ordnung müssen aber alle in sich geschlossenen Infloreszenzen überhaupt angesprochen werden.

Innerhalb jeder Wachstumseinheit herrscht nun eine klare Gesetzmäßigkeit, so daß trotz des offenen Wachstums des Gesamtorganismus die Gesetzmäßigkeit der gegenseitigen Lage erkannt werden kann und daher die Unterscheidung von Homologien und Analogien möglich ist.

Die *Mannigfaltigkeit* der realen Formen kommt dadurch zustande, daß im Rahmen des oben angeführten Grundbauplanes ein weiter Spielraum für Veränderungen offen bleibt. Aber auch diese Modifikationen verlaufen nur nach ganz bestimmten Gesetzmäßigkeiten. Wir können daher als weitere Grundlage der Einheitlichkeit in der Gestalt der Höheren Pflanzen die

3. Gesetzmäßigkeit der Modifikationen

feststellen.

Diese beruhen der Hauptsache nach auf folgenden Faktoren:

1. Veränderlichkeit der Dimensionen:
   a) Wachstumserscheinungen (Streckung),
   b) Hemmungserscheinungen,
   c) Verzweigungswinkel;
2. Veränderlichkeit der Symmetrie:
   a) Laterale Symmetrie (echte Symmetrie),
   b) Longitudinale Symmetrie } (Rhythmik);
   c) Schraubige Symmetrie }

3. Verschiedenheit in der Farbstoffverteilung.

Auch hier seien einige praktische Beispiele gestreift:

Auf Verschiedenheit der *Wachstumserscheinungen* beruht z. B. die Gestalt der Blätter. Sie beruht auf der Tätigkeit eines Rand-, Flächen- und Dickenwachstums. Das Verhältnis dieser drei Wachstumsfaktoren bestimmt die Blattgestalt.

Hemmungserscheinungen hingegen verursachen die Verschiedenheit der Blattorgane überhaupt. So entstehen Niederblätter (Schuppenblätter) durch Hemmungserscheinungen der Spreitenentwicklung.

Der *Verzweigungswinkel* beeinflußt maßgeblich den Gesamthabitus. So konnte ich z. B. in der Gattung Rhipsalis feststellen, daß manche Arten bei sonst ganz gleichen Dimensionen lediglich durch die Verschiedenheit des Verzweigungswinkels schon im vegetativen Zustand unterscheidbar sind, indem bei großem Verzweigungswinkel ein sparriger Habitus entsteht, bei kleinem hingegen lang herabhängende, scheinbar schlaffe Büsche. Auch der Habitus der Laubbäume läßt sich durch den Verzweigungswinkel (neben dem Sproßaufbau) charakterisieren. Diesbezüglich ist besonders der Vergleich: Apfelbaum — Birnbaum sehr instruktiv.

Die Bedeutung der *lateralen Symmetrie* für die Gestalt leuchtet ohne weiteres ein und bedarf keiner Beispiele. Es sei jedoch besonders darauf hingewiesen, daß die Dorsiventralität der Sprosse sich auch auf den Bau seiner Anhangsorgane auswirkt. Asymmetrie der Laubblätter und Anisophyllie sind Folgen des dorsiventralen Sproßbaues. Die Zygomorphie der Blüten von Gladiolus wird hervorgerufen durch einen Knick der Hauptachse und die daraus folgende einseitige Schwerkrafteinwirkung.

Longitudinale Symmetrie und *schraubige Symmetrie* sind „Symmetrie“ nur im Sinne von „Gleichmaß“, sie sind nur eine Rhythmik des Sproßaufbaues. Hieher fallen die Erscheinungen der Akrotonie (Förderung des Spitzenabschnittes), Mesotonie (Förderung des Mittelabschnittes) und Basitonie (Förderung des Basalabschnittes), die außerordentlich großen Einfluß auf die Gestalt haben. Um nur ein Beispiel zu nennen: Bei den Gehölzen führt Basitonie zur Strauchform, Akrotonie zur Baumform. Wichtig ist auch ihr Einfluß auf die Blattgestalt, worauf besonders T r o l l hingewiesen hat.

Die *Farbstoffverteilung* hat namentlich in der Blütenregion Bedeutung. Beispiele dieser Art erscheinen mir wohl überflüssig.

4. Die Grundidee des „Typus“

Sind die Gesetzmäßigkeiten der *Lage* und die Gesetzmäßigkeiten der *Modifikation* erkannt, so ist es möglich, ad libitum Pflanzen zu „erfinden“, ohne jemals den Boden des real Möglichen zu verlassen. Auf dieser Erkenntnis beruht G o e t h e s Idee der „Urpflanze“, die in T r o l l s Begriff des „Typus“ ihre Ausgestaltung erfahren hat. Jede existierende Blütenpflanze läßt sich auf diese „ideelle Grundlage“ beziehen, sie ist das „Tertium comparationis“, das eine vergleichende Morphologie ermöglicht. Der „Typus“ ist also keine „vereinfachte“ Konstruktion, er ist auch kein „Mittelpunkt“, d. h. keine Intermediärform, er ist überhaupt keine Realität. Darin unterscheidet er sich wesentlich vom „Typus“ der Phytographie, der eine „Leitart“ bzw. innerhalb der Spezies das Individuum, nach welchem die Diagnose gestellt worden ist. G o e t h e, der gerne gezeichnet hat, hat niemals eine bildliche Darstellung der „Urpflanze“ versucht; denn jede Darstellung würde eine Realität schaffen und damit den Begriff des Typus verlassen. Nur als Arbeitsgrundlage kann der Entwurf von S a c h s gewertet werden, der, eigentlich nur eine bildliche Darstellung der Gesetzmäßigkeit der Lage, es erlaubt, andere Gesetzmäßigkeiten zu verdeutlichen.

Es wird jedoch weiter unten gezeigt werden, daß zum Inhalt des Typus noch weitere Gesetzmäßigkeiten gehören.

5. Das Verhältnis der realen Formen zum generellen Typus

Die nachstehenden Ausführungen fassen nur den Typus der Anthophyten ins Auge, obwohl sie ebensowohl für die Pteridophyten Gültigkeit haben. Diese Einschränkung wird darum gemacht, weil die Pteridophyten durch die homorhize Bewurzelung und das häufige Scheitelzellwachstum und die daraus resultierenden Besonderheiten der Verzweigungsverhältnisse eine unnötige und darum in diesem Zusammenhang unerwünschte Komplikation in die Ausführungen bringen würden.

Die Gesetzmäßigkeiten der *Lage* sind in bezug auf Grundeinheit, Zuwachseinheiten und Abschlußeinheiten für die ganze Abteilung der Anthophyten *konstant.* Eine solche Konstanz ist jedoch nur denkbar, wenn es sich um eine phyletisch vollkommen einheitliche Gruppe handelt, und wenn diese Eigenschaften schon vom Augenblick der Entstehung einer Gruppe fixiert wurden. Diese Gesetzmäßigkeiten gehören also zu den Grundelementen des Anthophytentypus überhaupt und damit zu jenen Eigenschaften, die bereits bei der Entstehung der ältesten Anthophyten gegeben waren und sich schon da fixierten. Die phyletische Einheit der Anthophyten ist damit erwiesen.

Der Typus ist aber *kein stehender Punkt.* Mit der Höherentwicklung treten immer neue Eigenschaften und Formgesetze auf, die ebenfalls als Inhalt des Typus gewertet werden müssen. Daher erweist sich auch dieser als eine im Sinne der Höherentwicklung *fortschreitende Richtung.*

Reihentypus

Würde die Höherentwicklung der Anthophyten von der Abstammungsform aus nur in einer einzigen Richtung erfolgt sein, so würde der Grundtypus der Anthophyten auch zugleich der Typus aller abgeleiteten Kategorien. Das heißt, es würden nicht nur die Gesetzmäßigkeiten der Lage, sondern auch die Gesetzmäßigkeiten der Modifikation allen Anthophyten gemeinsam sein. Tatsächlich erfolgte die Höherentwicklung aber in verschiedener Richtung, d. h. jede der von der Abstammungsform ausgehende *Reihe* realisiert nur einen *bestimmten Teil* der *Gesetzmäßigkeiten der Modifikation.*

Jede Reihe besitzt ihren eigenen Reihentypus, dessen Inhalt gegenüber dem Anthophytentypus beschränkt ist.

Familientypus

So wie der Reihentypus enger begrenzt ist, als der allgemeine Typus der Anthophyten, ebenso verhält sich der Typus einer Familie gegenüber dem der übergeordneten Reihe. Das heißt nur ein Teil der dem Reihentypus zugehörigen Gesetzmäßigkeiten findet sich auch im Typus der einzelnen die Reihe bildenden Familien. Die *Summe* der Gesetzmäßigkeiten aller zu einer Reihe gehörigen Familien wird *identisch mit dem Reihentypus.* Auf diese Weise gelangt man also auch zum Typus einer Reihe, indem alle, zu der betreffenden Reihe gehörigen Familien auf die ihnen innewohnenden Gesetzmäßigkeiten untersucht werden, d. h. der Familien-Typus aller Familien aufgestellt wird. Aus ihrer Zusammenfassung erkennt man dann den Typus der Reihe. Dabei kann aber der Fall eintreten, daß der eine oder andere Familientypus sich schlecht zu den anderen fügt; daraus ist dann zu erkennen, daß die betreffende Familie nicht in diese Reihe gehört.

Praktisch ergibt sich also folgende Übersicht: In einer phyletisch einheitlichen Familie sind bestimmte Gesetzmäßigkeiten realisiert, und zwar:

a) Allen Anthophyten gemeinsame,

b) solche, die sie mit nahe verwandten Familien gemeinsam hat und

c) nur für die Familie spezifische.

Je weiter die Abzweigung der Familie zurückliegt, also je älter sie ist, um so geringer wird die Zahl der Gesetzmäßigkeiten der Gruppe b), um so größer die der Gruppe c) sein. Mit anderen Worten, die Familie nimmt eine isoliertere Stellung ein.

Gattungstypus

In gleicher Weise lassen sich die Gesetzmäßigkeiten eines Gattungstypus gruppieren:

a) Allen Anthophyten gemeinsame,

b) solche, die die übergeordnete Familie mit nahe verwandten Familien gemeinsam hat,

c) solche, die die Gattung mit den nächstverwandten, d. h. der gleichen Familie zugehörigen Gattungen gemeinsam hat,

d) nur für die Gattung spezifische Gesetzmäßigkeiten.

Diese Gruppierung ergibt sich daraus, daß im Laufe der Höherentwicklung immer neue Gesetzmäßigkeiten in Erscheinung treten, die jüngeren phyletischen Zweige sich also gewissermaßen auseinanderentwickeln. Je länger die Entwicklung zweier Linien gemeinsam erfolgt, um so weniger spezifische Charaktere werden sie besitzen. Daraus ergibt sich: *Je größer die Zahl der gemeinsamen Gesetzmäßigkeiten zwischen zwei Gattungen (Familien) ist, um so enger ist die Verwandtschaft.*

Die Anzahl der zur Gruppe d) gehörigen, also nur der Gattung spezifischen Gesetzmäßigkeiten ist meist sehr gering. Ausgenommen sind nur sehr isoliert stehende Gattungen, wie z. B. die Liliaceen-Gattung Tricyrtis. Das bedeutet aber: *Die Gattung läßt den Familientypus* fast stets *deutlich durchblicken,* von dem sie im wesentlichen ihr Gepräge erhält.

Auch scheinbar für eine Gattung spezifische Merkmale gehören oft zur Gruppe c) oder sogar zur Gruppe b). Zum Beispiel in der Rosaceengattung *P r u n u s:*

Hohle Blütenachse:	– auch bei Rosa u. a.
Einsamigkeit:	– auch bei Fragaria u. a.
1 Fruchtknoten:	– auch bei Alchemilla u. a.
Steinkern:	– auch bei Mespilus u. a. („Steinapfel")
Fleischige Frucht:	– auch bei Rubus u. a.
usw.	

Darin sehen wir den Unterschied, der zwischen Gattungscharakter und Gattungstypus zu machen ist. Für die Feststellung des Gattungscharakters ist die Gesamtheit der Merkmale maßgeblich, gleichgültig, ob sie die Gattung mit anderen teilt oder nicht. Beim Gattungstypus müssen wir hingegen die oben angeführten Gruppen auseinanderhalten, um den Familientypus aus der Gesamtheit der Gattungen ermitteln zu können und seine Abwandlung festzustellen.

Wie das oben angeführte Beispiel zeigt, ist für die Gattung *typisch* die *Kombination* bestimmter, dem Familientypus zugehöriger Tendenzen (Gesetzmäßigkeiten). Oder, anders ausgedrückt: Der *Gattungstypus* ist nicht so sehr charakterisiert durch nur der Gattung spezifische Gesetzmäßigkeiten, sondern durch spezifische *Kombination* der in dem betreffenden *phyletischen Zweig gegebenen Möglichkeiten.*

Ein in dieser Hinsicht interessantes Beispiel bietet die bereits oben erwähnte Cactaceen-Gattung Rapicactus. Sie wurde früher zu Thelocactus gerechnet, da sie in Warzen aufgelöste Rippen besitzt. In der Blüte zeigt sie die der Familie eigene Tendenz zur totalen Verkahlung des Perikarpells (des „Fruchtknotens"), die sie mit Mammillaria u. a., besonders aber mit mancher Neolloydia (bei Backeberg „Gymnocactus") gemeinsam hat, in einer sehr vollendeten Form. Die Blüte sieht tatsächlich äußerlich der von „Gymnocactus" verblüffend ähnlich. Erst der typologische Vergleich des Perikarpells und des Gynöceums überhaupt zeigt, daß es sich um einen eigenen Typus handelt. In bezug auf die Rübenbildung, die die Gattung in einer auch sonst bei Kakteen vorkommenden, also zum Familientypus gehörenden Form besitzt, nähert sie sich mehr Ancistrocactus als Neolloydia. Wir sehen hier also dem Familientypus zugehörige Merkmale: Verkahlung des Perikarpells, Warzenbildung, Rübe, Kugelform mit zwei der Gattung spezifischen: Halsbildung zwischen Rübe und Kugelkörper und spezifischem Gynöceumbau kombiniert. Dabei könnte auch die Halsbildung zum Familientypus gerechnet werden (die Untersuchung der anderen Gattungen mit dicken Rüben konnte noch nicht durchgeführt werden!). Für die Gattung kommt also als Typuscharakter eine ganz einzig dastehende Kombination zustande.

Schon diese angeführten Tatsachen würden hinreichend beweisen, daß das Studium des morphologischen Typus in hervorragender Weise geeignet erscheint, dem, eben durch den Niedergang der Morphologie mitbedingten Niedergang der Systematik wieder eine Wendung zum Aufstieg zu geben. *Der Typus ist tatsächlich der Leitfaden, der der* ***phylogenetischen*** *Forschung die* ***Richtung geben muß.***

Fortschreiten des Typus im Laufe der Höherentwicklung einer systematischen Einheit

In diesem Zusammenhang muß nun aber auch das Fortschreiten des Typus im Laufe der Höherentwicklung einer systematischen Kategorie, gleich ob Reihe, Familie oder Gattung behandelt werden. Hier gibt es zwei grundsätzlich verschiedene Möglichkeiten:

1. *Parallele* Entwicklung zweier Familien (Gattungen). In diesem Falle besitzen die beiden Familien (Gattungen) *einen Teil* der Typuscharaktere *gemeinsam,* die anderen verlaufen in *auseinanderweichender* Richtung.

2. *Fortschreiten aus einer Familie* (Gattung) in die höher organisierte: Die Entwicklungsrichtung des Typus der Familie (Gattung) „A" *setzt sich* in der Familie (Gattung) „B", die eine höhere Entwicklungsstufe darstellt, direkt *fort.*

Auch hiefür ein sehr instruktives Beispiel: Es ist die von Rossberg[1] festgestellte Entstehung der verschiedenen Reduktionsformen des Androeceums der Gramineen. Aus der hexandrischen Stammform geht die Entwicklung divergent als parallele Entwicklung einesteils zur Triandrie (Abortus des inneren Staminalkreises) und anderseits zur Tetrandrie (Abortus der zwei adaxialen äußeren Stamina). Von der triandrischen Blüte setzt sich die Entwicklung fort, aber wieder in zwei parallelen Linien zur transversalen Diandrie einerseits und zur abaxialen Monandrie, je nachdem einesteils das abaxiale, anderseits die beiden adaxialen Stamina abortieren. Der tetrandrische Zweig hingegen entwickelt sich in geradliniger Fortsetzung der Entwicklungsrichtung zum median diandrischen und weiter zum adaxial monandrischen Typus. In diesem Beispiel sind also beide Fortschrittformen verwirklicht.

6. Gesetzmäßigkeit der Progressionen

Wäre der Typusbegriff durch die Gesetzmäßigkeiten der Lage und der Modifikationen erschöpft, so könnte er noch immer noch als ein *statischer Mittelpunkt* erscheinen, um den sich die existenten Formen gruppieren, wenn auch die Gruppierung dann *sektorenweise* zu denken wäre, so daß jede phyletische Reihe einen Sektor beherrscht.

Der Vergleich verschiedener Entwicklungslinien zeigt aber, daß auch einander *fernstehende Äste* des Stammbaumes im Laufe der Höherentwicklung *ähnliche Entwicklungsstufen durchschreiten,* die oft genug Verbindungen vortäuschen.

Als Beispiele mögen nur kurz angedeutet werden: Die Epigynie, die ohne Einfluß und Zusammenhang mit dem Bautypus des Gynöceums in den verschiedensten Entwicklungslinien als höchste Stufe der Entwicklung der Blütenachse auftritt, die Sympetalie, die Apetalie und verschiedene andere Reduktionserscheinungen usw.

Die Höherentwicklung erfolgt also im ganzen Anthophytenbereich, speziell aber bei den Angiospermen, nach ganz *bestimmten Gesetzmäßigkeiten,* d. h. in bestimmten, bereits dem Gesamttypus zugehörigen *Richtungen* bzw. *Entwicklungsschritten.* Wir erkennen daraus eine weitere Grundlage, eine weitere Gesetzmäßigkeit die zum Charakter des Gesamttypus gehört, die *Gesetzmäßigkeit der Progressionen.*

---

[1] Rossberg, G., Beiträge zur Morphologie des Grasährchens, Diss. Berlin 1935.

Erst durch die Gesetzmäßigkeit der Progressionen wird der *Typus* zur *beherrschenden Richtung.*

Nägeli formulierte diese Erkenntnis einer Gesetzmäßigkeit in der Höherentwicklung in seinem „Gesetz der Vervollkommnung".

Es würde den Rahmen dieses Kapitels überschreiten, wenn ich auf die Progressionen näher eingehen wollte. Ich werde sie im nächsten Kapitel sehr ausführlich behandeln. Hier sei nur darauf hingewiesen, daß wir in den Progressionen grundsätzlich zwei Formen unterscheiden können:

a) *Vervollkommnende Progressionen,* gekennzeichnet durch Spezialisierung der Organe, Komplikation und

b) *reduktive Progressionen,* bei denen eine scheinbare Primitivität zustande kommt.

7. Gesetzmäßigkeit der Gestalt

In der Gesetzmäßigkeit der Progressionen blickt eine weitere Gesetzmäßigkeit durch, die aber allein aus ihr nicht erklärbar ist. Sie kommt zum Ausdruck in *weiteren Erscheinungen der Konvergenz,* am auffälligsten an Pflanzen extremer Standorte (z. B. der Xerophyten) und in den Abschlußeinheiten Blüte und Infloreszenz.

Die Blütenbiologie unterscheidet im Gegensatz zur Mannigfaltigkeit der Erscheinungen der Blüten und Infloreszenzen, nur eine relativ sehr kleine Zahl von „Blumentypen", die in ihren spezialisiertesten Formen stets sehr auffallend und daher leicht erkennbar sind. Ich weise hier nur auf einige dieser Formen hin, wie Vogelblumen der verschiedenen Form, Sphingidenblumen, Aasfliegenblumen, Kesselfallenblumen usw.

Dabei muß jedem aufmerksamen Beobachter die Tatsache auffallen:

1. Daß die gleiche Blumenform in den verschiedensten systematischen Einheiten vorkommt.

Als Beispiele mögen etwa die Vogelblumen dienen, die in einer außerordentlich großen Zahl von Familien vorkommen oder die ebenfalls sehr spezialisierten Aasfliegenblumen, die gleichfalls in zahlreichen Familien auftreten.

2. Daß verschiedene Blumenformen innerhalb derselben eng begrenzten systematischen Einheit auftreten. Z. B. finden wir innerhalb der Phyllocacteen Sphingidenblumen (Phyllocactus), Vogelblumen des offenen Typus (Nopalxochia) und Vogelblumen des engröhrigen Typus (am schönsten ausgeprägt bei Wittia). In der Gattung Salvia ist neben der hochspezialisierten Hummelblume (S. pratensis) eine ebenso hochausgeprägte Kolobriblume (S. splendens) vertreten usw.

3. Daß gleiche Blumentypen sowohl

a) von Euanthien (homologe Konvergenz) als auch

b) von Pseudanthien, also ganzen Infloreszenzen (analoge Konvergenz) gebildet werden.

Beispiele analoger Konvergenz hat Troll ausführlich behandelt, weshalb hier nur auf seine Arbeit verwiesen werden braucht.

Man hat diese „Gestalt-Typen" immer wieder teleologisch zu „erklären" versucht. Troll hat aber schon in seinem Werk über „Organisation und

Gestalt im Bereiche der Blüte" darauf hingewiesen, daß es sich hier um eine Erscheinung handelt, die nur aus der Gestalt heraus selbst zu verstehen ist. Es erscheint mir aber doch notwendig, die teleologischen „Erklärungs"-Versuche nochmals einer Kritik zu unterziehen. Wir können unter ihnen zwei Richtungen unterscheiden:

1. Die darwinistische Auffassung der „Zweckmäßigkeit" und
2. die lamarckistische Auffassung der „Anpassung", d. h. der Formung durch Umweltreize.

Kritik der „Zweckmäßigkeitslehre"

Zur Auffassung der „Zweckmäßigkeit" möchte ich folgende Tatsachen hervorheben:

1. „Zweckmäßig" ist die Spezialisierung auf einen bestimmten Bestäuber überhaupt nicht. Am zweckmäßigsten wäre doch eine Blüte, die von der Art des Bestäubers gänzlich unabhängig, von möglichst vielerlei Insekten befruchtet werden kann, da auf diese Weise allein auch bei Ausbleiben der einen Art die Fortpflanzung gesichert wäre.

2. Die Spezialisierung führt außerordentlich häufig, ja fast regelmäßig zum Honigdiebstahl, d. h. zur Ausbeutung des Nektars durch Insekten, die dabei keine Bestäubung durchführen.

Ich beobachtete z. B. bei Lathyrus vernus an einem stark beflogenen Standort, daß die Blüten in weit überwiegendem Maße von der Honigbiene beflogen wurden. Diese flog die Oberseite der Blüte an und biß sich durch den Kelch ein Loch zum Nektar. Fast alle untersuchten Blüten wiesen diese charakteristische Bißstelle auf. Der Anflug durch Bombusarten war daneben sehr gering und sie schienen auch von den Bienen so ausgenützte Blüten zu meiden. Ebenso kann man an der langröhrigen Galeopsis speziosa an fast jeder Blüte ein Loch in der Röhre beobachten, durch welches Bienen den ihnen sonst unzugänglichen Nektar ausbeuteten.

3. Der Zweck, die Bestäubung, wird zwar bei manchen komplizierten Blüteneinrichtungen erreicht, aber oft auf so umständliche Weise, daß der Begriff der „Zweckmäßigkeit" kaum mehr passend ist.

Man denke nur an die Einrichtungen einer Coryanthes! Aber auch hier kann man Lathyrus vernus als Beispiel heranziehen, wenn man beobachtet, wie schwierig und umständlich es für die schweren Hummeln ist, die Blüte auszubeuten. Die Bestäubungseinrichtungen von Ficus und Yucca können doch kaum mehr als „zweckmäßig" bezeichnet werden, wenn sie auch zur Befruchtung führen.

4. Schließlich kann man von vielen Bestäubungseinrichtungen nur sagen, daß derselbe Zweck auch anders erreicht werden könnte.

Damit kann man zur darwinistischen Auffassung abschließend sagen, daß das oft unerhörte Zusammenspiel morphologischer, anatomischer und physiologischer Tatsachen, das uns als „Zweckmäßigkeit" vor Augen tritt, zwar gestalttypisch, niemals aber kausalistisch zu erklären ist. Wohl fällt Zweckwidriges bedingungslos der Ausmerze zum Opfer, niemals aber kann die anthropomorphe Zweckmäßigkeitslehre ihre Entstehung erklären.

Kritik der „Anpassungslehre"

Ebensowenig kann aber auch die „Anpassung durch direkte Wirkung", also infolge von Umweltreizen, die Erscheinung der Gestalttypen erklären, diese Auffassung hält ebensowenig einer Kritik stand. Denn

1. wirkt derselbe Reiz, der die Anpassung bewirkt haben soll, ja auch auf andere Arten ein. Man denke da nur an die Anemogamie der unbestritten abgeleiteten Gramineenblüte;

2. kennen wir oft sehr erheblich verschiedene „Gestalttypen", die an denselben Bestäuber „angepaßt" sind, z. B. verschiedene Formen der Kolibriblumen, der Hummelblumen usw.;

3. ist nicht einzusehen, wieso gerade ein bestimmter Bestäuber eine Blumenform „geprägt" haben soll, wenn in demselben Biotop noch die verschiedensten anderen Bestäuber vorkommen;

4. können komplizierte Einrichtungen, wie etwa die schon oben erwähnte Coryanthes angeführt werden, die sicher eben noch nicht zweckwidrig genannt werden können, d. h. als „Anpassung" überhaupt nicht deutbar wären;

5. wurde erkannt, daß früher als „zweckmäßig" angesprochene Eigenschaften, wie z. B. gewisse „Saftmale", durchaus belanglos für die Bestäubung sind;

6. ist es auffallend, daß sehr häufig die auffallenden „Gestalttypen" ohne Übergangsform auftreten. Über diese Tatsache werde ich ebenfalls noch an anderer Stelle schreiben.

Ähnlich, wie die Gestalttypen der Blütenregion also nicht teleologisch deutbar sind, können auch verschiedene Gestalttypen des Gesamthabitus usw. nicht kurzweg als „Anpassungen" gedeutet werden. Man denke hier nur an die vielerlei Gestalttypen der Xerophyten, die alle demselben „Zweck" dienen und ihn in gleicher Weise erfüllen. Auch sie sind nur aus der Gestalt selbst zu erklären.

Somit sind auch diese Konvergenzen nicht adaptiver Natur, sondern reine Gestaltphänomene.

Der Gestalttypus ist aber nur erklärbar aus einer *Gesetzmäßigkeit der Gestalt.*

Abschließend sei nochmals übersichtlich zusammengefaßt:

Die *Einheit der Form* wird bedingt durch den *einheitlichen Typus.* Im Typus begründet liegt aber auch die Mannigfaltigkeit der Erscheinungen. Einheit und Mannigfaltigkeit folgen Gesetzmäßigkeiten, diese sind das Wesen des Typus.

Der Typus wird charakterisiert durch:

1. Die Dreiteilung: Wurzel—Sproß—Blattorgane;
2. die Gesetzmäßigkeit der Lage;
3. die Gesetzmäßigkeiten der Modifikation;
4. die Gesetzmäßigkeit der Progression und
5. die Gesetzmäßigkeit der Gestalt.

Diese Gesetzmäßigkeiten zu erforschen, ist die Aufgabe der Morphologie. Diese Aufgabe kann aber nur gelöst werden durch den Vergleich der manifesten Formen, die den Typus immer klarer hervortreten lassen, einen je tieferen Einblick wir in die Mannigfaltigkeit der Formen gewinnen.

Morphologie kann und darf daher nur vergleichende Morphologie sein. Sie ist, wie diese Ausführungen nun wohl endgültig klar werden ließen, die einzige feste Grundlage einer dynamischen Systematik.

Zweites Kapitel

Die Progressionen

1. Einleitung

Jedes „natürliche" System der rezenten Pflanzen trägt in sich den Mangel, daß die heute lebenden Arten nur letzte Auszweigungen eines weit zurückreichenden Stammbaumes sind, also sich mehr oder weniger alle von den allfälligen gemeinsamen Vorfahren weiterentwickelt haben. Eine heute lebende hochabgeleitete Art kann also niemals von einer heute lebenden primitiven „abgeleitet" werden; ihre systematische Anordnung hinter ihr soll also nur andeuten, daß sie sich von der gemeinsamen Urform weiter entfernt hat, als die letztere.

Daß dennoch eine „natürliche" Systematik ihre Berechtigung hat, daß man getrost den an sich fehlerhaften Ausdruck: „Die Form A leitet sich von der Form B ab" (wobei A und B rezente Formen sind), gebrauchen darf, liegt darin begründet, daß tatsächlich auch uralte Lebensformen sich bis in die Jetztzeit mehr oder minder unverändert fortgepflanzt haben. während anderseits Seitenäste des Stammbaumes, von diesen Formen abzweigend, eine mehr oder minder weitgehende Veränderung erfahren haben.

Der heutige Stand der genetischen Forschung gibt uns bereits weitgehend die Möglichkeit, uns ein Bild von den Ursachen dieses Umstandes zu machen. Er sei hier jedoch nur soweit gestreift, als es für das Verständnis des Folgenden nötig ist.

Konstanz der Erbmasse und Mutation stehen hier einander gegenüber, indem eine weitestgehende Stabilität der Eigenschaften theoretisch die Erhaltung auch der urtümlichsten Lebewesen ermöglicht — es gäbe ja sonst keine Einzeller mehr — in einzelnen Fällen jedoch Gen-Änderungen eintreten, die — von einzelnen Individuen ausgehend — neue Formen zu prägen und daher eine Weiterentwicklung hervorzurufen imstande sind.

Die **relative Häufigkeit der Mutationen** ist an sich schon gering, wenn auch außerordentlich schwankend. Timofeff stellte dazu fest, daß von den nachgewiesenen Mutationen 88·2% letal wirken, so daß die Zahl der in Kultur erhalten bleibenden Gen-Änderungen an sich sehr gering ist. Dazu ist nun aber noch zu beachten, daß viele der in Kultur erhalten bleibenden Mutationen doch subletal wirken, d. h. dem Lebenskampf minder geeignete und daher bald wieder verschwindende Formen hervorrufen. Immerhin kann ein aufmerksamer Beobachter auch in der Natur stets eine ansehnliche Anzahl mutierter Individuen feststellen, wobei sich die Mutationen allerdings meist auf geringfügige Änderungen beziehen. Ich selbst konnte z. B. auf einem wenige Quadratmeter großen Standort der Euphrasia rostkowiana unter einigen Hundert normalen vier „Blutformen", d. h. mit durch Anthocyan fast schwärzlich gefärbten Blättern feststellen. Die Zahl der sogenannten „progressiven Mutationen", durch die wesentliche, den Artcharakter abändernde Merkmalveränderungen auftreten, ist jedoch außerordentlich gering.

Alte und junge Formen, Brückenformen

Es ist demnach nicht so, daß sich eine Form durch fortgesetzte Veränderungen gewissermaßen zielstrebig („Anpassung"!) allmählich weiter höherentwickelt, sondern die einmal entstandene Form bleibt erhalten, sofern sie nicht dem Lebenskampf unterliegt. Konstanz des Lebensraumes angenommen, müßten also alle einst entstandenen, lebensfähigen Lebensformen heute noch erhalten sein. Nur die Veränderungen des Lebensraumes in geologischer Hinsicht (geologische Klimaschwankungen, Erdkatastrophen usw.) wie in biologischer Hinsicht (veränderte Lebenskonkurrenz durch Auftreten lebensfähigerer Formen) hat das Aussterben vieler alter Formen herbeigeführt. Formen, die sich den sich dauernd verändernden Lebensbedingungen immer wieder gewachsen zeigten, konnten bis heute erhalten

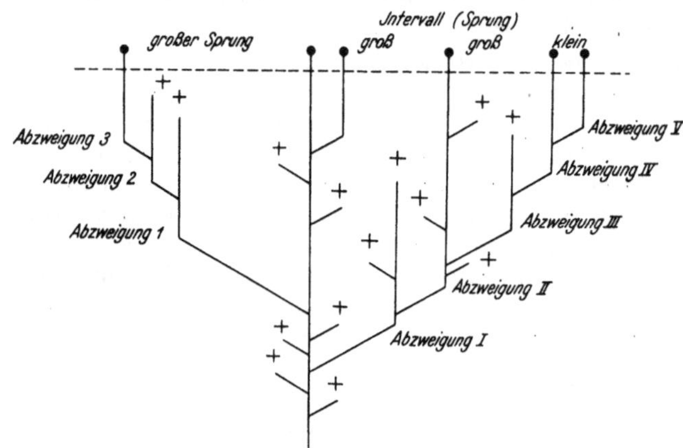

Schema 1. Modell eines Stammbaumes

Erläuterung: + = subletale, verschwundene Formen
● = recente Formen

Abzweigung 1, 2, I und III haben geringe Lebenskraft und sind verschwunden, nachdem sie die lebensfähigeren Abzweigungen 3, II und IV abgezweigt hatten. (Größere Progressionssprünge.)

Abzweigung IV zweigt weiter Abzweigung V ab, ist aber selbst lebensfähig und blieb daher erhalten. Daher kleiner Progressionssprung.

bleiben und stehen heute als z. T. uralte „Relikte" und „Brückenformen" neben erst in jüngster Zeit entstandenen „jungen Formen". Immer wieder haben aber einzelne Individuen Gen-Änderungen erlitten und sind damit — sofern sie lebensfähig waren — zu neuen Ästen des Stammbaumes geworden, die ihrerseits nun wieder erhalten bleiben oder verschwinden, und neue Äste des Stammbaumes abzweigen konnten.

Würden diese Seitenäste die gleiche Lebensfähigkeit besessen haben, wie die erhalten gebliebenen Stammformen, so würden wir tatsächlich eine lückenlose Übergangsreihe von den ältesten bis zu den jüngsten Lebensformen besitzen und Systematik wäre eine sehr einfache Wissenschaft.

Tatsächlich sind aber oft jüngere Seitenäste wieder verschwunden, nachdem sie ihrerseits weitere Seitenäste abgezweigt hatten; dadurch fehlen uns sehr oft Zwischenglieder und wir sind gezwungen, die verwandtschaftlichen Beziehungen zu erschließen, was dadurch erschwert wird, daß gewisse Entwicklungstendenzen bereits der Stammform innewohnen und daher in verschiedenen Seitenästen, unabhängig voneinander manifest werden können, wodurch Verbindungen vorgetäuscht werden, während es sich nur um Konvergenzen handelt. (Schema 1.)

Arten der Höherentwicklung durch Gen-Änderung

In bezug auf die Höherentwicklung durch Gen-Änderungen (Mutationen) kann man nun zwei Möglichkeiten ins Auge fassen:

1. sprungartige wesentliche Veränderungen (sogenannte „progressive Mutationen" oder „Makromutationen") und

2. allmähliche, stufenweise, aber mehr oder minder gleichgerichtete Veränderungen (Summierung von Klein-Mutationen).

Der erstere Fall ist, wie bereits oben ausgeführt, weit seltener, als die kleinen Veränderungen durch Mutation. Er führt oft zu großen Entwicklungssprüngen, die dann oft sehr schwierig in den Stammbaum einzugliedern sind. Nur Beachtung aller Entwicklungstendenzen, die im ganzen Verwandtschaftskreise auftreten, und Vergleich mit dem morphologischen Typus weist uns dann den wahrscheinlichen Anschluß.

Der zweite Fall hingegen scheint der weitaus häufigere zu sein. Bei ihm müssen wir auch wieder zwei Möglichkeiten ins Auge fassen:

a) Junge Auszweigungen des Stammbaumes.

Auslese und Ausmerze haben noch nicht trennend eingegriffen. Es können daher fließende Übergänge zustande kommen, die eine Trennung erschweren.

b) Veränderungsreihen, die schon auf ein hohes Alter zurückreichen.

Diese können „progressive" (Makro-) Mutationen vortäuschen, indem der größte Teil der Zwischenformen wieder verschwunden ist und nur einzelne, weiter auseinanderliegende Formen bis zum heutigen Tage erhalten geblieben sind. Es scheint mir, daß auch die der Pflanze innewohnenden Formgesetze selbst als innere Auslesefaktoren wirksam werden. Wurde im Laufe der Entwicklung ein Formgesetz gesprengt, d. h. überwunden, so scheinen alle „Zwischenformen" keinen Bestand zu haben, also wieder zu verschwinden, bis ein neues Formgesetz, höherer Ordnung, erreicht ist. Es scheint mir nur so erklärlich, daß uns in so vielen Fällen alle Bindeglieder gerade an solchen Stellen fehlen, wo dann ganz hochabgeleitete Endglieder der Entwicklung unvermittelt auftreten. Ich möchte da nur auf Gramineen, Compositen, Orchideen u. a. hinweisen.

2. Der Begriff „Progression"

Im weiteren Sinne müßte als Progression jede nicht letale Abänderung des Genoms bezeichnet werden, da sie auf jeden Fall einen „Fortschritt", d. h. einen weiteren Entwicklungsschritt bedeutet. Praktisch werden jedoch nur jene Abänderungen als „Progression" bezeichnet, die sich morphologisch ausdrücken, d. h. solche, die habituelle Änderungen hervorrufen[1].

In der Literatur werden als Progressionen in der Regel große Entwicklungssprünge aufgezählt. Nach dem oben Gesagten ist dies durchaus falsch. Gerade ein Verfolgen der kleinen Entwicklungsschritte ermöglicht es, Entwicklungstendenzen zu erkennen. Wir können diese kleinen Schritte, die sich schon innerhalb der Art abspielen, als „Klein-Progressionen" bezeichnen (entsprechend der „Mikromutation"), wobei zu beachten ist, daß grundsätzlich kein anderer Unterschied zwischen „Klein-Progression" und „Progression" schlechtweg besteht, als daß diese wenig ins Auge fallen, jene aber einen sofort erkennbaren Entwicklungssprung bedeuten. Dieser Entwicklungssprung kann aber ebensogut dadurch zustande gekommen sein, daß zwischen Anfangs- und Endglied einer stufenweisen Entwicklung die Zwischenglieder verlorengegangen sind.

Reduktive Progressionen

Es ist nach dem oben Gesagten klar, daß die Progressionen in der entwicklungsgeschichtlichen Forschung, insbesondere in den Kategorien ober der Art die Hauptrolle spielen und schon immer gespielt haben. Nur wurde dabei allzuoft übersehen, daß eine Progression nicht nur ein Fortschritt im Sinne „höherer", komplizierterer Organisation, besserer „Anpassung" an Spezialzwecke, sondern ebensogut ein „Rückschritt" auf primitivere Verhältnisse, wie etwa die Entstehung der Gramineenblüte aus ursprünglich dreizähligen entomogamen Blüten, sein kann. Es kann also das Produkt einer Progression einen primitiveren Eindruck machen, als die ursprüngliche Form. Ich möchte diese Art von Progressionen als *„reduktive* Progression" bezeichnen, im Gegensatze zur „vervollkommnenden" Progression, die zu sichtlich höherer Organisation führt.

Die Tatsache der reduktiven Progressionen stellt nun die phylogenetische Forschung vor die Aufgabe, wirkliche Ursprünglichkeit und „sekundäre Primitivität" zu unterscheiden, was bei reinen statischen „Zustandsvergleichen" sehr oft zu Fehlreihungen führte. Nur der dynamische schrittweise Vergleich kann vor solchen Mißgriffen schützen, wobei die beiden biogenetischen Grundgesetze als Leitstern dienen müssen.

Das erste besagt, daß kein Organ als Rudiment in Erscheinung tritt, sondern stets funktionstüchtig. Erst im Laufe der weiteren Entwicklung kann es wieder verkümmern. Daraus folgt, kurz ausgedrückt, daß verkümmerte, funktionslose Organe stets abgeleitet, also jüngere Glieder einer Progression sind.

Das zweite Grundgesetz, das hier beachtet werden muß, besagt, daß ein Organ, das im Laufe der Stammesgeschichte verlorengegangen ist, im weiteren Verlaufe der Entwicklung nicht wieder entstehen kann. Seine Funk-

---

[1] Damit soll nicht gesagt sein, daß nicht auch „physiologische" Progressionen einen Fortschritt bedeuten; sie können sich sogar im Rahmen der Variationsbreite morphologisch auswirken. So würde z. B. eine frostempfindliche Art durch das Allel „frosthart" in die Lage versetzt, neue Standorte zu besiedeln, die durch die neuen Außenfaktoren im Rahmen der Variationsbreite dem Habitus ein neues Gepräge zu verleihen imstande wären.

tionen müssen von einem anderen Organ übernommen werden. Viele der „analogen“ Organbildungen gehören hieher.

Rudimentation

Es erscheint daher notwendig, den Begriff der Rudimentation näher zu untersuchen.

Ein *Rudiment* ist ein durch Entwicklungshemmung gestaltlich verändertes (vereinfachtes) und dadurch seiner bisherigen Funktion entzogenes Organ. Durch weitere Entwicklungshemmung (d. h. in noch früheren Entwicklungsstadium gehemmt) kann es schließlich gänzlich verschwinden.

Dieses allmähliche Verschwinden wäre als **„Abortus durch Rudimentation“** zu bezeichnen. Die Progression ist also hier folgende:

1. funktionstüchtiges Organ,
2. Rudimentation (oft in mehreren Stufen),
3. Abortus.

Diesem Abortus durch Rudimentation steht eine andere Form des Verschwindens grundsätzlich gegenüber, der **„Abortus durch Meiomerie“**. Abortus durch Meiomerie ist ein plötzlicher totaler Verlust eines Organes, ohne Übergang und ohne vorherige Rudimentation, einfach durch Verminderung der Zahl, wie ja schon der Ausdruck Meiomerie aussagt. Als Beispiel mag die Mutation „trisepala“ von Antirrhinum aufgezeigt werden, bei der der ursprünglich fünfteilige Kelch durch nur eine Mutation dreiteilig geworden ist. Da nun bei einer Blüte die Meiomerie nicht in allen Wirteln gleichmäßig erfolgen muß, sondern z. B. die Staubblattzahl allein vermindert werden kann, so ist bei bloßer Betrachtung des statischen Zustandes nicht zu unterscheiden, ob ein Abortus durch Rudimentation oder durch Meiomerie zustande gekommen sei, ja nicht einmal, ob das betreffende Organ ursprünglich vorhanden war und in Verlust geraten ist, oder ob es von vorneherein gefehlt hat. Dieser Umstand wird ganz besonders dort zu beachten sein, wo es sich um Blüten von einfachstem Bau handelt. (Amentifloren, Urticales u. a. m.) Nur ein Verfolgen der einzelnen Entwicklungsschritte und der typologische Vergleich kann hier vor Fehlschlüssen schützen.

Ein rudimentiertes Organ kann aber auch, statt schließlich ganz zu verschwinden oder funktionslos zu werden, eine neue, seiner veränderten Gestalt adäquate Funktion übernehmen. Ich bezeichne diesen Vorgang als **„Transformierende Rudimentation“**. Verschiedene Staminodialbildungen mögen dafür als Beispiel dienen. Auch sie hat eine Analogie in der **„Transformation“**. Als solche bezeichne ich die Übernahme einer neuen Funktion bzw. eines neuen Organcharakters durch *gestaltliche Umwandlung ohne vorherige Rudimentation.*

Als Beispiele für die Transformation können etwa die umgewandelten Staubblätter der Zingiberaceenblüte, der Übergang Stamina-Tepala bei Castalia, die Spornbildung der Mutation „hircina“ von Antirrhinum u. a. angeführt werden.

Während Rudimentation und transformierende Rudimentation zu den reduktiven Progressionen gehören, ist die Transformation das Ergebnis einer vervollkommenden Progression.

Eine Mittelstellung nimmt der *Abortus durch Meiomerie* ein, der, an sich eine Reduktionserscheinung, also genau genommen eine reduktive Progression ist. Wir sind es aber gewohnt, in der Fixierung der ursprünglich variablen Zahlenverhältnisse eine Vervollkommnung zu sehen. Denn in der Regel handelt es sich dabei um den Übergang des primitiven acyklischen Zustandes in den cyklischen, damit also um einen Fortschritt. Hier muß es wieder der Verfolgung aller Entwicklungsschritte vorbehalten bleiben, zu entscheiden, wie dieser Abortus zu werten ist.

Jeder Progression liegt eine Änderung des Genoms zugrunde. Dabei kommt es jedoch nicht darauf an, ob große oder geringe Änderungen stattgefunden haben. Die grundlegenden morphologischen Veränderungen bei den oben angeführten Antirrhinum-Mutationen „hirzina" und „trisepala" sind, genetisch betrachtet, Mutationen eines einzigen Gens. Hingegen können autopolyploide Formen von ihrer diploiden Stammform morphologisch kaum unterscheidbar sein. Es kommt also nicht darauf an, wie viele Gene mutiert sind, sondern welche Gene. Daher ist es nicht richtig, wenn von manchen Autoren gesagt wird, eine einzige Mutation könne nicht zur Artabtrennung gewertet werden. Nur im genetischen Experiment erzeugte, bzw. entstandene progressive Mutationen können ohne weiteres als solche erkannt werden. In der Natur existierende werden mitunter tatsächlich zur Aufstellung neuer Arten führen können, wenn sie erbrein sind. Es wäre m. E. denkbar, daß Rückschlagserscheinungen (Atavismen) zum Teil auf solche, durch nur geringfügige Genomänderungen bedingte, aber morphologisch sehr wirksame Änderungen und eine zufällige Rückkreuzung zurückzuführen sind.

So, wie es darauf ankommt, welche Gene sich verändert haben, so kommt es zweifellos auch darauf an, in welchem Wirkungszusammenhang die mutierten Gene zueinander stehen. Es ist z. B. bei den Levkoien-Versuchen eine kombinierte Veränderung der Gene „Blattfarbe" und „Füllung der Blüte" beobachtet worden. Dies ist nun freilich ein Fall, dessen Zusammenspiel durchaus belanglos ist. Theoretisch ist aber folgender Fall denkbar, der stammesgeschichtlich von größter Bedeutung wäre. Wenn eine Mutation den Verlust des Schauapparates der Blüte hervorruft, so wird sich das in der Regel dahin auswirken, daß diese mutierte Form in der Natur von der Fortpflanzung ausgeschlossen ist und bald wieder verschwindet. Würde jedoch gleichzeitig eine Veränderung eintreten, durch die eine erhöhte Abgabe eines stäubenden Pollen und die Ausbildung großer Narben herbeigeführt wird, so wäre damit der Charakter einer anemogamen Blüte erreicht, die sich ohne weiteres weiter fortpflanzen könnte.

3. Progression und Typus

Gerichtete und richtungslose Progression

Wenn wir innerhalb eines nachgewiesenen Verwandtschaftskreises die Progressionen einer kritischen Betrachtung unterziehen, so müssen wir feststellen, daß, selbst bei größeren Progressionssprüngen, stets ein gewisser einheitlicher Bauplan gewahrt bleibt, der für den betreffenden Verwandtschaftskreis konstant und charakteristisch ist und daß die Progressionen, gleich ob sie *„gerichtet"*, d. h. eine fortlaufende Entwicklungslinie bildend, oder *„richtungslos"*, d. h. in verschiedenem Sinne verlaufend sind, stets gewisse, dem Verwandtschaftskreis charakteristische Tendenzen erkennen lassen. Mit anderen Worten, der Verwandtschaftskreis, wir können auch sagen: der Ast des Stammbaumes, wird von ganz bestimmten Formgesetzen beherrscht, die alle Entwicklungsmöglichkeiten in sich enthalten und damit identisch werden mit dem morphologischen „Typus" im Sinne Trolls. So wie Troll den universellen Typus der Sproßpflanze, der alle in den Sproßpflanzen schlummernden Möglichkeiten in sich trägt, herausarbeitete, so können wir für jede Familie einen Familientypus herausarbeiten, der, selbst ein Ausschnitt aus dem Typus der Sproßpflanzen, sich weiter in die Typen der unteren Kategorien auflösen läßt, indem diese immer enger begrenzte Gestaltungsmöglichkeiten aus dem Rahmen des Familientypus umfassen. Der „Typus" umfaßt aber nicht nur den „Bauplan", er enthält zugleich auch alle seine Entwicklungstendenzen. Das heißt, für jeden Typus sind nur gewisse Progressionen überhaupt möglich, aber auch charakteristisch, gleichgültig, ob sie gerichtet oder richtungslos sprunghaft sind. Die gerichteten Progressionen bedingen nun eine stetige, nach bestimmter Richtung verlaufende Fortentwicklung auch des Typus, der, wie schon Troll hervorhebt, nicht als ein Mittelpunkt, sondern als eine ständig sich verändernde, fortschreitende Richtung gedacht werden muß.

In der systematischen Forschung geben uns nun, sobald der Typus der untersuchten Gruppe erkannt ist, die *gerichteten* Progressionen die Richtung und den Weg der Höherentwicklung, also gewissermaßen den Verlauf der Stammbaumzweige an, die *richtungslosen,* sprunghaften jedoch geben uns oft wichtige Fingerzeige über verwandtschaftliche Bindungen, die sonst verborgen geblieben oder doch nicht ohne weiteres zu erkennen wären und werden dadurch oft zu wichtigem Beweismaterial für einen Verwandtschaftsnachweis.

Damit aber, daß gewisse Progressionen für einen Ast des Stammbaumes als zum Typus gehörig, charakteristisch sind, ist die Möglichkeit, ja sogar Wahrscheinlichkeit verbunden, daß die gleiche Progression in mehreren Auszweigungen dieses Astes auftritt und Querverbindungen vorgetäuscht werden. Es ist daher notwendig, die gerichteten Progressionen schrittweise, also von Art zu Art, von Gattung zu Gattung zu verfolgen, um Fehlurteile zu vermeiden. Keineswegs ist es aber zulässig, mit den Progressionen schematisch zu arbeiten, wie dies an Hand von Aufstellungen „üblicher" Progressionen, wie man sie in Lehrbüchern findet, leicht angeregt werden könnte.

Mutationen betreffen normalerweise nur einzelne Organe oder selbst nur Organteile. Daher liegt es im Wesen der Reihenprogressionen, daß nicht die ganze Pflanze Schritt für Schritt in eine höhere Entwicklungsstufe tritt, sondern es werden in der Regel fortgeschrittene neben primitiven Merkmalen festzustellen sein. Ja, es können an einer Art primitive Merkmale neben vervollkommnenden und reduktiven Progressionen auftreten. In solchen Fällen kann es schwierig werden, zu entscheiden, welchen Merkmalen die entscheidende Rolle beizumessen ist, d. h. welche Stellung der Art im System zuzuweisen ist. Dies wird besonders dann der Fall sein, wenn innerhalb eines Verwandtschaftskreises mehrere Formen in verschiedener Richtung fortgeschrittene neben primitiven Merkmalen aufweisen.

Ein sehr lehrreiches Beispiel dieser Art bildet die Lilioideengattung Rhinopetalum, die früher meist zu Fritillaria gezählt wurde. Die Blüten dieser Gattung zeigen im ganzen sehr primitive Merkmale, in denen sie der Gattung Lloydia noch äußerst nahe stehen. Nur das oberste Tepalum bildet einen mächtigen, sackartigen Sporn aus, wodurch die Blüte zygomorph wird. Die einfache traubige Infloreszenz neigt tatsächlich etwas zu Fritillaria, während die zwei breitlanzettlichen Grundblätter deutlich an Erythronium erinnnern. Es sind also hier Progressionsmerkmale nach verschiedenen Richtungen feststellbar. Der Sporn läßt sich nun zwanglos als Progression der verschieden entwickelten Nektargruben von Lloydia, die sich bei Fritillaria sehr ausgeprägt, jedoch an allen Tepalen gleichmäßig wiederfinden, deuten. Die sonst primitive, lloydiaähnliche Blütenform beweist jedoch, daß hier eine einseitige Entwicklung vor sich gegangen ist, da sonst die Merkmale von Fritillaria nur angedeutet sind. Die erythronium-artigen Blätter können als Tendenzmerkmal gewertet werden, welches beweist, daß die Gattung an einer Stelle des Stammbaumes steht, wo noch keine klare Entwicklungslinie aus den Lloydiaähnlichen Stammformen herausgebildet ist. Trotz der Zygomorphie der Blüte, die sonst als eine hohe Stufe einer Progression zu werten wäre, muß diese Gattung also als noch (relativ) primitiv angesehen werden.

Aus diesem Beispiel ist wieder zu sehen, daß jedes statisch-schematische Vorgehen zu Fehlurteilen führen muß. Wo primitive und mehr oder minder hoch abgeleitete Merkmale nebeneinander auftreten, ist sorgfältig und unter Vergleich mit den Progressionen anderer Linien des betreffenden Stammbaumastes, abzuwägen, welchen Merkmalen das Hauptgewicht beizumessen ist. Ebenso, wie beim Beispiel Rhinopetalum ein hochabgeleitetes Merkmal den sonst primitiven Charakter der Gattung nicht aufwiegen kann, werden in anderen Fällen primitive Charaktere nicht imstande sein, das Gewicht einer sonst hohen Entwicklungsstufe herabzusetzen. Besonders muß uns in solchen Fällen das Gesetz leiten, daß es einen Rückschritt nicht gibt.

4. Progressionsverzweigung und Progressionskreuzung

Wir haben bereits festgestellt, daß es „richtungslose" und „gerichtete" Progressionen gibt. Als gerichtete sind dabei solche zu verstehen, die in immer weiteren Progressionsstufen zu einer schrittweisen Höherentwicklung führen, während die „richtungslosen" hauptsächlich die Variabilität innerhalb einer Art oder Gattung betreffen, also meist nur in den untersten Kategorien von Bedeutung sind.

Die Entscheidung, ob es sich in einem konkreten Fall um eine gerichtete oder richtungslose Progression handelt, kann natürlich nur dann getroffen werden, wenn man im weiteren Verwandtschaftskreis gewissermaßen ihren Weg verfolgt.

Auch hier sei ein Beispiel angeführt. Die Centrospermengattung Trianthema (Aizoaceoe) zeigt eine auffallende Verbreiterung des Funikulus, der die Samenanlage schließlich mit dieser Verbreiterung gänzlich umschließt und so zu einem falschen Integument wird. Diese Bildung steht nun scheinbar gänzlich isoliert. Sie tritt aber wieder auf bei den Cactaceae, wo sie zum Charakteristikum der ganzen

Unterfamilie der Opuntioideae wird. Ein Tendenzmerkmal wird hier also zum konstitutiven Merkmal. Nun ist jedoch gerade bei den Cactaceen eine ganze Reihe von Vorstufen zu dieser Bildung unverkennbar. Zunächst sind bei allen Gattungen mit langen Funikuli diese am Ende stark gerollt, so daß sie sich um die Samenanlagen förmlich herumwickeln, was eine erste Vorbedingung zu dieser Arillusbildung ist. Gerade die primitivste Cactaceen-Unterfamilie, die Peireskioideae zeigt aber weiters eine auffallende Verdickung oder Verbreiterung des Funikulus dicht unterhalb der Ansatzstelle der Samenanlage. Bei anderen, höherentwickelten Cacteengattungen ist nur eine geringere Verdickung wahrnehmbar, die einen besonders großen Nabel bedingt. Hier liegt also eine Progressionsreihe: Einrollung — Verdickung — Verbreiterung — Arillusmantel deutlich vor. Einrollung und Verdickung gehören zu den der ganzen Familie charakteristischen Merkmalen und haben sich daher auch bei höchstentwickelten Formen erhalten, Verbreiterung und Arillusmantel sind auf sehr alte Abzweigungen beschränkt. Ohne weitestem Vergleich mit anderen Familien der Centrospermae würde der Arillusmantel der Opuntioideae ganz isoliert stehen, ohne Vergleich mit den Peireskioideae überhaupt nur schwer verständlich sein.

Gerichtete und richtungslose Progression in bezug auf den Typus

Der wesentliche Unterschied zwischen richtungslosen und gerichteten Progressionen ist also darin gelegen, daß die richtungslosen keine weitere Fortsetzung finden, sondern gewissermaßen auf „toten Geleisen" enden, deren Weg nicht weiterführt, während die „gerichtete" Progression noch weitere Progressionen im gleichen Sinne nach sich gezogen hat. Da gleiche Tendenzen dem „Typus" des ganzen Stammbaumastes angehören, kann eine Progression, die in einer Auszweigung richtungslos abschließt, in einer anderen eine Fortsetzung finden, wie das Beispiel der Centrospermen-Funikuli andeutet.

Typologisch betrachtet liegt der Fall so, daß an jedem Punkt des Stammbaumes die dem Typus innewohnenden Tendenzen zusammenhanglos manifest werden können und damit „richtungslos" die Gestalt abwandeln. Die eine oder andere Tendenz jedoch setzt sich durch weitere Progressionen in gleicher Richtung fort und aus der Gesamtheit aller manifesten Tendenzen ergibt sich, wie eine Resultierende, eine „allgemeine Richtung", die eben den „Typus" des betreffenden Systempunktes darstellt.

Daß der Typus einer Kategorie als „Resultierende" bezeichnet werden kann und muß, hängt einesteils damit zusammen, daß er ja kein reales Gebilde ist, sondern als die „Summe aller, der betreffenden Kategorie innewohnenden Formgesetze und Entwicklungstendenzen" niemals mit einer realen Erscheinung, also auch nicht mit einer Progression identisch gesetzt werden kann, zum zweiten aber damit, daß in der Regel nicht e i n e Progression allein die Fortentwicklung bedingt, sondern eine größere Anzahl nicht gleicher, aber mehr oder weniger gleich gerichteter, d. h. in mehr oder weniger in gleicher Richtung wirkender Progressionen die Entwicklungsrichtung bestimmen. Dabei ist es gleichzeitig auch möglich, daß vervollkommnende und reduktive Progressionen zugleich auftreten. In den bisherigen Ausführungen wurde dieser Umstand der größeren Klarheit zuliebe nicht hervorgehoben.

Verbindung verschiedener Entwicklungstendenzen

Nun kann ein Formenschwarm aber ebensogut zwei und selbst mehrere Resultierende erkennen lassen. D. h. der Formenschwarm ist verhältnismäßig breit und die auftretenden Progressionen sind nicht gleichgerichtet, sondern leiten z. T. mehr nach der einen, zum anderen Teil mehr nach der anderen Richtung. Beide Richtungen finden aber im weiteren Verlaufe der Entwicklung eine Fortsetzung. Es findet hier also eine *Progressionsverzweigung* statt.

Solche Punkte des Systems bieten ihrer systematischen Gliederung oft sehr erhebliche Schwierigkeiten, um so mehr, als, wie unten noch ausgeführt werden soll, noch eine weitere Komplikation durch Konvergenzerscheinungen hinzutreten kann. Namentlich junge Formenschwärme dieser Art sind mitunter kaum zu entwirren. Sie geben sich dem Bearbeiter aber gerade dadurch gewissermaßen als Angelpunkte zu erkennen.

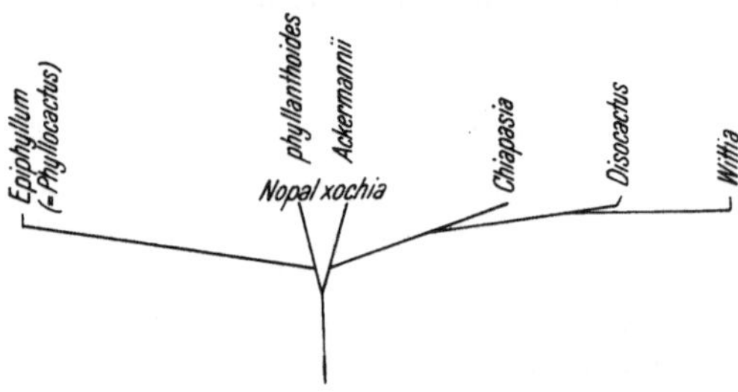

Vervollkommnende Progression zu langröhrigen Nachtblühern. Hochspezialisierte Sphingidenblumen

Reduktive Progression zu kurzröhrigen Tagblühern. Schrittweiser Übergang zur hochspezialisierten Kolibriblume (Wittia)

Schema 2. Progressionsverzweigung bei Nopalxochia

Einfacher gestaltet sich so ein Angelpunkt bei alten Formen, wo die Selektion bereits klärend eingewirkt hat. In diesem Falle müssen wir uns sogar glücklich preisen, wenn eine Form des Formenschwarmes aus der Verzweigungsregion erhalten geblieben ist, da sie uns als „Zwischenform" dann das Bindeglied und damit die Klarheit der Zusammenhänge vermittelt.

Ein vorzügliches Beispiel eines solchen Angelpunktes bildet die Cactaceengattung *Nopalxochia.* Sie besitzt kurzröhrige Blüten mit sehr variablen Zahlenverhältnissen. Die ansehnlichen Blüten sind Tagblüher und bei N. phyllanthoides rosa, bei N. Ackermannii (nicht zu verwechseln mit dem „Falschen Ackermannii") scharlachrot. Die hellfarbige Linie führt nun unter Beibehaltung der großen Zahl der Blütenteile, außerordentlicher Verlängerung der Röhre und Spezialisierung zur „Ein-Nacht-Blüte", also in vervollkommnender Progression zur Sphyngidenblume, zur Gattung Phyllocactus (Ephiphyllum der Amerikaner). Von der lebhaft gefärbten Linie geht die Entwicklung in stetiger reduktiver Progression unter Verkürzung der Röhre, Vereinfachung der Zahlenverhältnisse und Rückbildung der Tepalen, wie der Blütengröße überhaupt zu den tagblühenden und stetig stärker auf Ornithogamie spezialisierten Gattungen Chiapasia — Disocactus — Wittia. (Schema 2.)

Da hier vom Verzweigungspunkt, der durch Nopalxochia gegeben ist, eine vervollkommnende und eine reduktive Progressionsreihe ausgehen, wird der Eindruck hervorgerufen, als ginge von Phyllocactus bis Wittia eine geradlinige gerichtete Entwicklungslinie durch und selbst A. Berger hat sich täuschen lassen und Wittia für die primitivste (im Sinne von „ursprünglich"!), Phyllocactus für die höchstentwickelte Stufe *einer* Reihe betrachtet. Erst der genaueste dynamische Vergleich zeigt, daß von Nopalxochia zu Wittia eine außerordentlich klare Reihe reduktiver Progressionen, im Sinne einer Vereinfachung der Blüte vor sich geht. Die „hochangepaßten" Blüten von Phyllocactus s. str. als primitiv anzusehen, verbietet sich aber von selbst.

Das latente Vorhandensein gewisser Entwicklungstendenzen im Typus einer höheren Kategorie kann nun dazu führen — und dies ist sehr oft der Fall — daß in mehreren, oft auf annähernd gleicher Organisationshöhe stehenden Zweigen, die gleiche Tendenz manifest wird und in konvergenter Entwicklung so große Ähnlichkeiten hervorruft — namentlich wenn es sich um in die Augen springende Merkmale handelt — daß die Querverbindung auf den ersten Blick wahrscheinlicher erscheint, als die tatsächliche Verwandtschaft.

Um ein Beispiel dieser Art braucht man nicht lange zu suchen. Die ganze Einteilung: Liliaceae → Amaryllidaceae ist ein solcher Fehler, der nur aus dem Merkmal „oberständiger" — „unterständiger" Fruchtknoten im statischen „Merkmalvergleich" entstanden ist. Die Allioideae z. B. stehen den Amaryllidaceae viel näher als den Lilioideae, ausgenommen Gagea, die zu den Lilioideae als wichtiges Bindeglied gehört und mit den Allioideae überhaupt nichts gemeinsam hat. Dafür schließt sich die jetzt zu den Amaryllidaceae gerechnete Gattung Alstroemeria eng an die amerikanischen Formen von Lilium an[2].

Man darf sich also in solchen Fällen nicht täuschen lassen. Jede Entwicklungslinie muß in solchen Fällen mit besonderer Genauigkeit schrittweise verfolgt werden; dann wird sich zeigen, daß die, die Ähnlichkeit hervorrufende Progression in den beiden Ästen erst an einem späteren, oberhalb der Abzweigung liegenden Punkt in Erscheinung tritt, wenn es sich um eine Konvergenz handelt. Der Punkt der Verzweigung wird sich oft nur in unauffälligen, aber darum niemals unwichtigen, tiefer liegenden Abweichungen des Typus der beiden Äste bemerkbar machen.

Besonders schwierig und leicht verhängnisvoll für die systematische Reihung werden solche Fälle, in denen mehrere sehr auffallende Entwicklungstendenzen vorliegen. Allerdings geben solche Verkettungen dann oft sehr schöne Bilder der Zusammengehörigkeit.

Ein geradezu klassisches Beispiel dieser Art geben die Rosaceae. Es sei daher in ganz groben Umrissen, ohne auf die systematische Gliederung einzugehen, hier angeführt. Eine unbestreitbar ursprüngliche Form haben wir in der Gattung *Dryas* vor uns, deren Blütenboden flach (nur in der Mitte kopfig) und deren *zahlreiche* Fruchtknoten *einsamig* sind und zu *Nüßchen* werden.

Man kann nun neben anderen folgende auffallende Entwicklungstendenzen feststellen:

1. Vertiefung des Blütenbodens zu einem Rezeptakulum — Verwachsung mit dem Fruchtknoten zum unterständigen Gynöceum.
2. Fleischigwerden des Blütenbodens zur Fruchtreife.
3. Verminderung der Zahl der Fruchtknoten auf 5—1.

[2] In einer eben in Ausarbeitung befindlichen Arbeit wird dies eingehend begründet und die Stellung der Gattung Alstroemeria endgültig festgelegt.

4. Vermehrung der Samenanlagen in jedem Fruchtknoten.
5. Fleischigwerden des Fruchtknotens zur Fruchtreife.

Durch Kombination dieser Elemente entwickeln sich nun die verschiedenen Formen. Zum Beispiel:

1+2	Rosa (hohle Sammelscheinfrucht mit zahlreichen Nüßchen).
1+3	Sanguisorba, Alchemilla.
1+3+5 . . .	Prunus (Steinfrucht).
2 allein . . .	Fragaria (Erdbeerfrucht, Scheinfrucht).
5 allein . . .	Rubus (Sammelfrucht).
3+4	Spiraea (Kapselfrucht).
1+2+3+4+5 .	Pirus (Apfelfrucht).

Diese wenigen Beispiele allein zeigen schon, wie kompliziert sich die verschiedenen, zu einem Typus gehörigen Entwicklungstendenzen verbinden können. Dabei wurden hier doch der Einfachheit halber nur 5 ganz besonders augenfällige Tendenzen angeführt.

Auffallend ist nun, daß bei Pirus alle fünf der angeführten Tendenzen in Erscheinung treten, die primitivsten Formen aber nur eine Abwandlung des ursprünglichsten Typus darstellen (Potentilla, Geum), oder nur die eine *oder* andere Tendenz manifestieren (Fragaria, Rubus). Man kann daraus die Folgerung ziehen, daß eine Form als eine um so höhere Entwicklungsstufe betrachtet werden muß, je mehr Tendenzen sich in ihr manifestieren. Denn, da sie sich von der Urform nur schrittweise höher entwickelt, können diese Tendenzen nur nach und nach manifest geworden sein; dies kann nun entweder in einer zwangsläufigen Reihenfolge geschehen, indem ein Entwicklungsschritt einen anderen voraussetzt (z. B. die Apfelfrucht setzt die Rezeptakulumbildung voraus) oder unabhängig. Die zwangsläufigen Reihen ergeben nun klare Linien, die unabhängigen verwirren sie aber leicht wieder. Man muß daher gerade in bezug auf diese letzteren besonders sorgfältig erheben, welche dieser Tendenzen früher, welche später in Erscheinung getreten ist, um eine richtige systematische Anordnung treffen zu können.

Züchtung „artificieller Arten“

Seit der Züchtung der „artificiellen Galeopsis Tetrahit“ aus G. pubescens × G. speciosa durch M ü n z i n g, der künstlichen Salix cinerea aus S. viminalis × S. caprea durch H. N i l s s o n und des homocygoten amphitetraploiden Gattungsbastardes „Raphanobrassica“ durch K a r p e c h e n k o ist noch eine weitere Möglichkeit der Höherentwicklung in den Vordergrund des Interesses getreten, nämlich die Entstehung amphipolyploider Bastarde.

Zum Verständnis dieses Vorganges sei sein Wesen hier wenigstens kurz gestreift. Bei diploiden Artbastarden treten bei der Entstehung der Gonen Hemmungserscheinungen ein, da sich in der Reduktionsteilung keine Paare gleicher Chromosomen bilden können. Sie sind infolgedessen steril. Werden hingegen autotetraploide Formen zweier Arten miteinander gekreuzt, so besitzt die F_1-Generation je 2 Sätze der beiden Eltern. Infolgedessen findet bei der Gonenbildung jedes Chromosom ein entsprechendes und die Reduktionsteilung kann ohne Hemmungen vor sich gehen. Die Gonen besitzen dann je einen kompletten Satz der beiden Stammformen, so daß in F_2 wieder ausschließlich homozygotische amphitetraploide Individuen entstehen. Es ist dann lediglich eine Frage der Selektion, ob eine solche „neue Art" dann erhalten bleibt, oder nicht. Gerade der Besitz zweier verschiedener Genome macht aber solche Bastarde unter Umständen besonders anpassungsfähig und verleiht ihnen daher einen positiven Selektionswert.

Solche homozygotische tetraploide Artbastarde stellen nun keine eigentliche Progression im Sinne etwa einer „progressiven" Mutation dar. Treten sie aber in der Natur auf, so sind wir nicht in der Lage, sie als Bastarde zu erkennen. Wir werden sie in diesem Falle als das ansprechen, als was sie habituell erscheinen und wohl auch phylogenetisch zu werten sind, nämlich als Art.

Karpechenkos Rettich-Kohl-Bastard nimmt nun tatsächlich eine Mittelstellung zwischen den beiden Stammarten ein. Damit ist aber keineswegs gesagt, daß dies immer der Fall ist. Vielmehr ist gerade von Artbastarden bekannt, daß sie oft Formen hervorbringen, die keiner der Stammarten zu eigen sind. Jedenfalls muß aber für solche Artbastarde angenommen werden, daß die Entwicklungstendenzen beider Stammarten sich auswirken und neue Progressionen ermöglichen werden. Es wird gewissermaßen zu einer *Progressionskreuzung* kommen, in der zwei Zweige des Stammbaumes sich vereinigen.

Nimmt so eine Bastard-Art jedoch tatsächlich wenigstens in einigen Merkmalen eine Mittelstellung ein, so wird sie uns nicht anders erscheinen, als eine Zwischenform, die an einer Progressions-Verzweigung oder in einer Progressions-Reihe liegt.

Die Arten der Zwischenformen

Demnach können wir dreierlei „Zwischenformen" unterscheiden, die prinzipiell unterschieden werden müssen, wenn es auch, besonders zwischen den beiden letzteren mitunter sehr schwierig sein wird. Sie seien nachstehend im Schema dargestellt, so, wie sie sich im Stammbaum darstellen würden.

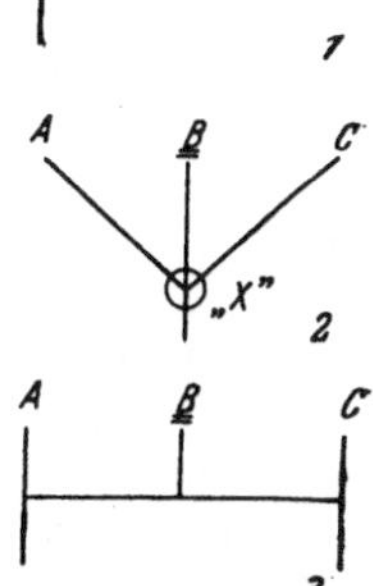

1. Mittelstellung innerhalb einer *Progressionsreihe*.
B liegt in Mittelstellung *innerhalb* der Progressionsreihe A–C.

2. Erhalten gebliebene Mittelform einer *Progressionsverzweigung*.
B hat mehr oder weniger den Charakter der Stammart beibehalten, während sich aus der Progressionsverzweigung „X" zwei entgegengesetzt gerichtete Zweige (Progressionsrichtungen) herausentwickelt haben. (Beispiel: Phyllocactus s. str. — *Nopalxochia* — Wittia.)

3. Die intermediäre Form ist ein amphitetraploider Artbastard *(Progressionskreuzung)*.
Die Zweige A und C des Stammbaumes haben zwischen sich durch Bastardierung den Zweig „B" entwickelt.

In allen drei Fällen wird aber eine direkte geradlinige Entwicklung A–B–C vorgetäuscht. Es bleibt daher zu untersuchen, welche Kennzeichen wir für die drei Fälle heranziehen können, um uns vor Fehlreihungen zu bewahren.

Der oben zitierte Fall Phyllocactus—Wittia gibt nun bereits einen Anhaltspunkt. Sowohl Phyllocactus s. str. als auch Wittia geben sich als hochabgeleitete Formen zu erkennen. Phyllocactus ist eine hochspezialisierte Nachtfalterblume, die nur von sehr langrüsseligen Sphyngiden besucht und bestäubt werden kann. Wittia hingegen erweist sich einerseits als hochspezialisierte Kolibriblume, anderseits durch ihre Reduktion des Perianth- und des Staubblattkreises, sowie durch den totalen Verlust des Sproßcharakters der Röhre (des Receptaculum), die schrittweise verfolgt werden können, als hoch abgeleitet. Neben diesen beiden erscheint Nopalxochia (noch mehr übrigens Eccremocactus) als ausgesprochen primitiv, wenn auch N. Ackermannii einen (anderen) Kolibriblumentypus darstellt; denn in ihr liegen alle Möglichkeiten, sowohl zur Entstehung der langröhrigen, nächtlichen Phyllocactusblüte, als auch zur kleinen, vereinfachten und eng geschlossenen Wittiablüte enthalten und lassen sich auch in Progressionsreihen, besonders im reduktiven Zweig sehr schön verfolgen. Hier steht Chiapasia und Disocactus in der Reihe zwischen Nopalxochia und Wittia, so daß eine fortschreitende Reduktion und damit Umbildung von der *ur*sprünglichen Nopalxochia zur hochspezialisierten und nur scheinbar primitiven Wittia klar zutage liegt.

Daraus ergibt sich ohne weiteres:

Im Falle 1 steht an einem Ende der Reihe eine *ur*sprüngliche (nicht einfach eine „primitive"), am anderen Ende eine mehr oder weniger hochabgeleitete Form, zwischen denen die Mittelform als ein Glied einer mehr oder weniger lückenlosen Reihe steht.

Im Falle 2 hingegen ist gerade die Mittelform die „Ursprünglichste", während nach *beiden* Endpunkten Progressionen im Sinne einer *höheren* Ableitung erkennbar sind, die aber entgegengesetzt verlaufen.

Schwierig, da Erfahrungen noch fehlen, erweist sich das Erkennen des dritten Falles, wenn genetische Untersuchungen und Versuche nicht durchgeführt werden können, wie dies ja wohl fast immer der Fall sein wird. Dabei ist allerdings auch zu bedenken, daß diese Bastarde durchaus nicht immer intermediär zwischen den Stammarten stehen, sondern sehr oft viel näher der einen oder der anderen, oder aber abseits von beiden stehen. Galeopsis Tetrahit z. B. hat eine Blumenkronröhre, die gleich lang oder kürzer als der Kelch ist, während beide Stammarten eine den Kelch weiter überragende Röhre besitzen. Das Gelb der G. speciosa kommt nur am Mittelzipfel der Unterlippe zum Vorschein, der bei G. speciosa hauptsächlich violett ist, usw.

Eine Tatsache mag *vielleicht* einen gewissen Anhaltspunkt, einen Hinweis auf die Polyploidie geben. Dadurch, daß diese Bastarde vier anstatt zwei Chromosomensätze besitzen, die überdies nicht gleichartig sind, ist die Wahrscheinlichkeit und Möglichkeit des Auftretens von Allelen verdoppelt, ja durch die Ungleichheit der Paare sogar wahrscheinlich mehr als doppelt so groß als bei Autodiploiden. Daher muß man mit einer erhöhten Variabilität schon vom genetischen Standpunkt aus rechnen. Weiters wird dieser Umstand aber vermutlich dazu führen, daß diese Bastarde eine erhöhte Anpassungsfähigkeit an ökologischen Faktoren aufweisen, die bekanntlich ebenfalls eine sehr erhebliche, nicht erbliche Variabilität verursachen kann. Das heißt also, die Variationsbreite wird auch ohne Genomänderungen erheblich sein.

Tatsächlich zeichnet sich Galeopsis Tetrahit durch große Veränderlichkeit aus und der Umstand, daß von Salix cinerea „Bastarde“ mit S. caprea, mit S. viminalis und sogar ein Tripelbastard Salix Caprea $\times$ cinerea $\times$ viminalis beschrieben sind, beweist zur Genüge auch die große Variabilität dieser Bastardart. Man wird daher in solchen Fällen, in denen eine Art sich gegenüber den anderen Arten der gleichen Gattung durch besondere Variabilität auszeichnet, zumindest Verdacht schöpfen können, daß es sich hier um einen tetraploiden Bastard handeln könnte. Wie gesagt, besitzen wir für diesen Fall noch so gut wie gar keine Erfahrung und es wird Aufgabe der genetischen und cytologischen Forschung sein, uns diese zu schaffen.

5. Umkehr durch Progression

Schließlich sei noch ein besonders interessanter und auch wichtiger Fall besprochen, der der früheren, statisch arbeitenden Systematik regelmäßig größte Hindernisse und Fehlurteile eingebracht hat. Es sind dies jene Fälle, in denen im Verlaufe einer Progressionsreihe eine Funktionsverlegung auf einen anderen Organteil oder ein anderes Organ erfolgt ist. Diese Fälle gehören also zur Kategorie der Transformationen. Es scheint mir, daß sie besonders da aufzutreten pflegen, wo eine Klimaumkehr neue, wesentlich veränderte Selektionsbedingungen schafft, also insbesondere beim Übergang von der Nord- auf die Südhemisphäre und umgekehrt. Diese Progressionen stellen tatsächlich wahre Entwicklungssprünge dar, besonders dann, wenn vermittelnde Zwischenformen fehlen. Tritt nun in einer Entwicklungslinie ein solcher Fall zweimal ein, so kann eine ausgesprochene Umkehr vorgetäuscht werden und bei statischem Vergleich der Anfangs- und Endstadien keine Klarheit mehr gefunden werden.

Ein außerordentlich instruktives Beispiel dürfte solche Progressionsformen am besten charakterisieren.

Bereits Kunth hatte erkannt, daß zwischen Iphigenia und Gagea sehr enge Beziehungen bestehen. Dennoch wagte er es nicht, daraus die Folgerung zu ziehen und die beiden Gattungen als verwandt zu erkennen, denn Iphigenia hat eine Knolle vom Colchicum-Typus und Gagea eine höchst eigenartig gebaute Zwiebel. Der typologische Vergleich erwies nun, daß diese Gageazwiebel genau die gleichen Tendenzen zeigt wie die Knolle von Colchicum und Gloriosa, die ihrerseits trotz ihres „rhizomartigen“ Aussehens, dessentwegen sie sogar als „Rhizom“ in die Literatur einging, jener von Colchicum homolog ist und mit ihr einen Typus bildet. Nur ist bei Gagea das unterste Blatt in der Entwicklung vorausgeeilt und hat den größten Teil der Speicherfunktion übernommen. Ein glücklicher Zufall, verbunden mit planmäßigem Suchen nach der Zwischenform spielte mir ein yünnanisches Exemplar der Iphigenia indica in die Hände, an dem das Voraneilen des untersten Blattes besonders instruktiv zu erkennen war, so daß diese Progression sichergestellt werden konnte.

Im Laufe der weiteren Progressionen wurden dann immer mehr Internodien an die Grundachse verlegt und ihre Blätter übernahmen als Niederblätter die

Speicherfunktion ganz allein. Diese Progressionsreihe, die zur Entstehung der Liliumzwiebel führt, ist nun weniger von Belang, da sie klar verläuft. Es tritt aber noch ein zweiter Sprung ein, der interessanterweise wieder mit einem Übergang auf die andere Hemisphäre zusammenhängt. Er führt, wie bereits an anderer Stelle angedeutet, zu der bisher zu den Amaryllidaceae gerechneten Gattung Alstroemeria. Diese südamerikanische Gattung schließt sich trotz des — nur scheinbar — unterständigen Fruchtknotens typologisch eng an die nordamerikanischen Arten der Gattung Lilium an. Sie besitzt jedoch keine Zwiebel, sondern ein Rhizom, das bei oberflächlicher Betrachtung noch dazu ein Monopodium zu sein scheint, während die Zwiebeln der Gattung Lilium sympodial gebaut sind[3].

Das Rhizom verläuft horizontal und verzweigt sich und entsendet nach oben die oberirdischen Sprosse auch von älteren Rhizomteilen. Da das ganze Rhizom gleichmäßig dick und die von ihm ausgehenden Luftsprosse viel dünner sind, hält man es zunächst unbedingt für ein Monopodium. Die genaue morphologische Analyse ergibt jedoch, daß es sich hier tatsächlich um ein Sympodium handelt, bei dem jedoch schon die erste Axillarknospe in der Entwicklung dem Hauptsproß derart voraneilt, daß dieser an dem, durch das starke Wachstum der Seitenknospe ebenfalls mächtig entwickelten Internodium wie eine Seitenachse zur Seite gedrängt wird und nicht selten sogar in der Fortentwicklung überhaupt gehemmt und unterdrückt wird. Die an älteren Rhizomteilen entspringenden Luftsprosse aber entspringen den untersten Internodien abgestorbener oder nicht zur Entwicklung gelangter Luftsprosse durch Entwicklung der ruhenden Axillarknospen. Damit ist nun zwar die scheinbare Verschiedenheit des Aufbaues an sich aufgeklärt, aber nicht die Tatsache der gänzlich verschiedenen Grundachsen. Erst die „Ausläufer" mancher nordamerikanischer Lilium-Arten, wie L. canadense u. a. geben die lückenlose Verbindung. Aus der Duchartreschen Beschreibung ist dies jedoch nicht zu erkennen. Bei diesen „Ausläufern" ist eines der untersten Internodien der Grundachse gewaltig verdickt und in der Richtung des Tragblattes zu einem starken Arm, eben dem „Ausläufer" ausgedehnt, der am Ende die junge Zwiebel trägt. Es ist hier die gleiche Tendenz wirksam, die die Ausläuferknolle von Gloriosa und manchen Colchicum (Colchicum soboliferum), die eigenartige Zwiebel von Gagea Sect. Didymobolbes, die „Droppers" von Tulipa und Erythronium verursacht. Auch hier ist die Achselknospe dem Hauptsproß, dem sie entstammt, in der Entwicklung weit vorausgeeilt und ist, genau wie bei Alstroemeria, nicht allein verstärkt, sondern zusammen mit dem zugehörigen Internodium, aus dem der um vieles schwächere Luftsproß wie seitlich entspringt. Die Verbindung von der Liliumzwiebel zum Rhizom von Alstroemeria ist also eine vollkommene. Die gleiche Entwicklungstendenz macht sich hier also von den Wurmbeoideae über die ganzen echten Lilioideae bis zu Alstroemeria bemerkbar. Während aber in der Progression, die von Iphigenia nach Gagea führt, die Speicherfunktion von der Grundachse auf die Niederblätter übergeht (nicht überall ganz, z. B. bei Gagea selbst, aber auch bei Erythronium ist immer die Grundachse stark beteiligt), ist sie

---

[3] In der Beschreibung, die Krause in Engler-Prantl gibt, wird das Rhizom zwar als sympodial angegeben. Doch ist aus dem Umstand, daß in der gleichen Beschreibung für Alstroemeria „faserige Wurzeln" als Gegenstück zu den „fleischigen Wurzeln" von Bomarea angeführt sind, während in Wahrheit gerade die dickfleischigen Wurzeln bei Alstroemeria ganz besonders auffallend sind, zu ersehen, daß der Beschreibung keine wirkliche Kenntnis der Grundachse zugrunde lag und daß daher die an sich richtige Beschreibung des Rhizoms ein Zufallstreffer ist.

bei Alstroemeria wieder auf die Grundachse (und die fleischigen Wurzeln) übergegangen. Die Reihe geht also, in großen Zügen dargestellt: Grundachsenspeicherung — Niederblattspeicherung — Grundachsenspeicherung, wobei glücklicherweise auch Zwischenformen, besonders zwischen Lilium und Alstroemeria vorhanden sind.

Dieses Beispiel dürfte das Wesen dieser Art von Progressionssprüngen beleuchten. Die Wandlung ist dabei natürlich eine so große, daß sich hier natürliche Begrenzungen höherer Kategorien von selbst ergeben.

Ich muß aber nochmals dieses Beispiel heranziehen, um zu zeigen, welche Fehlschläge in der alten Systematik in solchen Fällen entstanden sind. Daß dabei völlig unzureichende oder selbst falsche phytographische Grundlagen viel Schuld daran haben, sei nur noch nebenbei erwähnt. Iphigenia wurde zu den Liliaceae-Melanthioideae, Gagea zu den Liliaceae-Allioideae, Lloydia zu den Liliaceae-Lilioideae und Alstroemeria zu den Amaryllidaceae, also sogar zu einer anderen Familie gerechnet — und bilden doch eine klare Entwicklungslinie!

Das schönste Beispiel für Umkehr durch Progression bietet aber die Gattung Ixiolirion.

Diese Gattung, die wegen des „unterständigen" Fruchtknotens bei „Liliaceen-Diagramm", ebenso wie Alstroemeria bisher zu den Amaryllidaceen gezählt wurde (auch bei Hutchinson, der Alstroemeria als eigene Familie in einer gesonderten Reihe Alstroemeriales führt), obwohl sie dort eine sehr isolierte Stellung einnimmt, erwies sich bei meinen Untersuchungen als ein direkter Abkömmling der Liliaceae (Lilioideae)-Lloydieae, mit denen sie in der Gestaltung des oberirdischen Sprosses und der Infloreszens, aber auch in der überaus charakteristischen Nervatur der Tepalen vollkommen übereinstimmt. Die Unterständigkeit des Fruchtknotens erwies sich als typische Pseudoepigynie wie bei Alstroemeria. Für die Gattung Ixiolirion gibt nun die Literatur „unvollkommene Zwiebel" an, was an sich ebenfalls für den Anschluß an die Lloydieae sprechen würde, die eine sehr einfache, aus nur einem Nährblatt gebildete Zwiebel besitzen. Tatsächlich besitzt die Gattung aber überhaupt keine Zwiebel, sondern eine massive, nur äußerlich einer Zwiebel ähnliche Knolle, die vom dünnen Scheidenteil des untersten Blattes eingehüllt wird, sich in den Luftsproß fortsetzt und nahe dem Grunde die Erneuerungsknospe trägt. Dadurch aber wieder weicht sie sehr wesentlich von den Lloydieae ab, und der Anschluß würde, bei statischer Betrachtung unmöglich erscheinen. Tatsächlich aber bietet Lloydia serotina das Bindeglied, das die Rückkehr zur Knolle, die für die Stammformen der Lloydieae, die Wurmbeoideae, in etwas anderer Gestalt charakteristisch ist, bei dynamischer Betrachtung der Entwicklungstendenzen sofort aufklärt.

Bei der ursprünglichsten Gagea-Untergattung Holobolbos ist ein Grundblatt vorhanden, das mit seiner Scheide den Stengel und das (einzige) Nährblatt umschließt. Dieses Nährblatt ist das erste Blatt des Verjüngungssprosses, das in der Entwicklung stark voraneilt und mit dem Grundblatt (seinem Tragblatt), das es mit einer haubenartigen Kappe überdeckt, fast bis zur Spitze verwachsen ist. Eine viel kleinere Vermehrungsknospe liegt, wenn sie überhaupt angelegt wird, auf der anderen Stengelseite. Aus der Öffnung des Nährblattes tritt im nächsten Jahre der blühende Stengel hervor. Bei höheren Gagea-Arten und den meisten Lloydien finden wir den gleichen Bau der Zwiebel, nur ist das Nährblatt dort nicht mit seinem Tragblatt verwachsen.

Im Gegensatze dazu steht bei Lloydia serotina der Blütenstengel *neben* dem vorjährigen Nährblatt. Dieses — zur Blütezeit wie bei den anderen Arten schon weitgehend ausgesogen — steht am unteren Ende einer schrägen Achse, deren oberes Ende in den Blütenstengel übergeht. Diesen umfaßt nur der verwitternde Scheidenteil eines Stengelblattes, welches, gemeinsam mit dem Nährblatt noch von der verwitterten Basis des vorjährigen Grundblattes umschlossen wird. Im Gegensatze zu allen anderen Arten erheben sich aus der Öffnung des ausgesogenen Nährblattes zwei Blätter. Das an der Achse untere (B_1) umfaßt mit seiner Scheide das neue Nährblatt, welches als sein Axillarsproß aufgefaßt werden muß. Neben dem Nährblatt entspringt das zweite Blatt B_2, von der Scheide des ersten mit umfaßt. In seiner Scheide ist der nächstjährige Blütenstengel bereits zu erkennen. Es muß daher als das, dem Stengel um eine Vegetationsperiode voraneilende unterste Stengelblatt bezeichnet werden, während das untere Blatt (B_1) sein Grundblatt ist. Wir sehen hier also ein Voraneilen der untersten Blätter und Internodien um eine ganze Vegetationsperiode.

Diese Entwicklungstendenz zur Förderung des ersten Grund- und Stengelblattes gegenüber dem weiteren Sproß der nächsten Vegetationsperiode führt nun in folgerichtiger Weiterentwicklung und bei Hinzutreten eines, bei den echten Liliaceen immer wiederkehrenden Tendenzmerkmales, der Neigung zur massiven Ausbildung der untersten Internodien, dazu, daß nicht nur das Grundblatt und unterste Stengelblatt, sondern auch das darauffolgende Internodium gefördert und so zu der, bereits in der vorhergehenden Vegetationsperiode angelegten Knolle wird. Daß dies tatsächlich so ist, geht daraus hervor, daß das unterste Blatt des Sprosses zur Blütezeit (wenigstens bei kultivierten Exemplaren) noch vorhanden, aber bereits abgestorben ist. Es ergibt sich hier also — in vollkommen klarer Progression folgende Reihe: Wurmbeoideae: Knolle des Colchicum- (bzw. Gloriosa-) Typus — Lilioideae-Lloydieae: Zwiebel des Gagea-Typus — Ixiolirioideae: Knolle des Ixiolirion-Typus[4].

Gerade solche Fehleinteilungen zwingen uns dazu, bei der systematischen Forschung oft sehr weite Formenkreise in Betracht zu ziehen und Anschlüsse aufzudecken, die jetzt infolge der phytographischen Mängel und der überaus lückenhaften morphologischen Beschreibungen oft an ganz anderen Stellen des Systems verstreut sind. Grundlage zum Erkennen solcher Progressionen ist eine genaueste typologische Analyse aller in Frage kommenden Formen. Der morphologische Typus der untersuchten Kategorie muß vor dem geistigen Auge des Bearbeiters so lebendig sein, daß er in seinen manifesten Gestaltungen auch dann sofort erkannt wird, wenn er auch noch so überraschende Abwandlungen erfahren hat. Auch in solchen Progressionssprüngen bleiben immer noch eine Anzahl von Merkmalen soweit unberührt, daß sie uns einen Leitfaden bilden. Weiters aber führt uns das spontane, zusammenhanglose Auftreten gewisser Merkmale oder Entwicklungstendenzen, wie eben beim angeführten Beispiel die eigenartigen Grundachsenbildungen, oft auf den richtigen Weg. Ich bezeichnete schon seinerzeit solche Merkmale „Tendenzmerkmale". Sie sind es im besonderen Maße, die auf eine sonst verborgene Fährte führen können. Es geht aus den angeführten Tatsachen also klar hervor, daß auch diese Progressionen uns keine unüberwindlichen Hindernisse und Schwierigkeiten bereiten können, wenn die typologische Analyse die Einheit des Typus und damit die Einheit der Abstammung ergibt.

---

[4] Die ausführliche Bearbeitung des phylogenetischen Anschlusses von Ixiolirion und seine Zuteilung zu den Liliaceae als Sub-Fam. Ixiolirioideae werde ich an anderer Stelle veröffentlichen.

Drittes Kapitel

Die Mannigfaltigkeitszentren

Aus dem genetischen Experiment wissen wir heute, daß gewisse, nur unwesentliche Merkmale bedingende Mutationen in verschiedenen „reinen Linien“ einer Art gleichzeitig, aber mit sehr wechselnder Häufigkeit auftreten können. Die Mutationsquote schwankt dabei meist etwa in einem Rahmen von 0·1 bis 1·0%. Theoretisch müßten daher auch solche Mutationen, die den Organismus in wesentlichen Teilen verändern („progressive Mutationen“ der Genetiker), mehrfach stattfinden können, also auch eine grundlegend neue Form mehrmals, d. h. polyphyletisch entstanden sein können. Nun konnte aber festgestellt werden, daß solche Mutationen ganz außerordentlich selten vorkommen. Dazu ist zu beachten, daß die Zahl der Letal-Mutationen schon an sich einen hohen Hundertsatz aller Mutationen ausmacht, dieser Hundertsatz aber um so höher ansteigen wird, je grundlegender die durch die Mutation hervorgerufenen Änderungen sind, da diese naturgemäß eher eine Lebensfunktion stören können, als jene, die nur geringfügige unwesentliche Veränderungen hervorrufen.

Beeinflussung der Mutationsquote

Nun wissen wir nicht, welche Umstände in der Natur Genänderungen herbeiführen. Das genetische Experiment hat aber einige, die Mutationsquote sehr wesentlich erhöhende Beeinflussungen festgestellt. Es sind dies:

1. Röntgenstrahlen,
2. Radiumstrahlen (y-Strahlen),
3. Temperaturerhöhung,
4. Temperaturchoks,
5. Ultraviolettstrahlen und
6. chemische Einflüsse (Colchizin u. a.).

Ferner konnte festgestellt werden, daß eine gewisse „Mutationsbereitschaft“ gegeben sein muß, die selbst innerhalb einer und derselben Art bei den einzelnen „reinen Linien“ außerordentlich verschieden groß ist.

In dem eben besprochenen Zusammenhang interessiert uns zunächst ganz besonders diese letztere Tatsache. Denn durch sie wird die Wahrscheinlichkeit, daß eine „progressive Mutation“, die also etwa zur Entstehung einer neuen Gattung führt, mehrmals zustande kommt, noch weiter eingeschränkt.

Wir werden also kaum fehlgehen, wenn wir die Entstehung einer neuen Gattung und damit eines neuen morphologischen Typus, der nun auch einen neuen Ast des Stammbaumes begründet, zeitlich und geographisch und damit auch in bezug auf den Stammbaum auf einen Punkt beschränkt annehmen. Anders mögen jene Fälle liegen, wo in stufenweiser Progression ein ganz allmählicher Übergang stattfand, doch in solchen Fällen ist es wohl meist fraglich, ob eine Gattungsabgrenzung überhaupt berechtigt ist, bevor die Selektion trennend eingegriffen hat.

Aber selbst den Ausnahmefall angenommen, daß eine progressive Mutation nicht ein-, sondern mehrmals erfolgt wäre, so ist nach dem oben gesagten noch immer die Wahrscheinlichkeit weitaus am größten, daß sie sich innerhalb derselben Klone der Stammart und unter den örtlich und zeitlich gleichen Bedingungen wiederholt hat, so daß also praktisch genommen dennoch die Entstehung der neuen Mutante auf einen Punkt beschränkt ist. Dabei ist zu beachten, daß sie zunächst phänotypisch überhaupt kaum in Erscheinung treten wird. Erfahrungsgemäß sind junge Mutationen gewöhnlich recessiv gegenüber der Stammform. Bei Einmaligkeit des Auftretens einer Mutation wird sich das mutierte Genom also zunächst nur heterozygotisch-recessiv vererben, bis die Zahl der mutierten männlichen *und* weiblichen Gonen so groß geworden ist, daß die Wahrscheinlichkeit der homozygoten mutierten Form die Größe 1 erreichen kann. Wann dies theoretisch der Fall sein kann hängt nun natürlich von der Größe der Population, d. h. von der Individuenzahl und von der Besiedlungsdichte ab.

Es scheint mir nun, daß eine Veränderung, die so tiefgreifend ist, das Genom-Gefüge so weitgehend beeinflußt, daß sie ihrerseits eine sehr wesentlich erhöhte Mutationsbereitschaft auslöst, die nun ihrerseits zur Abwandlung der neu entstandenen Grundform, d. h. zur Zersplitterung in mehr oder weniger zahlreichen Unterformen führt.

Typusbegriff und Mutationsbereitschaft. Entstehung polymorpher Gattungen

Verbinden wir diese Erkenntnisse mit dem morphologischen Typusbegriff, so können wir diese Tatsache am ehesten folgendermaßen formulieren: Wenn ein Typus in ein neues, entscheidend fortgeschrittenes Stadium eintritt, welches neue Ansatzmöglichkeiten für die ihm innewohnenden Entwicklungstendenzen bietet, so wird, trotz der Einmaligkeit dieses Vorganges keine monotypische Gattung entstehen, sondern der Typus wird sich weiter abwandeln und sich in einen Formenschwarm auflösen, der schließlich durch die Selektion in mehr oder weniger gut trennbare Arten zerfällt. Nur dann, wenn der Entwicklungsschritt zu einer Grundform führt, deren weitere Abwandlungen zu einer Minderung der Lebensfähigkeit führen, werden monotypische Gattungen resultieren, wenn sie nicht selbst wieder verschwinden.

Entstehungspunkt und Mannigfaltigkeitszentrum

Dies ist nun nicht etwa so aufzufassen, daß der „Entstehungspunkt" einer Gattung auch zugleich ihr Mannigfaltigkeitszentrum sein müsse. Im Gegenteil, es scheint mir nach gemachten Beobachtungen über die Zusammenhänge zwischen Entwicklungslinien und Arealen eher so zu sein, daß erst dann eine Zersplitterung einer neuen Gattungsform in Arten eintritt, wenn die, durch ihre neuen Eigenschaften gegenüber der Stammform weiter wanderungsfähige neue Form in ein Gebiet gelangt, dessen ökologischen Faktoren den neu erworbenen Eigenschaften der Gattung gewissermaßen entgegenkommen, d. h. ein adäquater Zusammenklang zwischen den Eigenschaften der neuen Form und den Umweltbedingungen zustande kommt. *Die Pflanze paßt sich nicht* neuen Lebensbedingungen *an,* sondern sie paßt sich mit ihren gegebenen Eigenschaften *in einen geeigneten Raum e i n.*

Auf diese Weise ist es sowohl möglich, daß die Areale der Stammform und der Nachfolgeform einander überschneiden, als auch, daß zwischen diesen beiden Arealen eine — oft sogar sehr weite — Disjuktion entsteht. Kommen Zwischenformen überhaupt vor, so können sie im ersteren Falle an einer beliebigen Stelle des Überschneidungsraumes erwartet werden, im zweiten Falle dort, wo das Areal der Stammform seinen am weitesten vorgeschobenen Ausläufer zeigt.

Für beide Fälle sei ein Beispiel angeführt.

Überschneidung der Areale

Die Gattung Androcymbium, deren Mannigfaltigkeitszentrum in Südafrika liegt, erstreckt sich mit einer Linie, die eine sehr klare Progressionsreihe erkennen läßt, über den ostafrikanischen Raum bis in das Mittelmeerbecken und zwar mit Androcymbium punctatum bis über ganz Nordafrika, mit A. punctatum var. palaestinum bis Palästina. Mit A. abyssinicum stellt die Gattung eine unverkennbare Brücke zu Colchicum her, so daß diese Art ursprünglich überhaupt als Merendera abyssinica beschrieben worden war und erst durch die Untersuchungen Stefanoffs als zu Androcymbium gehörig erkannt wurde. In diesem Raume also muß der Übergang von Androcymbium zu Colchicum (diese Gattung im Sinne Stefanoffs, also einschließlich Merendera und Bulbocodium) erfolgt sein. Das Mannigfaltigkeitszentrum der Gattung Colchicum liegt jedoch nicht im ostafrikanischen, sondern im ostmediterranen und vorderasiatischen Raum, von wo aus es sich auch über Nordafrika, also den Raum von Androcymbium punctatum, bis in den Westmediterranen Raum erstreckt.

Disjunkte Areale

Wie oben ausgeführt nimmt die Gattung Gagea ihren Ursprung aus Iphigenia. Iphigenia erstreckt ihr Areal von Südafrika über die pazifisch-südostasiatische Inselwelt mit I. indica bis Hinter- und Vorderindien. Ich erwähnte bereits ein Yünnanisches Exemplar an dem sich unverkennbar ein Progressionsschritt in Richtung gegen Gagea feststellen ließ. Gagea wiederum besitzt in G. indica in Nordindien einen, zur ursprünglichsten Sektion Holobolbos gehörigen Vertreter, hat aber sonst ihr Mannigfaltigkeitszentrum ebenfalls im ostmediterran-vorderasiatischen Raum. Hier berühren sich also die beiden Areale kaum. Der Entstehungsort von Gagea kann nur innerhalb des — rezenten oder früheren — Gattungsareals von Iphigenia gelegen gewesen sein, also südlich des zentralasiatischen Hochlandes. Wenn auch eine Brückenform, wie sie in Androcymbium abyssinicum zwischen Androcymbium und Colchicum bestehen geblieben ist, in diesem Falle fehlt, so zeigt doch die gerade im Yünnan gefundene Annäherungsform von Iphigenia indica, daß tatsächlich in diesen Räumen der Übergang stattgefunden haben muß.

Klimaänderung und Klimaübergänge als mutationsauslösende Faktoren

Es ist dies nun bezeichnenderweise in beiden Fällen jene Linie, wo bei Formen der Südhalbkugel nach Überschreiten des klimatisch einheitlichen Tropengürtels die Jahreszeitenverteilung und daher die Umkehr der Nordhalbkugel zu wirken beginnt.

Eine ganz große Disjunktion liegt zwischen Lilium und Alstroemeria vor. Hier müssen wohl die Klimaänderungen seit dem Tertiär, sowohl die Ursache für die Wanderung an sich, als für die nachherige Disjunktion sein, um so mehr als es sich hier um einen Übergang von der Nord- auf die Südhalbkugel handelt. Gerade in der Gattung Lilium besitzen wir in Lilium Neilgherense ebenfalls eine, durch die Glacialzeit vorgeschobene und dann vom übrigen Gattungsareal abgetrennte Form in Eurasien, die uns diese Erklärung der Arealdisjunktion zwischen den eng verwandten nordamerikanischen Lilium und der südamerikanisch-andinen Alstroemeria offenbar bestätigt. Über die Einwirkung der Glacialzeiten und Interglacialzeiten wird aber unten noch eingehender gesprochen werden.

Es wurde bereits eingangs erwähnt, daß wir über die Ursachen der Mutationen nichts wissen, die experimentell erreichte Erhöhung der Mutationsquote uns aber immerhin gewisse Anhaltspunkte geben könnte. Die Erhöhung durch Röntgen- und Radiumbestrahlung wollen wir, so interessant sie an sich wäre, hier gänzlich beiseite lassen[1]. Um so mehr muß uns die Tatsache interessieren, daß Temperaturerhöhung, Temperaturchoks und Ultraviolettbestrahlung Mutationen auslösen können.

Beim Übergang von der Tropenzone in die Zonen mit mehr oder weniger schroffem Temperaturwechsel (Hochgebirge, N. und S. Gemäßigte Zonen) wirken zweifellos bis dahin „ungewohnte" Temperaturchoks, während umgekehrt beim Übergang von den gemäßigten Zonen in die Tropenzone die andauernd hohen Temperaturen zweifellos ähnliche, mutationsfördernde Wirkungen hervorrufen müssen, wie sie im Experiment festgestellt werden konnten.

Diese, mehr oder weniger theoretischen Erwägungen, die wohl durch einige Tatsachen erhärtet werden konnten, die jedoch noch durch weitere Forschung auf diesem Gebiete geprüft werden müssen, beweisen doch immerhin auf jeden Fall, daß die nachgewiesene Existenz von Mannigfaltigkeitszentren, die man bisher gerne mit den glacialen Refugialgebieten gleichsetzte, durchaus nicht mit diesen identisch sein müssen. Wir müssen vielmehr die Existenz von Mannigfaltigkeitszentren annehmen, die ausschließlich auf innere Ursachen, nämlich eine unter Umständen geradezu „explosive" Steigerung der Mutationshäufigkeit zurückzuführen sind und mit den Ausbreitungswanderungen neuer Formen in Zusammenhang stehen.

Ebenso müssen wir uns als „Invasionsgebiete" nicht nur die, nach Rückgang der Vereisung offen stehenden Landflächen vorstellen, die Invasion geht vielmehr von jedem Gattungszentrum in den umgebenden Raum, soferne dieser die ökologische Möglichkeit bietet und wird durch den Widerstand

[1] Damit soll nun keineswegs gesagt sein, daß nicht auch in der freien Natur Strahlungen als mutationsauslösende Faktoren in Frage kämen. Insbesondere mögen vielleicht die in ihren Wirkungen noch kaum erforschten kosmischen Strahlungen Mutationen auslösen, wodurch sich vielleicht der Artenreichtum der Hochgebirge mit erklären ließe, für den wir als sicher gegeben derzeit nur Temperaturchoks und Ultraviolettstrahlen verantwortlich machen. Derzeit müssen derartige Überlegungen jedoch noch in den Bereich der Hypothese verwiesen werden und sollen daher hier außer Betracht bleiben.

der autochthonen Flora mehr oder weniger gehemmt, wodurch die Wirkung der Selektion noch gesteigert wird. Die in jüngster Zeit, feststellbare Ausbreitung der Wulfenia carinthiaca mag als ein Beispiel dieser Art aufgezeigt werden. Wulfenia ist eine lichtbedürftige Waldrandpflanze und kann sich, wie mir Scharfetter brieflich mitteilte, nicht unterhalb der Waldgrenze ausbreiten. Scharfetter hält es für wahrscheinlich, das einer Arealerweiterung nach oben die Bodenverhältnisse ein Hindernis bereiten. Eine natürliche Arealerweiterung kommt unter diesen Umständen nicht in Betracht. Wohl aber tritt in Zusammenhang mit der künstlichen Entwaldung eine Ausweitung des Areals im kleineren Maßstabe, eben nach Maßgabe der ökologischen Möglichkeiten ein.

Progression und geographische Entwicklungsstraßen

Die praktische Folgerung aus diesen Erwägungen ist jedoch, daß Systematik ohne Arealgeographie niemals ein ganz klares Bild der Entwicklung einer höheren Kategorie, also etwa einer Unterfamilie oder Familie ergeben kann, dagegen eine genaue Verfolgung der Gattungsareale mit der Verteilung der Gattungen oft außerordentlich schöne Bilder des Entwicklungsganges einer solchen Kategorie bietet. Es ist oft unglaublich, wie wenig die Notwendigkeit geographischer Zusammenhänge in den Entwicklungslinien beachtet wurden. Die geographischen Angaben in der Literatur sind oft äußerst mangelhaft, d. h. so allgemein gehalten, daß mit ihnen nicht viel anzufangen ist, oder selbst falsch, wie z. B. das bekannte Beispiel des „Cereus peruvianus", der bestimmt nicht aus Peru stammt. Mit Hilfe der floristischen Literatur kann man ebenfalls nicht immer Klarheit erhalten, wenigstens soweit es sich um Überseegebiete handelt, und es bleibt dann meist nichts übrig, als möglichst viel Herbarmaterial in die Hand zu bekommen, um sich ein Bild von der Verbreitung zu machen.

Anderseits sind oft Formen aus Gründen der „Ähnlichkeit" zusammengeworfen worden, bei denen rein arealgeographisch bereits festgestellt werden müßte, daß ein innerer Zusammenhang nicht vorhanden sein kann.

C. Backeberg hat, eine Idee Schumanns aufgreifend und ausbauend, für die Cactaceae ausgezeichnete Arealkarten aufgestellt und damit der systematischen Erforschung dieser Familie die Bahn geebnet. Ein weiteres interessantes Beispiel dieser Art bieten die Liliaceae mit ihren Unterfamilien Wurmbeoideae und Lilioideae, welches hier an einer Kartenskizze in sehr vereinfachter Form dargestellt sei. Auf eine genauere Ausführung kann hier verzichtet werden, da es in unserem Zusammenhang nur darauf ankommt, in großen Zügen die enge Verbundenheit zwischen Progressionen und geographischen Entwicklungsstraßen aufzuzeigen, was durch zu eingehende Ausführung unübersichtlich würde. Das Liliaceenbeispiel ist besonders darum interessant, weil es zeigt, daß von einem Zentrum aus auf verschiedenen Wegen mehrere Linien schließlich in das gleiche Gebiet gelangen können. (Gloriosa-Linie: Ostafrika—Arabien—Indien; Iphigenia-Linie: Madagaskar—Australien—Insulinde—Hinterindien—Vorderindien.)

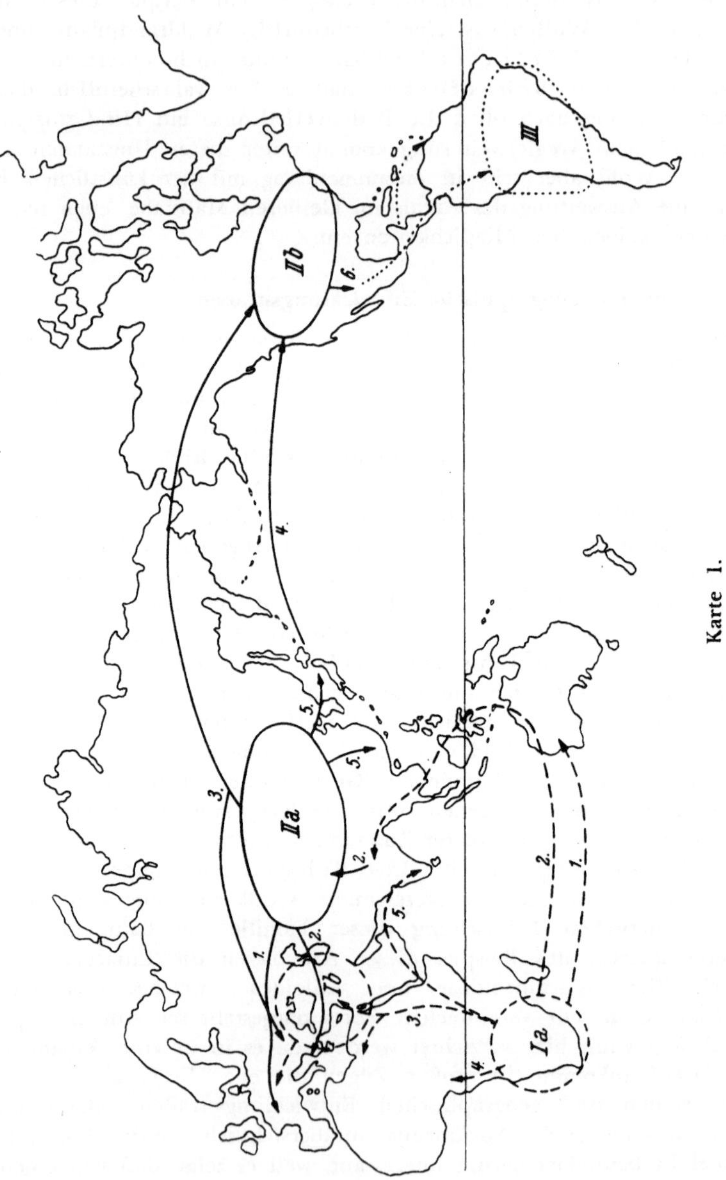

Karte 1.

Die Karte ist der Übersichtlichkeit halber sehr stark vereinfacht. Namentlich für die Lilioideae müßte eine viel genauere Spezialübersicht gegeben werden, doch würde diese die großen Züge der Wanderungswege zu sehr verschleiern, auf die es bei dieser Karte zunächst ankommt.

In ähnlicher Weise kann man z. B. auch eine sehr interessante Tatsache feststellen, daß nämlich Formen, die nach Mitteleuropa aus dem westmediterranen Raum eingewandert sind, feuchte, solche die aus dem ostmediterranen Raum stammen, trockene Standorte lieben. Als Beispiel kann Leucoium und Galanthus dienen. Das westmediterrane Leucoium bevorzugt feuchte — L. aestivum nasse — Standorte, Galanthus, dessen Mannigfaltigkeitszentrum im ostmediterranen Raum liegt, trockene Standorte. Die beiden Areale überschneiden einander, aber die Standorte vermischen sich fast niemals.

Bei der Bearbeitung einer Familie ist es daher unbedingt erforderlich, die morphologischen Progressionen stets im Zusammenhang mit den geographischen Wanderungslinien zu verfolgen. Auf diese Weise werden sehr oft Konvergenzen leicht erkannt, die sonst für Zusammenhänge gehalten worden wären.

Haben wir bei den vorliegenden theoretischen Erwägungen nur die Zusammenhänge zwischen Wanderung, Ausbreitung und Gattungsentstehung betrachtet, ohne auf die Klimaänderungen näher einzugehen, und

---

Karte 1. Übersichtskarte der Wanderungswege der Liliaceae — Wurmbeoideae (strichliert), Lilioideae (ausgezogen) und Alstroemerioideae (punktiert)[2]

Ia. Hauptzentrum der Wurmbeoideae: Vorkommen von:

	Wanderungswege:
Neodregeae (Neodregea, Dipidax)	
Wurmbeeae (Wurmbea)	1. Wurmbeeae (Anguillaria)
Colchiceae (Androcymbium)	2. Iphigenieae (Iphigenia, Anschuß: Gagea [ausgezogen])
Baeometreae (Baeometra)	
Iphigenieae (Ornithoglossum, Camptorhiza [= Iphigeniopsis])	3. Colchiceae (Androcymbium-Colchicum)
Glorioseae (Littonia, Sandersonia)	4. Iphigenieae (Ornithoglossum) & Glorioseae (Littonia, Gloriosa)

Ib. Hauptzentrum Colchicum sens. lat.

IIa. Hauptzentrum der Lilioideae: Vorkommen von:

	Wanderungswege:
Lloydieae (Gagea, Lloydia, Giraldiella)	1. Gagea
Tulipeae (Tulipa, Eduardoregelia, Erythronium)	2. Lloydia, Tulipa
Lilieae (Fritillaria, Korolkowia, Rhinopetalum, Notholirion, Nomocharis, Lilium)	3. Lloydia, Erythronium
	4. Lilium, Fritillaria
	5. Lilium, Cardiocrinum

IIb. Zentrum der amerikanischen Lilioideae: (Erythronium. Lilium.) Wanderungsweg 6. Anschlußrichtung der Alstroemerioideae.

III. Verbreitungsgebiet der Alstroemerioideae:
Bomarea, Alstroemeria, Schickendantzia, Leontochir.

---

[2] Die Liliaceae — Subfam. Alstroemerioideae — wurde von mir in einer erst im Erscheinen begriffenen Arbeit aufgestellt und ihre hier aufgezeigte Abstammung von den nordamerikanischen Lilium bewiesen. Nur aus drucktechnischen Gründen wurden hier statt verschiedenen Farben verschiedene Linienformen angewandt.

gezeigt, daß auch jene Gebiete, die von der Eiszeit mehr oder weniger unberührt geblieben sind, Mannigfaltigkeitszentren aufweisen können, die eben aus den, bei progressiven Veränderungen des Genoms, d. h. bei der Entstehung eines neuen morphologischen Typus ermöglichte Abwandlung in Arten zu erklären sind, so muß uns nun auch jener Faktor beschäftigen, der nach dem Tertiär den größten Einfluß auf die Lebewelt der nördlichen gemäßigten Zone gehabt hat, eben die Eiszeit.

Wirkung des Ost-West-Verlaufes von Gebirgen

Wir müssen in diesem bezug auf eine Tatsache hinweisen, die die Artverteilung auf der Nordhalbkugel überhaupt sehr wesentlich beeinflußt hat, nämlich auf den Verlauf der Gebirge. Europa, sowie das ganze westliche und zentrale Asien wird von west-ost-verlaufenden Gebirgszügen in eine mehr oder weniger scharf getrennte nördliche und südliche Zone zerschnitten. Hingegen wenden sich in Ostasien die Gebirge in die Nord-Süd-Richtung und der amerikanische Kontinent zeigt in seiner ganzen Ausdehnung nur einen Nord-Süd-Verlauf der Gebirge.

Die Wirkung des West-Ost-Verlaufes der Gebirge muß man sich, in bezug auf die Eiszeit etwa folgendermaßen vorstellen: Da die Klimaverschlechterung die ganze Nordhalbkugel betraf, schob sich die Vereisung nicht allein vom Polargebiet gegen Süden vor; gleichzeitig bildete sich auch von den Höhen der Gebirge eine querverlaufende Eisbarriere, die einem Ausweichen nach Süden ein größtenteils unübersteigbares Hindernis entgegen setzte. Es wurden daher die vom Norden verdrängten Arten, soweit sie nicht dem kalten Klima gewachsen waren, nicht verdrängt, sondern vernichtet.

Refugialgebiete

Anderseits wären die Südabfälle dieser Ost-West-Gebirge gerade infolge dieser Lage sowie der Höhe dieser Gebirge gegen Norden vollständig geschützt und bildeten infolgedessen einen, fast den ganzen eurasiatischen Kontinent durchziehenden Streifen eines warmen Klimas, dessen Temperaturen weit höher lagen als es der geographischen Breite entsprochen haben würde, so wie dies heute am Südhang der Alpen, des Jailagebirges, des Kaukasus im Kuratal, usw. der Fall ist. Durch die vertikale Ausdehnung dieser Warmklimazone war aber überdies auf engstem Raume eine Klimaabstufung von den heißen Niederungen bis in die arktisch-alpine Hochregion gegeben. Ähnliche Verhältnisse lagen auch in den Hochländern vor, die durch überhöhende Gebirge gegen Norden gesichert waren, bzw. auch in tiefeingeschnittenen Talgebieten derselben. Hier konnten also auch in einer klimatisch höchst ungünstigen Periode klimatisch anspruchsvolle Arten erhalten bleiben, und zwar auch dann, wenn weiter südlich, wo die Schutzwirkung der Gebirge nicht mehr wirksam war, für sie keine Lebensmöglichkeit mehr bestand. Wir haben hier also eine praktisch zusammenhängende Refugialzone vor uns, die R e i n i g, allerdings für das Arboreal, das ist für die waldbildenden und waldbewohnenden Arten in folgende Großrefugialgebiete zerlegt:

1. *Mittelmeerbecken* (Westafrika, Iberische Halbinsel, Südfrankreich, Italien, Balkan-Halbinsel, Kleinasien).

2. *Transkaukasien, Armenien, Nordiran.*

3. *Nuristan, Chitral, Kashmir.*

Südlich des Nordzuges der Zentralasiatischen Gebirge liegen dann Reinigs Refugialgebiete:

4. *Tianschan—Altai.*

5. *Äußere Mongolei und Nordmandschurei* und

6. *Amur—Ussuri-Gebiet,* die letzteren unter dem Schutze des Stanowoigebirges.

Ob Reinigs Refugialgebiet

7. *Südchina,*

ohne weiteres auch in diese Reihe zu beziehen sei, erscheint mir fraglich.

Hier, wie in den Reinigschen Refugialgebieten Nord-Amerikas:

8. *Nordweststaaten der USA.,*

9. *Hochland von Mexiko* und

10. *Südliche Atlantische Staaten von Nordamerika,* dürften die Verhältnisse anders geartet sein, indem hier keine ost-westlich verlaufenden Gebirge einen Schutz gegen den Norden, sondern anders verlaufende Gebirgszüge vielmehr einen Schutz gegen das Kontinentalklima überhaupt bieten. So wie der zum Refugialgebiet 6 gezählte Japanisch-koreanische Raum dürften diese Gebiete ihre günstigeren Verhältnisse mehr dem ozeanischen Temperaturausgleich zu verdanken haben.

Wirkung des Nord-Süd-Verlaufes von Gebirgen

Diese Gebiete mit annähernd nord-südlich verlaufenden Gebirgen ermöglichten ein Ausweichen vor der vordringenden kalten Zone, wobei die nach Süden vordringenden Arten in Konkurrenz, aber auch in Vermischung mit jenen autochthonen Arten kamen, die noch nicht durch die Temperaturabnahme verdrängt worden waren. Besonders da, wo Gebirgszüge den Äquator überschreiten, also insbesondere im Zuge der Kordillere wurde sogar ein Wanderungsschub bis in die südliche gemäßigte Zone ermöglicht. Diese Verbindungen wurden jedoch nach der Eiszeit bei allen jenen Formen wieder unterbrochen, die dem tropischen Klima nicht gewachsen waren. Auf diese Weise entstanden Disjunktionen zwischen eng verwandten Formen. Hieher gehört z. B. die oben angeführte Disjunktion zwischen den nordamerikanischen Lilium und Alstroemeria.

Interglazialzeiten und Rückwanderung

Die Temperaturzunahme in den Interglazialzeiten führte regelmäßig zu Rückwanderungsbewegungen, die immer wieder durch die nächste Eiszeit nach Süden zurückgedrängt wurden. Über die ganze Periode der Eiszeiten herrschte in diesen Gebieten also eine ständige Wanderungsbewegung. Dieser ständige Wechsel hat ohne Zweifel stark zur Neubildung von Formen beigetragen. Während also nördlich der Ost-West-Gebirgszüge durch die Glazialzeit eine ausgesprochene Verarmung herbeigeführt wurde, wurde in den Gebieten mit nord-süd-verlaufenden Gebirgen die Artenzahl eher noch gesteigert. Die Art-Mannigfaltigkeit dieser Gebiete hat also ohne Zweifel weniger mit einer Zusammendrängung in ein „Refugium" zu tun, als mit einer dauernden Vermischung wandernder Formen, die ursprünglich den ververschiedensten Temperaturzonen angehörten.

Es ist übrigens völlig gleichgültig, welche Ursachen zur Entstehung der Mannigfaltigkeitszentren geführt haben. Wesentlich ist in bezug auf die Systematik lediglich die Tatsache, daß solche Zentren entstanden sind, in denen auf relativ engem Raum eine große Artenfülle vereinigt war, und die ihrerseits, ökologisch selbst sehr mannigfach gegliedert. Ausgangspunkte für Wanderungen, sei es in die, durch den Rückgang der Vereisung freigelegten Neuland-Gebiete, sei es in bereits besiedelte waren. Wir müssen daher den Begriff des „Invasionsgebietes" insoweit erweitern als wir darunter jedes Gebiet verstehen müssen, in welches von einem Zentrum aus eine Einwanderung erfolgt ist. In diesem Sinne müssen wir also auch die eingangs behandelten Entwicklungszentren werten, von denen aus, genau wie aus den Refugialgebieten, die Besiedlung weiterer Gebiete, d. h. eine Erweiterung des Areals erfolgt ist.

Es erhebt sich nun aber die Frage, ob wir auf botanischem Gebiet die glazialen Refugialgebiete überhaupt ohne weiteres als Mannigfaltigkeitszentren bezeichnen dürfen.

Begriff „Mannigfaltigkeitszentrum"

Zu diesem Zwecke muß zunächst der Begriff des Mannigfaltigkeitszentrums klar umrissen werden, um feststellen zu können, ob die Tatsache der glazialen Zuflucht allein imstande sein konnte, Anlaß zur Entstehung eines Mannigfaltigkeitszentrums zu geben.

Auf die kürzeste Formel gebracht ist ein Mannigfaltigkeitszentrum als ein Gebiet mit besonders hohem Arten- und insbesondere Allelreichtum zu bezeichnen. Vavilov setzt daher den Begriff „Mannigfaltigkeitszentrum" gleich mit „Gen-Zentrum" und setzt dieses wieder gleich mit „Entstehungszentrum". Diese Gleichsetzung hat vom botanischen Standpunkt aus betrachtet — und Vavilovs Studien beziehen sich ja auf Kulturpflanzen — zweifellos ihre Berechtigung.

Refugialgebiete werden als „Mischgebiete von tertiär endemischen und glazial eingewanderten Formen ... mit reicher Biotopengliederung" bezeichnet. Hier liegt also das Gewicht 1. auf dem Vorhandensein von „Relikten", also von Formen, die trotz der Klimaverschlechterung, dank der günstigen Lage des Gebietes ihre Standorte beibehalten konnten und 2. auf der Einwanderung von „Flüchtlingen", die nach Verdrängung aus ihrem bisherigen Lebensraum, in diesen Klimainseln „Zuflucht" gefunden haben. Aus der „Vermischung" der autochthonen und zugewanderten Formen soll nun ein besonderer Arten- und Allelreichtum hervorgegangen sein, wobei auch auf die Möglichkeit von Kreuzungen hingewiesen wird.

Wanderungen der Tier- und Pflanzenwelt

In bezug auf die Zuwanderung müssen wir nun aber einen prinzipiellen Unterschied machen zwischen der freibeweglichen Tierwelt und der Pflanzenwelt. Es ist tatsächlich leicht anzunehmen, daß die Tierwelt sich vor den vordringenden Kaltgebieten immer weiter zurückzog, bis sie schließlich in den Klimainseln ein „Refugium" gefunden hatten. Dadurch konnten tatsächlich Formen der verschiedensten Gebiete, die daher verschiedene Allele in sich trugen, in den Refugialgebieten zusammenkommen und so in das Refugialgebiet einen Allelreichtum *von außen* hineintragen, wie er in anderen Gebieten nicht vorhanden ist.

Ganz anders liegt das Verhältnis in bezug auf die Pflanzenwelt. Die „Auswanderung" der Pflanzen besteht eben darin, daß die Pflanzen in ihren bisherigen Standorten vernichtet wurden, während ihre Samen infolge der allgemeinen Abkühlung in südlicheren, bisher zu warmen Gebieten zur Entwicklung kommen konnten. Diese Wanderung erfolgt also nicht zielstrebig in Richtung auf das „Refugium", sondern ist voll abhängig vom Verbreitungsmittel und daher rein zufallsgebunden. Nur bei Zoochorie, insbesondere Verbreitung durch höhere Tiere *kann* dabei eine gewisse „Richtung" gegen die Klimainseln zustande gekommen sein. In den anderen Fällen konnten diese nur erreicht werden, wenn sie „zufällig" eben in der Verbreitungsrichtung lagen. Nun werden wir unten zeigen, daß bei der Wanderung aus einem „Genzentrum" der Allelreichtum verlorengeht (von durch die Wanderung ausgelösten Neumutationen abgesehen). Wir müssen ferner beachten, daß in den Klimainseln gewisse empfindlichere Formen ebenfalls zugrunde gegangen, also verschwunden sein müssen. Der dadurch freiwerdende Raum wird aber von den autochthonen Formen sofort wieder besiedelt, so daß die „Zuwanderer" eine bereits geschlossene Vegetationsdecke und daher eine Raumkonkurrenz vorfinden mußten, die nur besonders lebenstüchtigen Formen die Ansiedlung und damit die Erhaltung ihrer Allele ermöglichte. Beachten wir ferner, daß die Eisbarriere der Ost-West-Gebirge dieser Wanderungsform ein größtenteils unübersteigbares Hindernis darbot, das, wie bereits erwähnt, zu einer Verarmung der Artenzahl der nördlich von ihr liegenden Gebiete führte und daß endlich eine Vergrößerung der Artenzahl durch Bastardierung an ganz bestimmte Voraussetzungen (Polyploidie) geknüpft ist, so ist daraus der Schluß berechtigt, daß in bezug auf die Pflanzenwelt keine Voraussetzung dafür besteht die Refugialgebiete ohne weiteres als Mannigfaltigkeitszentren zu bezeichnen. Nur jene Großrefugien, die infolge Nord-Süd-Richtung der höheren Gebirge eine fluktuierende Nord-Süd- und Süd-Nord-Wanderung ermöglichten, konnten zu einer Erhöhung des Allelreichtums führen und daher aus der glazialen Wanderung allein zu Mannigfaltigkeitszentren werden. Dies ist in Südchina in besonderem Maße der Fall und auch die große Artenzahl der Balkanhalbinsel mag auf das Vorhandensein der Lücke in der Ost-West-Barriere zurückzuführen sein.

Großrefugien

Ein anderer Punkt ist es hingegen, daß diese „Großrefugien" in ihrer geographischen Eigenart als Gebirgsländer eine besonders reiche Biotopengliederung aufweisen. Diese sind jedoch wieder, wie schon der Begriff aussagt, in sich geschlossene ökologische Bezirke und können zwar durch ihre Vielheit die Mannigfaltigkeit des Gesamtgebietes bestimmen, aber nicht herbeiführen.

Ist also in den Refugialgebieten Eurasiens eine besondere Mannigfaltigkeit tatsächlich vorhanden, so ist diese darauf zurückzuführen, daß die klimatische Lage dieser Gebiete bei vitalen Formen besonderen Anlaß zur Neubildung von Allelen, d. h. zu einer Steigerung der Mutationsrate gegeben haben. Somit hat Vavilov recht, wenn er diese Gebiete als Entstehungszentren bezeichnet. Alte nicht vitale Formen konnten aber auch in den Mannigfaltigkeitszentren sehr stabil bleiben.

Alle diese theoretischen Erwägungen haben in unserem gegebenen Zusammenhang in erster Linie Bedeutung in bezug auf die Frage der Höherentwicklung, also der Art- und Gattungsentstehung, sowie besonders der arealgeographischen Gliederung der Gattungen und höheren Kategorien. Wesentlich ist also nicht die Frage des Zustandekommens der Mannigfaltigkeitszentren, sondern die Tatsache ihrer Existenz, sowie die Tatsache, daß von ihnen aus Invasionsvorstöße, sei es in frei gewordenes Neuland, sei es in bereits besiedelte Gebiete erfolgt sind.

Invasionsgebiete

Diese Invasion konnte jeweils erst dann erfolgen, wenn das Klima sich besserte, also in den warmen Interglazialzeiten und nach der Eiszeit. Bis dahin waren die Mannigfaltigkeitszentren mehr oder weniger in sich abgeschlossene Gebiete. Die Individuen einer in Aufgliederung begriffenen Gattung bzw. eine Art können wir daher als eine Groß-Population ansprechen, in der, sei es von vornherein infolge verschiedener Herkunft, sei es durch Neumutationen, sich eine große Zahl von Allelen verbarg. Die rezessiven Allele werden daher sehr häufig phänotypisch gar nicht in Erscheinung treten, so daß selbst letale oder subletale Mutationen wenigstens eine Zeitlang rezessiv erhalten bleiben konnten.

Würde man ein ganz in sich geschlossenes Areal mit großer Individuenzahl, also großer Siedlungsdichte annehmen, so müßte, abgesehen von den Randgebieten, totale Panmixie herrschen, so daß nach der Hardyschen Formel zwar die Zahl der Homozygoten und Heterozygoten wechseln, die relative Häufigkeit der einzelnen Allele, d. h. also die genetische Mannigfaltigkeit müßte aber gleichbleiben.

Allelarme Kleinpopulationen der Randgebiete

Nun kann aber ein solcher Idealzustand nicht angenommen werden, da einesteils die große Artenzahl verschiedener Gattungen innerhalb eines Mannigfaltigkeitszentrums eine sehr große Besiedlungsdichte durch eine Art bzw. Gattung kaum zugelassen haben wird, anderseits die Gliederung in Biotopen, die sich räumlich nach den stratigraphischen Verhältnissen aufteilen, keine ganz geschlossenen, sondern vielfach verzweigte Areale mit ausgedehnten Randzonen verursacht haben muß. In den Randzonen herrscht jedoch keinesfalls totale Panmixie, es werden vielmehr, wie insbesondere Wright mathematisch festlegte, ohne Einwirkung der Selektion, lediglich aus den Gegebenheiten der Mendelschen Vererbungsgesetze ein Viertel N der vorhandenen Gene zufallsmäßig endgültig verlorengehen, während ein Viertel N stabilisiert wird, wobei N die Populationszahl ist. Auf diese

Weise werden sich bereits in den Randzonen allelärmere Kleinpopulationen herausbilden, die, je kleiner sie sind, um so schneller einen weiteren Allelverlust erleiden. Anders ausgedrückt, in den Randzonen wird der mehr oder weniger fluktuierende Übergang von Form zu Form verlorengehen und der Formenschwarm wird sich in immer klarer hervortretende „Arten" auflösen.

In noch weit stärkerem Maße muß dies aber der Fall sein, wenn die Wanderung in die Invasionsgebiete einsetzt.

Allelverarmung in Invasionsgebieten, insulare Arten

Da bereits die Randgebiete der Gesamtpopulation Allelverminderung erlitten und sich so in Kleinpopulationen aufgelöst haben, wird naturgemäß bei der Ausbreitung nach verschiedenen Richtungen, bei der es sich ja nicht um eine herdenmäßige Gesamtwanderung, sondern mehr um eine Summierung von Einzelwanderungen handelt, eine noch weitere Allelverminderung eintreten, da ja jeder Samen nur zwei Allele eines Gens mit sich tragen kann. Dazu kommt noch, daß bei dieser Invasion nicht ökologisch gleichartige Gebiete besiedelt werden, so daß ein und dasselbe Gen in einem Gebiete einen positiven, in einem anderen einen negativen Auslesewert haben kann und daher in einem Gebiet sich vermehren, im andern aber verschwinden wird. Dadurch werden also bei der Wanderung vom Mannigfaltigkeitszentrum weg sich immer klarer geschiedene Kleinpopulationen entwickeln, die um so schärfer getrennt und ausgeprägt sein werden, je isolierter ihre Lage ist („insulare Arten!") und je weiter sie sich vom Mannigfaltigkeitszentrum entfernt haben.

Multiple Gene und geographische Merkmalsprogressionen

Besonders wichtig erscheint hier aber die Tatsache der „multiplen Gene", also jener Fälle, in denen eine Eigenschaft von mehreren unabhängigen Genen beeinflußt wird, so daß bei gleichgerichteter Wirkung eine Summierung, und daher Verstärkung, bei entgegengesetzter Wirkung eine Abschwächung des Merkmals erfolgt. In solchen Fällen kann allein die Tatsache des proportional mit zunehmender Entfernung vom Mannigfaltigkeitszentrum erfolgenden Allelschwundes zur Entstehung von „geographischen Merkmalsprogressionen", zu einer „gerichteten geographischen Variabilität" führen, d. h. ein Merkmal kann vom Mannigfaltigkeitszentrum ausgehend, in fließendem Übergang gesteigert oder gemindert werden.

Grob schematisch ausgedrückt, werden wir also im Mannigfaltigkeitszentrum, wie ja schon der Name sagt, eine große Anzahl, einander mehr oder weniger nahestehender Formen antreffen, während von da ausstrahlend, klarer definierte Arten in radialer Anordnung zu finden sein werden, die jedoch mit dem Zentrum durch Übergänge verbunden sein können.

Tritt nun aber der Fall ein, daß ein solches Mannigfaltigkeitszentrum (also Entstehungszentrum!) durch eine Veränderung seiner ökologischen Bedingungen zerstört wird, so bleibt ein Kranz von isolierten, gut differenzierten Arten rund um das einstige Zentrum erhalten. Ein Beispiel dieser Art hat C. Backeberg aufgezeigt. Es handelt sich um die Cactaceengattung Monvillea, deren Arten ohne jede Verbindung untereinander, rings um die „Selvas" des Amazonasbeckens verteilt sind. Die Tatsache, daß der Amazonas früher nach Westen abgeflossen war und erst nach Hebung der Kordillere seinen Lauf nach Osten nehmen mußte, gibt der Vermutung, daß auch die „Selvas" erst in verhältnismäßig junger Zeit entstanden seien, eine feste Grundlage. Hier muß also vordem das Entstehungs- und Mannigfaltigkeitszentrum der Gattung Monvillea gelegen gewesen sein, von dem aus die heutigen Standorte der Arten besiedelt wurden und allein übriggeblieben sind.

Alle diese Betrachtungen haben noch so gut wie keine Rücksicht auf die Tatsache der Selektion genommen, die uns gesondert beschäftigen wird. Dennoch müssen sie schon weitestgehend den Weg weisen, den wir in der Erforschung der Stammesgeschichte zu gehen haben.

Viertes Kapitel

Die Selektion

1. Einleitung

So wichtig und bedeutsam die Selektion in der Systematik der Art und der unter der Art liegenden Kategorien ist, so wenig spielt sie in der Phylogenetik der höheren Kategorien eine entscheidende Rolle. Dennoch erscheint es mir zweckmäßig, sich mit Wesen und Auswirkung der Selektion auseinanderzusetzen, da sie auch in der Gattungs- und Familiensystematik wichtige Erscheinungen dem Verständnis und daher der richtigen Auswertung näher bringt. Man darf nicht vergessen, daß das, was uns heute als „Gattung" vor Augen tritt, seinen Ursprung aus nur einer Form, also einer „Art", genommen hatte, die ihrerseits einem Formenschwarm angehörte, so wie wir sie heute bei „jungen Arten" noch beobachten können.

Modellreihe der Entstehung einer „Gattung"

Gleichgültig, ob wir uns die Entstehung der Gattung als „Makroevolution", d. h. als Resultat „progressiver Mutationen" oder als Ergebnis schrittweise fortschreitender „Mikromutationen" vorstellen, können wir uns den Weg, der zur Art- und Gattungsentstehung führt, etwa in folgender „Modellreihe" vergegenwärtigen.

Nehmen wir als Ausgangspunkt eine *„reine Linie"* an. Auch die „reine Linie" ist keine stabile Größe, sondern erleidet in einzelnen Gliedern mit der Zeit Genänderungen durch Mutationen. Selbst wenn wir die Mutationsrate mit 0·1 % oder auch noch viel geringer annehmen, so ist leicht zu erkennen, daß es durchaus keiner großen Zeiträume bedarf, bis ein größerer Prozentsatz der Nachkommen der ursprünglichen reinen Linie durch Mutationen genetisch verändert wird, selbst dann nicht, wenn wir für einen hohen Prozentsatz aller Mutationen Selbstausschaltung infolge letaler Wirkung annehmen. Damit hat die „reine Linie" aber bereits zu bestehen aufgehört und hat sich in eine *„Population"* verwandelt. Vom Allelschwund auf Grund der Gegebenheiten der Mendelschen Gesetze, der an anderer Stelle ausgeführt wurde, ganz abgesehen, beginnt nun bereits die erste Einwirkung der Selektion.

Waren die Mutationsschritte klein, d. h. ihre Folge nur geringfügige Veränderungen des Erscheinungsbildes, so werden alle Individuen zunächst als — kaum unterscheidbare — Glieder einer „Art" erscheinen, die sich erst nach weiteren Mutationsschritten merklich voneinander entfernen. Größere und „progressive" Mutationsschritte dagegen werden auf kürzerem Wege zur Bildung eines mannigfaltigeren *„Formenschwarmes"* führen. In beiden Fällen wird aber die Zahl der entstandenen Mutanten immer wieder dadurch vermindert, daß ein Teil von ihnen den Lebensbedingungen schlechter, ein anderer besser entspricht, daß also Auslese und Ausmerze größere Abstände in den Formenschwarm bringt, als sie vielleicht ursprünglich, nur auf Grund der Genänderungen bestanden hatten. Durch die dauernde Einwirkung der Selektion wird sich der Formenschwarm also schließlich in mehr oder minder gut trennbare *„Arten" auflösen.* Es sei dabei hier außer acht gelassen, daß dabei auch noch andere Faktoren eine mehr oder weniger wesentliche Rolle spielen.

Durch weitere Genänderungen (oder, abgekürzt, schon von vornherein durch größere Entwicklungssprünge) werden sich die „Arten" immer weiter voneinander entfernen, wobei abermals die Selektion eine weitere *Verminderung der Zwischenformen* mit sich bringt, bis sie uns schließlich nicht mehr als zusammengehörig erscheinen, sondern als *„Gattungen"* aufgefaßt werden können, die ihrerseits wieder in mehr oder weniger zahlreiche „Arten" zerfallen.

Schematisch wäre also der Weg kurzerhand so darzustellen:

Reine Linie — Population — Formenschwarm — Art — Gattung.

Auswirkungen der Selektion auf die Artgestaltung und in der Phylogenie der Gattung

Es werden also Auswirkungen der Selektion auf die Artgestaltung letzten Endes auch noch in der Phylogenie der Gattung ihre Wirkung ausüben.

Bei der Betrachtung der Auswirkungen müssen wir uns aber besonders zwei Tatsachen stets vor Augen halten:

1. Daß die *Selektion kein formbildender, sondern ein formvermindernder Faktor ist.* Die Selektion bewirkt lediglich ein Verschwinden des unter gegebenen Umständen Zweckwidrigen.

2. Daß wir zu sehr gewohnt sind, die Natur mit den Augen der an sich mehr oder weniger lebensfeindlichen kaltgemäßigten Zone zu betrachten, in der die Selektion ein viel einflußreicherer Faktor ist, als in den warmen und heißen Zonen. Während in der kaltgemäßigten Zone schon geringfügige Genänderungen bestimmenden Einfluß auf den Selektionswert haben können, indem sie die *„ökologische Potenz",* wie ich den Grad der Lebensfähigkeit unter gegebenen Umständen nennen möchte, verändern, ist dies in den feuchtwarmen Zonen bei weitem nicht in diesem Maße der Fall. Daher kommt es dort zu einer weit größeren Fülle der Erscheinungsformen, der „Anpassungen".

2. Ökologische und Konkurrenz-Selektion

Dagegen tritt in den feuchtheißen Zonen ein anderer Selektionsfaktor besonders stark in Erscheinung, das ist die Raumkonkurrenz. In diesen Erkenntnissen deutet sich bereits die Tatsache an, daß man zwei Gruppen von Selektionsfaktoren unterscheiden müßte:

I. Ökologische Selektion,
II. Konkurrenz-Selektion.

Wirkung der ökologischen Selektion

Die ökologische Selektion führt zur Entstehung von geographischen Rassen, vikarierenden Arten und Ökotypen. Sie beeinflußt maßgeblich die Arealgrenzen, und zwar sowohl jene des Gesamtareals, als auch die der Standorte selbst. Als Beispiel der *Ökotypen* können die Rassen von Viscum album oder der Saison-Dimorphismus von Lamium maculatum angeführt werden. Ein schönes Beispiel für die Auswirkung der ökologischen Selektion aus unserer Flora bieten z. B. auch die *Hochlands- und Tieflandsform* von Picea excelsa, die in den jahreszeitlichen Rhythmus derart eingepaßt sind, daß es weder möglich ist, die „Spitzfichte" der hohen Lagen im Tiefland zu halten, noch umgekehrt die Tieflandsrasse in höheren Lagen derselben Gegend.

Der Selektionskoeffizient wird hier also von äußeren Faktoren bestimmt. Die Gegebenheit sind die ökologischen Faktoren eines bestimmten Standortes. Eigenschaften, die diesen Faktoren nicht entsprechen, verfallen — für den gegebenen Standort (Biotyp) — der Ausmerze. Ein geradezu klassisches Beispiel hiefür bilden die von Baur untersuchten spanischen Antirrhinum. Jede Höhenstufe hat hier ihre „Art" geprägt, während die Zwischenstufen, die in der Kultur auftraten, am natürlichen Standort abgeschert werden.

Konkurrenz-Selektion

Anders liegt die Wirkung der Konkurrenz-Selektion. Hier wird der Selektionsfaktor nicht, oder doch nicht wesentlich von den ökologischen, also Außen-Faktoren bestimmt, sondern vielmehr von der Konkurrenzfähigkeit im Kampf um den Raum und in der Fortpflanzung, also von Innenfaktoren.

Namentlich im Kampf um den Lebensraum läßt sich dabei unterscheiden:

a) der Wettbewerb der Artgenossen und
b) der Wettbewerb mit den anderen Arten desselben Biotops.

Ein Beispiel für den *Wettbewerb unter Artgenossen* gibt jeder mehr oder weniger geschlossene Bestand einer Art; sehr schön ist er bei dichter Aussaat zu beobachten. Er führt zur Auslese der lebensfähigsten Individuen, die die Entwicklung der minder lebensfähigen hemmen und schließlich gänzlich unterdrücken.

Beachtenswerte Beispiele für *Konkurrenz-Selektion gegenüber anderen Arten* bieten besonders Einschlepplinge. Neben dem relativ selteneren Fall, daß der *Einschleppling* sich in ein gegebenes Biotop zwanglos einfügt, ohne eine Störung herbeizuführen, können zwei konträr verlaufende Fälle festgestellt werden. Entweder der Einschleppling kann gegen die autochthone Flora nicht aufkommen und verschwindet bald wieder, bzw. bleibt nur auf einzelnen, ihm besonders günstigen Standorten erhalten, oder aber er ist unter den gegebenen Bedingungen lebensfähiger als die autochthone Flora und überwuchert und vernichtet diese schließlich ganz. (Helodea, Solidago canadensis.)

Die Konkurrenz in der Fortpflanzung hingegen spielt sich nur innerhalb der Art ab, indem der größere oder geringere Anlockungseffekt, insbesondere bei großer Individuenzahl und geringer Bestäuberzahl, die Fortpflanzungsmöglichkeit wesentlich beeinflußt. Die auffallenden Blüten von hochalpinen und Wüstenpflanzen halte ich für eine Auswirkung der Konkurrenz-Selektion in Zusammenhang mit Insektenarmut.

Hier muß auch jener Fall Erwähnung finden, bei dem im Falle des Ausbleibens von Fremdbestäubung, *Selbstbestäubung* eintritt. In diesem Falle wird nun zwar die Fortpflanzung trotzdem gewährleistet, jedoch die, der Fremdbestäubung ungünstige Eigenschaft geradezu *fixiert.* Es wird also eine homozygotische Linie mit ungünstigen Eigenschaften entstehen, in der die *Autogamie* zur Regel wird.

Auch durch innerhalb einer Art schwankende Fortpflanzungsziffer, d. h. größere oder geringere Samenanzahl der einzelnen Klonen einer Artpopulation, wird eine Auslese nach der Richtung der größeren Fortpflanzungsziffer erfolgen. In diesem Punkt wird auch in bezug auf die Fortpflanzung die Konkurrenz mit anderen Arten eine Biotops bestimmt. Eine Mutation, die die Samenanzahl erhöht, kann eine bisher eben noch existenzfähige Form mit der Zeit zur tonangebenden machen, also das Gleichgewicht eines im Klimaxstadium befindlichen Biotops verschieben. Gerade diese Erscheinung ist daher auch imstande, eine Verschiebung von Arealgrenzen zu verursachen.

3. Relativität des Selektionsfaktors

Der Selektionswert einer Eigenschaft, oder, genetisch ausgedrückt, eines Allels, ist, wie schon aus den bisherigen Ausführungen hervorgeht, niemals ein absoluter Wert, sondern ein relativer, d. h. nur für eine bestimmte Gegebenheit konstanter. Von Letalmutationen, die absolut tödlich wirken, ist hier natürlich abgesehen.

Selektionsfaktor, Klima und Areal

Besonders schön ist dies im Zusammenhang mit der Temperatur zu erkennen. Im Klimabereich des Temperaturoptimum einer Art (bzw. Klone) hat der Selektionsfaktor seinen größten positiven Wert. Er sinkt von hier aus sowohl in Richtung auf höhere wie auf tiefere Temperaturen, d. h. in südlicher wie in nördlicher Richtung, bzw. nach der tieferen wie der größeren Höhenlage ab. Im Bereich des Optimum wird die betreffende Art auch ihr Entwicklungsoptimum zeigen, d. h. sowohl in der größten Individuenzahl als auch in der größten Mannigfaltigkeit auftreten, da sie hier besonders konkurrenzfähig ist. Sowohl in der Richtung nach der höheren wie nach der tieferen Temperatur wird der Selektionsfaktor den Wert 0 erreichen, also ein Gebiet, in dem die Temperatur keinen fördernden, aber auch keinen hemmenden Einfluß ausübt. Die Art ist existenzfähig, aber nicht bevorzugt. Von dieser Zone aus wird bei weiterem Fortschreiten in Richtung auf das Maximum, bzw. Minimum der Selektionsfaktor negativ. Damit ist die Erhaltung der Art nur mehr unter sonst besonders günstigen Verhältnissen (z. B. unter dem Einfluß der menschlichen Pflege) gewährleistet, bis eine Zone erreicht wird, in der der Selektionsfaktor einen so hohen negativen Wert erreicht, daß die Art überhaupt nicht mehr existenzfähig ist. Damit ist die Arealgrenze erreicht. Selbst eine geringe Änderung des Wärmebedürfnisses durch Mutation verschiebt daher nicht nur das Verbreitungsoptimum, sondern zugleich auch die Arealgrenzen. Daher werden wir im Bereich des Klimaoptimums der Stammart eine Population verschieden wärmebedürftiger Linien vorfinden, im Bereiche der Arealgrenzen hingegen jene Allele, die ein tieferes, bzw. höheres Temperaturoptimum haben. In dieser Hinsicht sind daher ganz besonders weit abgesprengte isolierte Standorte beachtenswert und interessant. Hierauf wird noch zurückzukommen sein.

Selektionsfaktor und Feuchtigkeitsfaktor

In analoger Weise kann sich der Selektionswert mit dem Feuchtigkeitsfaktor ändern. Die Verdunstung vermindernde Einrichtungen werden auf trockenen Standorten positiven, auf feuchten aber negativen Selektionswert haben usw.

Selektionsfaktor und Verbreitungsgrenze des spezifischen Bestäubers

Besonders interessant und auch systematisch nicht unwichtig ist das Verhältnis des Selektionsfaktors zur Verbreitungsgrenze des spezifischen Bestäubers. Bekannt ist die Übereinstimmung der Arealgrenze der Gattung Aconitum mit jener von Bombus. Primär ist hier nicht die Arealgrenze von Aconitum, sondern die von Bombus. Der Selektionswert der eigenartigen Bestäubungseinrichtung von Aconitum ist im Verbreitungsgebiet von Bombus positiv; wo die Gattung Bombus verschwindet, wird er aber sofort negativ. Sehr bezeichnend ist in dieser Hinsicht auch das Zusammenfallen der meisten langröhrigen vogelblütigen Kakteenarten mit dem Gebiet der größten Artenzahl langschnäbliger Kolibris in den Kordilleren. Diese von Porsch[1] festgestellte Tatsache ist aber nur ein Spezialfall der „Verlängerung des Abstandes der Pollen-, bzw. Narbenzone von der Nektarzone", die er bei über 70 Gattungen von über 26 mono- und dicotylen Familien des andinen Gebietes nachwies, das fast alle Kolibriarten mit über 30 mm Schnabellänge (aus zirka 18 Gattungen) beheimatet. Außerhalb dieses Gebietes würde der Selektionswert dieser „Luxusschöpfungen" der tropischen Natur unbedingt negativ werden! Das gleiche gilt für das ebenfalls von Porsch[2] nachgewiesene Zusammentreffen der stark gekrümmten Blütenröhre hawaiischer

[1] Porsch, Die Bestäubungseinrichtungen der Loxanthocerei, „Cactaceae", Jahrb. d. Deutsch. Kakt.-Ges. 1937, und Porsch, O., Das Bestäubungsleben der Kakteenblüte, „Cactaceae", Jahrb. d. Deutsch. Kakt.-Ges. 1938 und 1939.

[2] Porsch, O., Kritische Quellenstudien über Blumenbesuch durch Vögel, V. Biologia Generalis VI, 1930.

Lobelien mit den krummschnäbligen Kleidervögeln dieses Gebietes. Umgekehrt konnte in der Umgebung tropisch-amerikanischer Städte die Beobachtung gemacht werden, daß mit der Flucht der Kolibrís aus der Stadtnähe auch die Zahl der Vogelblumen dort rapid abnimmt. Der Selektionswert, der ursprünglich positiv war, ist in diesem Falle also am gleichen Standort negativ geworden, lediglich infolge der Tatsache, daß der Kolibri die Nähe menschlicher Siedlungen meidet.

Verluste durch Selektion

Über den Umfang der durch Selektion hervorgerufenen Verluste macht man sich in der Regel ein durchaus falsches Bild und ist daher mitunter geneigt, sie bei weitem zu unterschätzen. Tatsächlich wirkt jedoch gerade der Verlust durch Selektion äußerst stark allelvermindernd und daher auswählend.

Dies erweist sich bereits bei Betrachtung eines ständigen Standortes einer Art ohne Änderung der ökologischen Faktoren. Besonders geeignet hiefür sind Arten mit geringer Ausbreitungsfähigkeit der Samen. Bei mehrjähriger Beobachtung läßt sich feststellen, daß die Individuenzahl auf der Flächeneinheit sich nicht wesentlich ändert. Da jedoch jedes blühfähige Individuum jährlich eine mehr oder weniger große Zahl von Samen erzeugt, müßte sich die Individuenzahl jährlich vervielfältigen, um so mehr, wenn auch vegetative Vermehrung dazukommen sollte. Zweifellos fällt ein großer Teil der Verluste nicht auf Konto der Selektion, sondern ist auf Samenverlust durch Tierfraß oder ist darauf zurückzuführen, daß ein großer Teil der Samen nicht auf geeignetes Substrat gelangt und daher überhaupt nicht auskeimen kann. Dennoch ist leicht zu ersehen, daß nur ein Prozentsatz von Jungpflanzen zur vollen Entwicklung gelangt, der dem Verlust erwachsener Individuen etwa gleich ist. Es ist leicht zu ersehen, daß gerade diese Verluste in besonderem Maße auf Konkurrenzselektion zurückzuführen sind.

Selektion und Invasionsgebiete

Ganz anders ist das Bild bei Besiedlung neuer Gebiete, also in Invasionsgebieten. Vom Allelverlust in den Randgebieten der Mannigfaltigkeitszentren soll dabei hier ganz abgesehen werden.

Im Zuge der Samenverbreitung gelangen Samen auf sehr verschieden geartete Standorte, also in ökologisch verschiedene Verhältnisse. Vorausgesetzt nun, daß eine Ausweitung des Areals überhaupt möglich ist, d. h. daß das Areal nicht schon alle Räume umfaßt, in denen die Art existenzfähig ist, erfolgt dadurch geradezu eine Aussiebung der Allele, indem ein und dasselbe Allel auf einem Standort positiven, auf einem anderen negativen Selektionswert besitzen kann. Die ursprüngliche Population wird sich also in den Invasionsgebieten in verschiedene Linien mit verschiedenen ökologischen Ansprüchen zersplittern, und zwar, wie erwähnt, nicht nur auf Grund der Wrightschen Formel, sondern auch weitergehend durch Selektionswirkung. Um das Mannigfaltigkeitszentrum werden sich isolierte und vor allem allelarme Kleinpopulationen mit bestimmten ökologischen Ansprüchen gruppieren.

Klimarückschläge

Kompliziert wird dieser Vorgang weiter durch Rückschläge der Invasion. Während in klimatisch günstigen Perioden ein allgemeiner Vorstoß vom Mannigfaltigkeitszentrum erfolgt und weitere Gebiete besiedelt werden können, wird ein Klimarückschlag einen Großteil dieser Arealerweiterung wieder vernichten. Was zurückbleibt sind einesteils Standorte auf Klimainseln und anderseits solche Linien, deren Selektionswert trotz der Klimaverschlechterung noch positiv geblieben ist. Dadurch werden aus Formenschwärmen einzelne Formen ausgelesen und die Zahl der Zwischenglieder weitgehend vermindert; d. h. der Formenschwarm zerfällt in schärfer differenzierte Formen. Bei neuer Klimaverbesserung werden neue Formen nachgeschoben, d. h. neue Allele in den Invasionsraum gebracht. Dieser Vorgang kann sich nun mehrmals wiederholen, wobei es zur Vermischung der früher und der später zugewanderten Formen kommen kann. Dadurch können neue Allelkombinationen zustande kommen, die den Selektionswert sehr wesentlich zu beeinflussen vermögen. Besonders dann, wenn diese Invasionsgebiete untereinander und mit dem Mannigfaltigkeitszentrum die Verbindung schließlich verlieren oder wenn sie verschiedenen Biotopen angehören, wird das Ergebnis einer Reihe voneinander mehr oder weniger nahestehenden „insularen" Arten sein.

Veränderung des Selektionswertes am gleichen Standort

Wie bereits das oben ausgeführte Beispiel des Verschwindens der Vogelblumen aus der Umgebung menschlicher Großsiedlungen zeigt, kann selbst an ein und demselben Standort der Selektionswert sich ändern. Dies gilt ganz besonders für den Fall einer Änderung der ökologischen Verhältnisse, sei es durch Naturereignisse oder durch Menschenhand (Kahlschlag, Be- und Entwässerung usw.).

Fragaria vesca gibt hier ein hübsches Beispiel. Infolge der großen Anpassungsfähigkeit kommt sie im Waldesschatten wie in offener Insolation, auf trockenen wie auf feuchten Standorten vor. Ihr Entwicklungsoptimum scheint aber auf sonnig-feuchten Standorten zu liegen. Im tiefen Waldesschatten ist sie eben noch lebensfähig und tritt daher zerstreut, aber verbreitet auf. Nach Kahlschlag steigt ihr Selektionswert stark an, während jener der typischen Waldesschattenpflanzen unter das Minimum sinkt, diese daher verschwinden. So erklärt sich das plötzliche Massenauftreten von Fragaria vesca auf Holzschlägen, das, wenn ein neuer, die Austrocknung verhindernder Unterwuchs sich entwickelt, rasch das Optimum erreicht um dann nach Anwachsen der Gehölze wieder abzusinken.

Ähnlich liegen die Verhältnisse in jeder Vergesellschaftung und eigentlich ist in dieser Hinsicht nur das Klimax stabil, worin ja das Wesen des Klimax liegt.

Auswirkungen von Änderungen des Temperaturfaktors

Besonders zu betrachten ist jedoch die Einwirkung von Änderungen des Temperaturfaktors. Während nämlich Änderungen der anderen ökologischen Faktoren nur den Standort an sich betreffen, hat der Temperaturfaktor weiter ausgreifende Wirkung, da er sich auf große Räume auswirkt.

Ein Absinken der Temperatur wird nicht nur den Bereich des Optimum betreffen, sondern ebenso den des Maximum und den des Minimum. Die Folge davon ist, daß im Minimumbereich der Selektionswert unter die Existenzfähigkeit sinkt, die dort noch lebensfähig gewesenen Linien der Population also vernichtet werden, während die Linien des Maximumbereiches eine weitere Ausbreitungsmöglichkeit finden, da in diesem Bereiche die Temperaturen nun unter das Maximum, also gegen das Optimum hin verschoben wurden und bisher über dem Maximum liegende, d. h. zu heiße Gebiete in den neuen Maximumbereich einbezogen wurden. Anderseits hat aber nun im bisherigen Optimumbereich der Selektionskoeffizient nun nicht mehr den höchsten Wert, da infolge der Temperaturerniedrigung dieser Temperaturbereich weiter nach Süden, bzw. in tiefere Lagen verschoben wurde. Mit anderen Worten, das Optimum und mit ihm auch das Minimum und das Maximum haben eine Verlagerung erfahren, daher wird das ganze Areal ebenfalls verlagert, die Art kommt ins „Wandern". Dabei können auf Klimainseln einzelne widerstandsfähigere Kleinpopulationen zurückbleiben, die sich nun disjunkt vom Hauptareal ablösen und Reliktstandorte bilden. Stellt sich der Wanderung aber ein Hindernis entgegen, dann kann es zur Auslöschung der ganzen Art kommen. Ähnliches gilt aber auch für ganze Gattungen. So kommt z. B. die Artenverteilung der Gattung Lilium zustande, die, ursprünglich circumpolar, heute weit überwiegend auf jene Gebiete verteilt ist, die eine „Wanderung" in der Eiszeit offen ließen.

Ganz analog verläuft dieser Vorgang bei Steigen der Temperaturen, wobei ebenfalls Reliktstandorte bestehen bleiben können, wie z. B. Lilium neilgherense.

Diese Vorgänge haben daher außerordentliche arealgeographische Bedeutung und, da diese Verlagerungen anscheinend auch auf die Mutationsquote einen fördernden Einfluß haben, sind sie besonders für die Artsystematik von Wichtigkeit.

4. Die verschiedene Breite des Selektionswertes

Wirkung eines engen Selektionskoeffizienten

Nun ist der Selektionswert aber nicht nur eine relative Größe, er hat auch eine sehr verschiedene Breite. D. h. er kann sehr eng sein, so daß bereits geringste Änderungen der Außenbedingungen ihn verändern, oder er kann auch sehr weit sein, so daß selbst sehr weitgehende Änderungen der Außenfaktoren ihn kaum beeinflussen. Im ersteren Falle haben wir entweder Formen vor uns, die auf ganz bestimmte Standorte angewiesen sind, außerhalb deren sie überhaupt nicht existenzfähig sind (z. B. Galmeiveilchen, Serpentinflora) oder überhaupt Endemismen, wie z. B. die Primula commutata, deren Standort eng begrenzt ist, ohne als Reliktstandort bezeichnet werden zu können. Damit soll keineswegs behauptet werden, daß Endemismen immer einen engen Selektionswert besitzen müssen. Sehr häufig, ja vielleicht in den meisten Fällen, sind endemische Formen als Relikte aus Wanderungen zu betrachten (Doronicum cataractarum, Leontopodium alpinum und andere mehr), die, auf Klimainseln zurückgeblieben, keine Ausbreitungsmöglichkeit mehr hatten, wie z. B. die Inselendemismen. Oder diese Standorte sind überhaupt im Verschwinden begriffene Reststandorte, wie Backeberg dies z. B. für Browningia candelaris vermutet, von der nach seinen Angaben junge Exemplare nicht gefunden werden.

Wirkung eines weiten Selektionskoeffizienten, Kosmopoliten

Große Weite des Selektionskoeffizienten hingegen erlaubt der betreffenden Art Besiedlung sehr verschiedenartige Standorte, ja selbst das Eindringen in sehr verschiedene Klimabereiche. Extreme Weite führt zu Kosmopoliten. Diese zeichnen sich durch große „Anpassungsfähigkeit" aus, d. h. die Weite des Selektionswertes erlaubt es ihnen, sich überall einzufügen.

Enge und Weite des Selektionswertes sind nun wieder Faktoren des Genoms. Gewisse Allele bedingen starre, „zuständliche" Erscheinungsformen, andere hingegen erlauben das Erscheinungsbild weitestgehend zu verändern. Die Erscheinungen der „Phänokopien" gehören hieher. D. h. ein Allel ermöglicht eine so weitgehende (echte) Anpassung an gegebene Außenbedingungen, daß extreme Auswirkungen das Erscheinungsbild eines spezialisierten (enger begrenzten) Allels hervorrufen. Ein Beispiel dieser Art bilden die Cactaceengattungen Austrocylindropuntia und Tephrocactus. Beide haben Arten mit am natürlichen Standort kurzgliedrigen bis fast kugelförmigen Sproßgliedern. Während diese Sproßform aber bei Tephrocactus absolut konstant ist und auch bei Lichtarmut sich nicht ändert, werden die Glieder von Austrocylindropuntia in Kultur langgestreckt zylindrisch. Die kurzgliedrigen Arten dieser Gattung sind also Phänokopien, die von Tephrocactus erbbedingt.

Die Weite des Selektionsfaktors kann auch durch Außenbedingungen beeinflußt werden. Bekannt ist z. B. die Auswirkung der Ca—K—Korrelation; Ca-Überschuß fördert xeromorphe, K-Überschuß mesomorphe Ausbildung des Habitus. Das heißt aber, jene Arten, bei denen diese Reaktion eintritt, können bei Ca-Überschuß trockene Standorte besiedeln, die sie bei K-Überschuß nicht bewohnen könnten, und umgekehrt. Ebenso bewirkt Borsäuregehalt des Bodens eine geringere Trockenempfindlichkeit, jedoch ohne den Habitus zu verändern.

Habituelle Variabilität von Kosmopoliten als Folge eines weiten Selektionskoeffizienten

Daher werden auch Kosmopoliten im Habitus stark variieren. Selbst wenn man annehmen dürfte, daß sie an allen Standorten die gleiche genetische Konstitution hätten, die ihnen erlaubt, sich verschiedenen Außenbedingungen anzupassen, würde eben diese „Anpassung" das Erscheinungsbild nach den Außenbedingungen umprägen. Tatsächlich handelt es sich ja aber stets auch hier um eine Art-Population und die verschiedenen Standorte werden auch von verschiedenen Linien dieser Population mit entsprechend verschiedenen Allelen besiedelt. Wesentlich ist nur, daß diese verschiedenen Allele sich so wenig im Habitus auswirken, daß alle als Glieder einer Art erkannt bzw. angesprochen werden können, oder, besser ausgedrückt, daß man vom

Erscheinungsbild aus nicht berechtigt ist, eine Trennung in verschiedene Arten durchzuführen. Doch müssen wir immerhin auch für diese Allele eine große Weite des Selektionswertes annehmen, da nur sie eine so weite Ausbreitung ermöglicht.

Die Folgerungen aus diesen Erkenntnissen ist, daß wir bei kosmopolitischen Arten (aber auch Gattungen) eine ziemlich weite Variationsbreite erwarten müssen, es aber keinen Sinn hat, Arten aufzustellen, wenn uns laufende Übergänge den Zusammenhang erkennen lassen. Anderseits werden Endemiten gewöhnlich wenig variieren und daher stärkere Abweichungen genaue Untersuchungen erforderlich machen.

Konkurrenzselektion und Vermehrungskraft

Es ist klar, daß bei geringer Vermehrungskraft, also geringer Samenzahl, die Auswirkungen der Selektion größer sein müssen, als bei großer Vermehrungskraft. Insbesondere wird die Konkurrenzselektion einen relativ größeren Allelverlust verursachen, der bei geringer Vermehrungskraft auch schon ohne die Einwirkung der Selektion bedeutend ist. Bei großer Samenzahl wird auch jedes Allel einer Population in größerer Anzahl vorhanden sein und so die Wahrscheinlichkeit, sich im Kampf um den Raum durchzusetzen steigen. Wir können daher bei Arten mit großer Samenzahl auch mit einer größeren Variabilität rechnen, als bei geringer Samenanzahl, abgesehen davon, daß eben auch die Individuenanzahl — also die Größe der Population — durch große Vermehrungskraft erhöht wird.

Samenvermehrung, vegetative Vermehrung und Mannigfaltigkeit

Dies ist jedoch nicht unbedingt der Fall. Die große Samenanzahl der Orchideen z. B. kann nicht mit der anderer Pflanzen verglichen werden. Da der Orchideensamen zur Keimung auf die Anwesenheit des Mycorrhizapilzes angewiesen ist, ist die Wahrscheinlichkeit, daß ein Samen in ein geeignetes Keimbett gelangt, so gering, daß eine ungeheure Zahl von Samen zugrunde geht. Dazu hat Burgeff festgestellt, daß bei den europäischen Erdorchideen in den Samen noch Hemmungsstoffe enthalten sind, die bei der Aufzucht erst ausgelaugt werden müssen. Auch dieser Umstand ruft einen starken Samenverlust hervor, der nicht auf Selektion zurückzuführen ist. Dasselbe gilt für Parasiten, die ebenfalls nur durch eine sehr große Samenanzahl vermehrungsfähig sind, da zur Keimung die Anwesenheit von geeigneten Wirtspflanzen erforderlich ist. Bei großer Vermehrungskraft durch Samen haben also alle Allele eine größere Wahrscheinlichkeit sich zu erhalten. Die Artpopulation wird sich daher durch große Mannigfaltigkeit auszeichnen. Im Gegensatz hiezu steht die starke vegetative Vermehrung. Die Individuenzahl wird durch starke vegetative Vermehrung vielleicht gegenüber der starken Samenvermehrung noch überwiegen, nicht aber die Mannigfaltigkeit. Denn hier erfolgt die Vermehrung aus einer relativ kleinen Zahl bereits durch Allelschwund und Selektion ausgesiebter Individuen, deren vegetativen Nachkommen mit der Stammpflanze genetisch identisch sind.

Wir können also zusammenfassen: *Starke Samenvermehrung wird also große Mannigfaltigkeit auch bei geringer Individuenzahl, starke vegetative Vermehrung große Individuenzahl bei nur geringer Mannigfaltigkeit verursachen.*

Vegetative Vermehrung und Konkurrenzselektion

Anderseits bietet gerade die vegetative Vermehrung eine besonders große Wahrscheinlichkeit im Kampf um den Raum aber auch in der Konkurrenz um die Fortpflanzung zu bestehen. Sie besitzt also gegenüber rein generativ vermehrten Arten einen (relativ) hoch positiven Selektionswert.

Adamowic weist auf das Übergewicht von Iris germanica gegenüber anderen Pflanzen hin und belegt dies mit einem Bild vom mohammedanischen Friedhof in Skutari (Albanien), wo Iris germanica durch die kompakte Wurzelstockbildung einen geschlossenen Bestand gebildet hat und alle anderen Pflanzen verdrängte.

Bei starker vegetativer Vermehrung spielt natürlich ein ungünstiger Selektionswert der Blüte keine Rolle. Es kann also ein negativer Selektionskoeffizient durch sie einfach ausgeschaltet werden.

5. Die Tatsachen der Selektion in bezug auf die Systematik der höheren Kategorien

Diese, aus den Tatsachen der Selektion gewonnenen Erwägungen können nun insbesondere in der Systematik der Kategorien ober der Art keineswegs schematisch in Anwendung gebracht werden. Es wird aber stets notwendig sein, sich sie vor Augen zu halten und bei der Abwägung der Bedeutung festgestellter Gegebenheiten immer in Betracht zu ziehen.

Insbesondere werden die Tatsachen der Selektion zu beachten sein:

1. Bei der Arealbetrachtung,
2. bei der Behandlung der Zwischenformen,
3. bei der Behandlung des Artbegriffes und
4. beim Übergang von Gattung zu Gattung, insbesondere bei Disjunktion der Areale und der Merkmalsprogressionen.

Wenn diese Punkte auch im methodischen Teil ausgeführt werden sollen, mögen doch schon an dieser Stelle einige Hinweise vorausgeschickt werden.

Ausgangspunkt und Zerfall von „Formenschwärmen“

Bei der Arealbetrachtung wird es z. B. darauf ankommen, Ausgangspunkt und Zerfall der Formenschwärme herauszuarbeiten. Dabei wird die Ausweitung des Areals vom Mannigfaltigkeitszentrum in dem Sinne zu beachten sein, inwieweit insulare Arten (aber auch Gattungen) Ergebnis von Invasionswellen oder Relikte sein können. Mögliche Verlagerung des Temperaturoptimum durch Klimaschwankungen soll dabei soweit als möglich in Betracht gezogen werden, d. h. es müssen geologisch-stratigraphische und paläoklimatische Erwägungen, soweit solche zur Verfügung stehen, in Betracht gezogen werden. Die Fruchtbarkeit dieses Verfahrens zeigt sich bei dem oben angeführten Beispiel des Lilium-Areales.

Artumgrenzung

Bei Behandlung der Zwischenformen und bei der Umgrenzung der Arten wird, neben den oben angeführten Arealbetrachtungen, auch die durch die Tatsachen der Selektion verschiedene Wertung der Variabilität bei großer bzw. geringer Vermehrungskraft durch Samen, bzw. starker vegetativer Vermehrung in Betracht zu ziehen sein und ebenso die stark selektionsmindernde Wirkung spontaner Autogamie. Auch eine allfällige ökologisch begründete Aufgliederung eines Formenschwarmes muß in Erwägung gezogen werden.

Ein Beispiel hiefür geben z. B. die Gattungen Galanthus und Leucoium. Galanthus hat sein Mannigfaltigkeitszentrum im ostmediterranen Raum, Leucoium im westmediterranen. Vergleichende Standortbetrachtung erweist nun, daß Arten des ostmediterranen Raumes trockene, solche des westmediterranen feuchte Standorte bevorzugen. Dies ist bei den mitteleuropäischen Formen Galanthus nivalis und Leucoium vernum und besonders ausgeprägt bei Leucoium aestivum unverkennbar.

Übergang in andere Klimazonen

Diese Erwägungen werden aber — mutatis mutandis — ebenso bei der Bearbeitung der Gattungszusammengehörigkeit bzw. bei deren Umgrenzung in Betracht zu ziehen sein, da auch die Gattungen ursprünglich aus Formenschwärmen hervorgegangen sind. Hier muß aber besonders beachtet werden, daß insbesondere der Übergang in eine andere Klimazone und schließlich Übergang über hohe Gebirge den Selektionswert einer Eigenschaft grundlegend verändern, insofern, als eine Eigenschaft mit positivem Selektionswert beim Übergang einen negativen erhalten und daher verschwinden kann, hingegen eine Mutante mit vor dem Übergang negativem Selektionswert durch den Übergang positiv werden und zur Entfaltung kommen kann.

Arealdisjunktionen und morphologische Disjunktionen

Daher wird dieser Übergang Disjunktionen der morphologischen Charaktere herbeiführen können, die nur durch Feststellung der Einheit des Typus überbrückt werden können. Dies um so mehr, als gerade in solchen Fällen auch klaffende Disjunktionen der Areale sehr häufig vorkommen können.

Fünftes Kapitel

Variabilität

1. Der Variabilitätsbegriff

Falsche Verbindung des Variabilitätsbegriffes mit dem Artbegriff

Unter Variabilität wird in der Regel nur die Veränderlichkeit innerhalb jenes Formenkreises, den wir als „Art" zusammenfassen, verstanden. Durch diese Beschränkung wird jedoch in den Begriff der Variabilität und der Variationsbreite eine Begrenzung hineingebracht, die in der Natur nicht existiert und die daher irreal und meist unscharf ist. Denn der Artbegriff ist seinerseits eine Fiktion, die aus der Variationsbreite abgeleitet werden muß und nicht umgekehrt diese beschränken darf.

Erweiterter Begriff „Variabilität"

Es ist daher zweckmäßig, den Begriff der Variabilität viel weiter zu fassen und als Variabilität im weiteren Sinne jede Veränderlichkeit zu verstehen, die in einem morphologischen Typus begründet ist und manifest werden kann, oder, anders ausgedrückt, die gesamte Mannigfaltigkeit, die ein bestimmter Stammbaumast oder Zweig entwickelt.

„Mannigfaltigkeit", die Variabilität, bezogen auf höhere Kategorien

Bei Betrachtung höherer Kategorien — also größerer Stammbaumäste — pflegt man allerdings nicht den Ausdruck „Variabilität" anzuwenden, sondern spricht in der Regel von „Mannigfaltigkeit". Mannigfaltigkeit ist demnach die Variabilität im weiteren Sinne, bezogen auf eine höhere systematische Kategorie. Als Variabilität im engeren Sinne wollen wir hingegen die gesamte Veränderlichkeit jener letzten Auszweigungen eines Stammbaumes bezeichnen, die wir vom genetischen Standpunkt als „Artpopulation" im weitesten Sinne bezeichnen. Dabei darf niemals außer acht gelassen werden, daß zwischen „Mannigfaltigkeit" und „Variabilität im engeren Sinne" ein Wesensunterschied nicht besteht, sondern, daß lediglich der Begriff Mannigfaltigkeit einen größeren Formenreichtum (mehrere bis viele Artpopulationen) zusammenfaßt.

Umfang der Variationsbreite und der Faktor „Zeit"

Der Umfang der gesamten Variationsbreite eines in sich geschlossenen Formenkreises ist jedoch keine feststehende Gegebenheit, da durch Neumutationen ständig neue Formen entstehen, anderseits aber durch Selektion und Allelschwund ständig Formen verlorengehen. Es müßte also auch der Faktor „Zeit" mit in die Betrachtung einbezogen werden. Dies ist am besten bei gärtnerischen oder landwirtschaftlichen Züchtungen zu erkennen, wo durch Auslese und Ausmerze durch den Züchter ständig neue Genkombinationen durch Kreuzung zustande kommen und alte — dem Züchter minderwertig erscheinende — vernichtet werden.

Modell der Variationsbreite

Ausgehend von einer „Stammform" entstehen immer neue Stammbaumauszweigungen. Die ursprünglich nur auf die Variationsbreite der Stammform beschränkte Formenanzahl wird also eine ständige Erweiterung erfahren, so daß die Variationsbreite zu einem bestimmten Zeitpunkt ausgedrückt werden könnte als „Variationsbreite der Stammform + Variationsbreite der Folgeformen — die der ausgestorbenen Formen". Die ständige Neubildung von Formen führt zu einer ständigen Erweiterung der Variationsbreite. Modellmäßig könnten wir uns also die jeweilige Variationsbreite als einen Kegelschnitt vorstellen; die Spitze des Kegels liegt im Stammbaum an der „Stammform", d. h. an jenem Punkt, von dem die ersten Auszweigungen erfolgt sind. Für jeden Zeitpunkt ist ein bestimmter Kegelschnitt gegeben, d. h. der Faktor „Zeit“ tritt hier als Abstand des Kegelschnittes von der Spitze, also als „Höhe“ in bildliche Erscheinung. Bei mehr oder weniger gleichmäßig allseitiger Weiterentwicklung mehrerer Auszweigungen werden die der Stammform nahestehenden rezenten Formen mehr oder weniger in der Mitte des Kegelschnittes liegen, der Kegelschnitt also mehr oder weniger kreisförmig sein, die am weitesten abgeleiteten Formen würden dann am Modell peripher liegen. Häufiger wird aber der Fall mehr oder weniger gerichteter Progressionen vorliegen, wodurch ein schiefer Kegelschnitt zustande kommt, also eine Ellipse. In diesem Falle werden die der Stammform zunächst stehenden rezenten Formen nach einem der Brennpunkte der Ellipse liegen. Dieses Modell soll uns, wie gesagt, lediglich die Tatsache vor Augen führen, daß die Variationsbreite auch vom Faktor „Zeit“ abhängig ist.

Aber noch eine zweite Tatsache läßt sich an diesem Modell gut zeigen: Die Schnittpunkte der Stammbaumauszweigungen mit dem Kegelschnitt erscheinen nämlich selbst nicht als Punkte, sondern als Kreise oder „Höfe“, da auch die letzten Auszweigungen die „Reinen Linien“ oder „Biotypen“ einer mehr oder weniger weitgehenden Veränderlichkeit durch äußere Faktoren unterworfen sind. Dabei kommt es aber auch vor, daß diese Kreise einander berühren oder gar überschneiden, d. h. ähnliche oder selbst gleiche Formen aus verschiedenen Biotypen hervorgehen. (Man vergleiche nur die Samengröße einer Population!) Von Bedeutung wird diese letztere Tatsache allerdings weniger bei Betrachtung höherer Kategorien, also der „Mannigfaltigkeit“. Um so bedeutender aber, wenn wir die letzten Stammbaumauszweigungen, die „Art-Populationen“ untersuchen, also bei Betrachtung der Variabilität im engeren Sinne.

Mutative und adaptive Variabilität

Da zeigt es sich sofort, daß wir zwei wesensverschiedene Arten von Variabilität unterscheiden müssen:

a) Variationen, die durch Genverschiedenheit bedingt sind (Mutative Variabilität), d. h. Stammbaumverzweigungen und

b) Variationen, die durch Umweltfaktoren verursacht sind (Adaptive Variabilität).

Die adaptiven Variationen sind jedoch ihrerseits bis zu einem gewissen Grade ebenfalls erbbedingt, indem die Variationsbreite durch die genetisch festgelegte Anpassungsfähigkeit beschränkt ist.

Kritik der Ausdrücke „varietas“ und „modificatio“

Für nicht vererbbare Variationen ist in der Phytographie der Ausdruck „Modifikation“ gebräuchlich. Dieser Begriff steht der früher allgemein gebräuchlichen „Varietät“ gegenüber, mit welchem Ausdruck lediglich vererbbare Formen bezeichnet werden *sollen*. Denoch ist es aus mehreren Gründen wenigstens für die theoretischen Erwägungen wichtig, einen schärfer präzisierten Ausdruck, eben den der „mutativen Variabilität“ zu prägen. Denn, so wie einst die „Varietas“, so ist heute die „Modificatio“ fast niemals experimentell begründet und daher fragwürdig. Bereits die Tatsache der Existenz von Phänokopien, also von nicht vererbbaren Charakteren eines Biotypus, die den vererbten eines anderen Biotypus gleichen, macht es unmöglich, eine Modifikation von einer „Varietas" sicher zu unterscheiden. Somit kann man von den weitaus meisten Modifikationen der phytographischen Literatur heute nicht sagen, ob oder daß sie adaptiv sind, so wie man von den meisten „Varietas" der Literatur nicht sagen kann, ob oder daß sie wirklich erbfest sind. Damit aber verliert der Begriff „Modifikation" und ebenso der der „Varietas" jede genetische Bedeutung und muß in der genetischen Arbeit durch einen anderen ersetzt werden.

Beide Begriffe mögen in der Phytographie — einstweilen — in provisorischer Verwendung bleiben, doch wohl nur in dem Sinne, daß *vermutlich* erbfeste Abarten einer „Leitart" als „Varietas", *vermutlich* adaptive als „Modificatio" bezeichnet werden.

Wie aus den vorstehenden Ausführungen hervorgeht, resultiert also die Variationsbreite eines Formenschwarmes aus zwei grundsätzlich verschiedenen Faktoren.

a) Aus der „genotypischen Variationsbreite", d. h. dem Umfang der von einer Stammform ausgehenden Genänderungen (Umfang einer Population) und

b) der „biotypischen Variationsbreite", d. h. der meist adaptiven Veränderlichkeit bei einheitlichem Genom, also in einer „Reinen Linie" (Biotypus").

Es ist dabei bezeichnend, daß bei dieser Umschreibung der Variationsbreite der Begriff der „Art" überhaupt nicht mehr in Erscheinung tritt, sondern nur jener des „Biotypus". Denn bei der genotypischen Variationsbreite ist grundsätzlich kein Unterschied zwischen der Mannigfaltigkeit von Gattung zu Gattung innerhalb der Familie oder von Art zu Art innerhalb der Gattung oder von Biotypus zu Biotypus innerhalb der Species zu machen. Die genotypische Variationsbreite der Familie, Gattung oder Art ist nur dadurch begrifflich verschieden, als größere oder kleinere bis letzte Auszweigungen des Stammbaumes in Betracht gezogen werden. Diese Eliminierung des Artbegriffes hat den großen Vorteil, daß man an die Behandlung der Variationsbreite, d. h. an die Variationsstatistik unvoreingenommener herantreten kann, als es der Fall wäre, wenn eine doch subjektive Gruppenbildung vorweggenommen wurde. Denn der Artbegriff ist auf keinen Fall das Primäre, wenn wir auch heute mit den gegebenen „Arten" der Phytographie arbeiten müssen — sondern er ist eine aus der Variationsstatistik subjektiv gewonnene Begrenzung.

2. Die genotypische und biotypische Variationsbreite innerhalb der Artpopulation

Nach der Eliminierung der adaptiven Variabilität läßt sich jene Variabilität, die systematisch allein von Bedeutung ist, präziser fassen. Es handelt sich also, wie oben angeführt, um Mutationen und um Bastardierung der entstandenen Mutanten, durch die eine genotypisch begründete Vielfalt der Formen entsteht, auch wenn als Ausgangspunkt eine reine Linie (Biotypus) genommen wurde. In dieser Klärung wird nun der Begriff der „Variationen", der bei Darwin noch etwas verschwommen ist, klar gefaßt und kann die Wirkung der Selektion als artbildender Faktor erst richtig eingeschätzt werden, wie weiter unten noch eingehend ausgeführt werden soll.

„Ökologische Variabilität", ökologische Rassen

Zunächst müssen wir, wie besonders Lundegårdh betont, beachten, daß es nicht nur eine morphologische Variabilität gibt, d. h. eine bereits am Habitus ersichtliche, sondern auch eine „ökologische", d. h. daß durch Mutationen und durch Bastardierung eine Vielfalt von habituell oft identischen Formen entsteht, die in ihren ökologischen Funktionen starke Verschiedenheiten aufweisen und daher verschiedene Ansprüche an die Umwelt stellen, bzw. auf gegebene Umweltfaktoren verschieden reagieren. Die Untersuchungen von Lundegårdh und seiner Schule haben die große Bedeutung solcher „ökologischer Merkmale", wie z. B. spezifische Assimilationsintensität, Verlauf der Assimilationskurve, Atmungsintensität, osmotischer Druck des Zellsaftes, Welkungsresistenz usw., klar hervortreten lassen. Im *Optimumbereich* (nicht im allgemeinen Optimumbereich, der infolge starker Konkurrenz der Arten besondere Auslesebedingungen mit sich bringt — Konkurrenzselektion! — sondern in dem für mehrere Biotypen einer Species optimalen Bereich) wurden diese ökologischen Varianten nebeneinander bestehen können. Sobald aber ein ökologischer Faktor in den *Minimumbereich* oder (als Hemmungsfaktor) *Maximumbereich* tritt, wird er aus einer solchen Population gewisse Biotypen ausscheiden.

Diese „Ökologischen Rassen" *können* nun auch habituelle Merkmale aufweisen, durch die sie auch phytographisch erfaßt werden können, bzw., die ihr Erkennen erleichtern; doch muß dies durchaus nicht der Fall sein. Daher sind auch die fest unterschiedenen „Mikrospezies" noch immer heterogen zusammengesetzte Populationen. Damit ist aber ihre Bedeutung nicht nur für die Systematik, sondern auch für die Ökologie, für die sie noch immer eine zu grobe Einteilung sind, sehr in Frage gestellt.

Ein Beispiel mag dies erläutern: Von Iris Korolkowii stellte Simonet diploide und polyploide Rassen fest; obwohl habituell kaum unterscheidbar, werden die polyploiden Rassen, wie oben angeführt, zur Bildung fertiler und reinerbiger Artbastarde geeignet sein, die diploiden jedoch nicht.

Diese ökologische Variabilität kann sich auch in einer verschiedenen biotypischen Variationsbreite äußern, wodurch nun wieder morphologische Verschiedenheiten auftreten können, die eine mutative Variation vortäuschen (Phänokopien).

Auch hiefür sei ein äußerst instruktives Beispiel angeführt:

Pearsell und Hanby[1] konnten experimentell feststellen, daß die Blattform von Potamogeton perfoliatum abhängig ist vom Ca- bzw. K-Gehalt des Standortwassers. Sie konnten im Experiment die breite Blattform durch Ca-Überschuß, die schmale durch K-Überschuß künstlich hervorrufen. Fr. Weber[2] nahm

[1] Pearsell, W. H. and Hanby A. M., The variation in leaf-form in Potamogeton perfoliatum. New Phytologist 24 (1925).

[2] Weber Fr., Physiologische Ungleichheit bei morphologischer Gleichheit. Österr. Bot. Zeitschr. LXXIV (1925), S. 258.

Ähnliches für die Verschiedenheit von Helodea canadensis in den Standorten der Umgebung von Graz an. Gerade die Ca-K-Relation hat aber auch bei Landpflanzen sehr wesentliche gestaltliche Variabilität hervorgerufen, indem Ca-Überschuß „xeromorphe Anpassungen", K-Überschuß mesomorphe vortäuscht, so daß diese Begriffe heute nicht mehr als zu Recht bestehend angesprochen werden dürfen.

Daß eine solche adaptive Variabilität eine mutative selbst bei höheren Kategorien vortäuschen kann, beweisen, wie schon früher erwähnt, nach Backeberg besonders die Opunitiodeen-Gattungen Cylindropuntia, Austrocylindropuntia und Tephrocactus. Sowohl gewisse Arten von Austrocylindropuntia und Cylindropuntia als von Tephrocactus haben am natürlichen, prallsonnigen Standort mehr oder weniger kugelförmige Sproßglieder. Während nun aber die Cylindropuntien in Kultur infolge zu geringer Lichtintensität zylindrische Sproßglieder entwickeln, behalten diese bei Tephrocactus unter den gleichen Kulturbedingungen mehr oder weniger ihre standörtliche Gestalt. Bei den Cylindropuntien handelt es sich bei der Kurzgliedrigkeit also um ein Extrem der biotypischen Variationsbreite, bei Tephrocactus um ein genotypisch festgelegtes Merkmal.

Variationsbreite und das „ökologische Relativitätsgesetz"

Während nun, wie oben gezeigt wurde, gewisse Biotypen eine außerordentlich große Plastizität aufweisen, ist diese biotypische Variationsbreite bei anderen relativ gering. Besonders in diesen Fällen wird das *ökologische Relativitätsgesetz* sehr stark zur Wirkung kommen. Nach diesem Gesetz ist die relative Wirkung eines ökologischen Faktors im Minimumgebiet am größten und nimmt gegen das Optimumgebiet ständig ab. Maßgeblich ist in der Regel ein Faktor im Minimumgebiet oder im schädlichen Überfluß. Wo der Faktor das Optimum überschreitet und zur Hemmung wird, liegt die obere Verbreitungsgrenze, schärfere Ausbreitungsgrenzen treten aber auch an den Stellen auf, wo der Faktor im Minimum wirkt. Daher wird eine Pflanze (ein „Biotypus") um so empfindlicher gegen die Veränderungen der Umwelt (Klima und Bodenverhältnisse), je mehr sie sich den extremen Grenzen ihres Verbreitungsbezirkes nähert. Wenn nun verschiedene Biotypen verschiedene adaptive Anpassungsfähigkeit zeigen, so werden im Optimumgebiet der Gesamtart oder einer Population kleineren Umfanges mehrere oder viele dieser Biotypen nebeneinander existenzfähig und einander ähnlich sein. Die Population wird eine große Mannigfaltigkeit zeigen, dagegen wird in den Randgebieten des Areals, wo also ein oder selbst mehrere Faktoren gegen das Minimum fortschreiten, eine schärfere Auslese zur Disjunktion führen, indem jeweils nur jene Biotypen — vielleicht bis zur Reinerbigkeit (Homocygotie) — erhalten bleiben, die die gegebenen Umweltfaktoren ertragen. Inwieweit hiebei noch der Allelschwund in Randgebieten mitwirkt, ist heute noch völlig ungeklärt.

Jedenfalls zeigt sich, daß diese ökologischen Tatsachen gut mit den bei der Besprechung der Mannigfaltigkeitszentren erörterten Befunden im Einklang stehen, wenn wir die an sich berechtigte Annahme treffen, daß die ökologischen Varietäten oft auch morphologische Unterschiede aufweisen. Wir werden dann im Optimumgebiet eine vielfältigere Population zu erwarten haben, während in jenen Räumen, in denen der eine oder andere Faktor ins Minimum rückt, verarmte Populationen, ja vielleicht sogar homocygotische Biotypen vorfinden, deren Variabilität nur mehr adaptiver

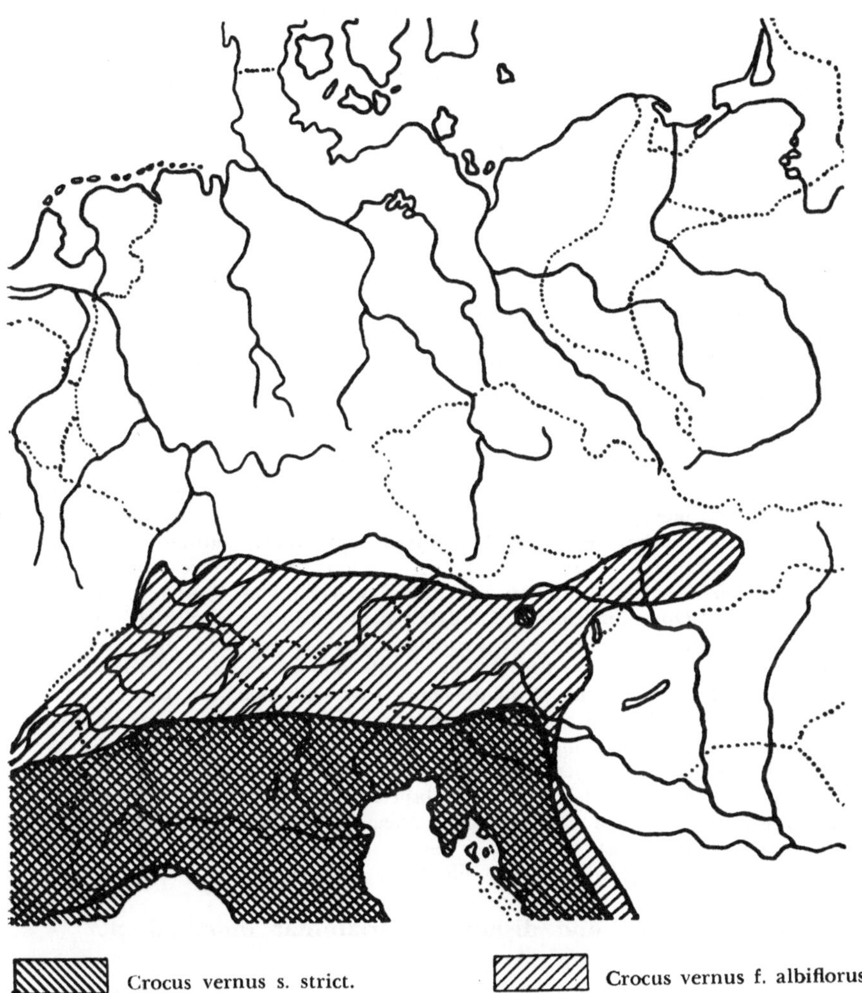

Karte 2. Vergleich der Areale von Crocus vernus f. neapolitanus (= Crocus vernus s. strict.) und Crocus vernus f. albiflorus in Mitteleuropa. Das „Albiflorus-Areal" überragt besonders die Nordgrenze des „Neapolitanus-Areales" als typische Randzone der Gesamtpopulation. Nur an der Riviera kommt die „Albiflorus-Form" nicht vor (?)
(Nach Literatur und berichtigt durch eigene Beobachtungen.)

Natur ist. Dabei ist es aber durchaus möglich, daß in die Minimumgebiete Klimainseln eingesprengt liegen, in denen sich wieder eine reichere Population entwickeln kann, besonders dann, wenn wir nach Turessons[3] Untersuchungen an den Mikrospecies von Hieracium umbellatum annehmen, daß die ganze Population und nicht die stabilisierte Form wandert und an den verschiedenen Standorten durch Selektion eine Auslese der betreffenden Mikrospecies erfolgt. So wäre es also erklärbar, daß die im Optimum der Mannigfaltigkeitszentren vorhandenen mutativen Varianten wenigstens teilweise auch als Inklusen im Arealbereich der spezialisierten Randformen auftreten und umgekehrt.

Wenn auch meine diesbezüglichen Untersuchungen noch nicht abgeschlossen sind, so sprechen die Befunde von variationsstatistischen Untersuchungen an Crocus vernus Wulf. sens. lat. für diese Ansicht.

Das Lavanttal (bei Wolfsberg in Kärnten) gehört noch in das Areal von Crocus vernus s. str. Hier fand ich eine ungeheuer vielfältige Population vor, deren Formen in Färbung, Zeichnung, Größe und Narben-Antheren-Relation alle nur erdenklichen Kombinationen, und zwar gewöhnlich an ein und demselben Standort zeigten, einschließlich von Formen, die in ihren Merkmalen als typische Crocus „albiflorus" anzusprechen waren — die allerdings in der Vielfalt nur einen geringen Prozentsatz ausmachten. Im krassen Gegensatz hiezu stehen hingegen die obersteirischen Gebiete, die nur mehr von C. „albiflorus" bewohnt werden. Hier herrscht eine geradezu „langweilige" Uniformität der Individuen, deren Dimensionen kaum mehr um Millimeter schwanken, während Färbung und Zeichnung nur sehr wenige Variationen (z. B. bei Murau kaum fünf!) aufweist, die — und das ist das Auffallende — in jedem Gebiete andere sind! Bezogen auf die Artpopulation der Gesamtart müßten wir also das Areal von Crocus vernus sens. stricto als das Optimumgebiet (Mannigfaltigkeitszentrum) betrachten, in dem mehr oder weniger alle Biotypen existenzfähig sind, während das Areal des „Typischen C. albiflorus" — richtiger die Areale seiner mutativen Varianten die spezialisierten Randzonen im Minimumgebiet sind. Inklusen von Crocus vernus s. str. also der großblütigen „Optimumformen" sprechen nach obigem ebensowenig gegen diese Annahme wie die Existenz eines „Bastardes" der beiden Subspecies (C. Fritschii), der übrigens genetisch noch gar nicht untersucht ist. Auch ein Vergleich der Arealgrenzen der beiden „Subspecies" in Mitteleuropa scheint mir diese Ansicht vollinhaltlich zu bekräftigen, indem das kleinere Areal von C. vernus s. str. (= C. neapolitanus) von jenem des C. „albiflorus" ringsum fast in der gleichen Breite überragt wird. (Vergl. die Karte 2.)

3. Fluktuierende und disjunkte Variabilität innerhalb der Artpopulation

Die vorstehenden Betrachtungen lassen nun das Problem der fluktuierenden wie das der disjunkten Variabilität innerhalb einer Artpopulation in einem neuen Licht erscheinen, wobei jedoch hervorgehoben werden muß, daß hier noch fast alles an experimenteller Erforschung zu tun übrig ist. Fluktuierende Variabilität werden wir bei einer Artpopulation namentlich im Optimumgebiet (der Population) zu erwarten haben, wo zahlreiche Biotypen nebeneinander auftreten, so daß die biotypischen Variationsbreiten

[3] Turesson, G. in Hereditas 3, 1922, S. 211, uf. Fedde Repert. spec. nov. Beibl. 41, 1926, S. 15.

einander überschneiden und überdies durch Bastardierung ständig neue, oft intermediäre Biotypen entstehen. Dabei können sowohl wenige Biotypen mit großer Variationsbreite eine fluktuierende Variabilität hervorrufen als auch viele Biotypen mit geringer Variationsbreite einander überschneiden. In beiden Fällen wird das optische Bild dasselbe sein. Daher wird erst die Isolierung der reinen Linien Aufschluß über eine solche Population geben können. Es soll weiter unten auch noch der Fall erörtert werden, in dem die einzelnen Biotypen einen verschiedenen Vegetationsrhythmus aufweisen.

Ursachen von Disjunktionen in der Variabilität

Disjunktionen in der Variabilität hingegen können verschiedene Ursachen haben. Disjunktionen können zustande kommen:

1. in Minimumgebieten, und zwar

a) wenn die Zahl der Biotypen durch die erhöhte Wirksamkeit des ökologischen Minimumfaktors so weit vermindert wurde, daß die biotypischen Variationsbreiten einander nicht mehr überschneiden, und

b) wenn lokalklimatische Verschiedenheiten, denen verschiedene Biotypen eingepaßt sind, nebeneinander liegen. In einem solchen Falle kann es unter Umständen jedoch klimatische Übergangszonen geben, in denen die Biotypen beider Gebiete und auch genetische Zwischenformen existenzfähig sind, eventuell jedoch erst nach mehr oder weniger weitgehender adaptiver Anpassung. Auf diese Weise können in diesen Übergangszonen noch Übergangsformen hybrider Natur als auch solche nichthybrider Natur auftreten.

2. Wenn aus den Randgebieten eines Mannigfaltigkeitszentrums, die sich, wie oben ausgeführt, bereits durch Allelverarmung auszeichnen, neue Invasionsgebiete von bereits allelarmen Populationen oder selbst von reinen Linien gebildet werden. In diesem Falle werden zwischen den Invasionsgebieten und dem Mannigfaltigkeitzentrum wohl häufig Übergangsformen — also mehr oder weniger fluktuierende Variabilität auftreten, die nebeneinander liegenden Invasionsgebiete jedoch durch oft scharfe Disjunktionen geschieden sein.

Echter und Pseudovikarismus. Vierhappers Einteilung der Substitution

Namentlich die unter 1 b und 2 angeführten Fälle sind es, die die Erscheinung des Vikarismus und Pseudovikarismus bedingen.

Vierhapper[4] unterscheidet folgende Arten des echten Vikarismus:

1. Regionaler Vikarismus: Vertretung der Sippen in verschiedenen Gebieten, und zwar

a) in horizontalem Sinne und

b) in vertikalem Sinne.

2. Lokaler (standörtlicher) Vikarismus: Vertretung nächstverwandter Sippen unter verschiedenen Standortbedingungen (verschiedene Facies, Kalk-Urgestein, Serpentinflora, Salzflora, Sonnen- und Schattenform, Vikarismus verschiedener künstlicher Formationen).

3. Zeitlicher Vikarismus = Saisondimorphismus.

---

[4] Vierhapper, E., Über den echten und falschen Vikarismus, Österr. Bot. Zeitschr. LXVIII (1919), S. 1—22.

Für den echten Vikarismus stellt V i e r h a p p e r die Forderung auf, daß die Vikaristen „nächstverwandt", d. h. aus einer gemeinsamen Stammform entstanden sind, und zwar in dem betreffenden Gebiet oder der betreffenden Formation. Stammen die einander vertretenden Formen — bei an sich naher Verwandtschaft — von verschiedenen Stammformen oder ist mindestens die eine aus einem anderen Entstehungsgebiet eingewandert, so spricht Vierhapper dies als *Pseudovikarismus,* den letzteren als *Exclusion*[5] an.

V i e r h a p p e r gibt dazu folgende Übersicht:

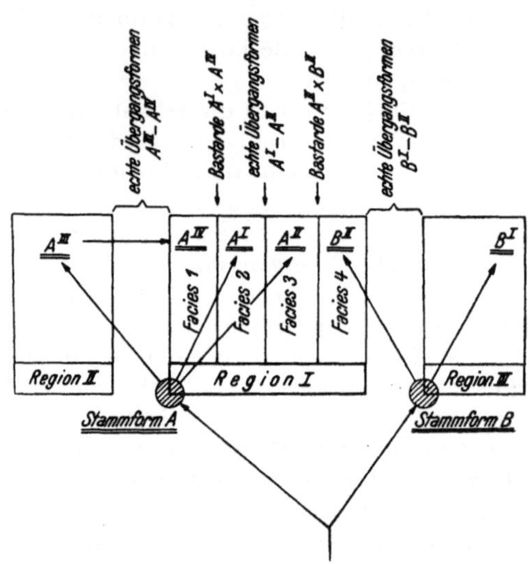

Schema 3. Schema der Substitutionen (Vikarismus).

Gegenseitiges Verhältnis der Formen:

A^{I} zu A^{II} echter Vikarismus
A^{IV} zu A^{I}, A^{II} Pseudovikarismus (Exclusion)
B^{II} zu A^{I}, A^{II} Pseudovikarismus
B^{II} zu A^{IV} Pseudovikarismus (Exclusion)

Vertretung wesensähnlicher Sippen in verschiedenen Gebieten oder Formationen schlechtweg . . . . *Substitution*

A. Die Sippen sind in den betreffenden Gebieten oder Formationen aus gemeinsamen Stammformen entstanden . . . . *Vikarismus*

B. Eine dieser beiden Voraussetzungen oder auch beide treffen nicht zu *Pseudovikarismus.*

Spezialfall von B.: Von den miteinander sehr nahe verwandten Sippen ist mindestens eine aus einem anderen Gebiete, wo sie entstanden ist, eingewandert . . . . *Exclusion*

In bezug auf die Variabilität interessieren uns zunächst nur die Erscheinungen der Substitution im Rahmen der Art (Gesamtart). Während

[5] Excludismus bei D i e l s, L., in S c h n e i d e r, Illustriertes Wörterbuch d. Botanik. 2. Aufl. 1917.

die Substitution höherer Kategorien meines Erachtens eine Erscheinung ist, die anders zu werten wäre. Um nun die Beziehungen der verschiedenen Erscheinungen der Substitution zum Variabilitätsproblem besser zu erkennen, möchte ich Vierhappers Übersicht über diese Terminologie im folgenden Schema darstellen (Schema 3):

Im Schema sind drei Regionen I, II und III angenommen, von denen sich die Region I in die vier Facies F 1, F 2, F 3 und F 4 gliedert. Die Stammform A und die Stammform B sind nahe verwandt, d. h. Auszweigungen desselben Abstammungsastes. Stammform A gliedert innerhalb der Region I zwei Sippen: A^{I} und A^{II} aus, von denen die eine die Facies F 2, die andere die Facies F 3 besiedelt haben. Überdies gliedert die Stammform A noch die Sippe A^{III} ab, die aber die Region II bewohnt. Abkömmlinge von A^{III} (A^{IV}) sind aber in die Region I eingewandert und besiedeln dort die Facies F 1. Auch die Stammform B hat zwei Sippen abgegliedert, die eine, B^{I} in die Region III, die andere, B^{II} innerhalb der Region I, wo sie die Facies F 4 bewohnt. Bei oberflächlicher Beobachtung scheinen nun A^{I}, A^{II}, A^{IV} und B^{II} Vikaristen zu sein. A^{I} und A^{II} sind tatsächlich nächst verwandt und im gleichen Gebiet entstanden, also echte Vikaristen. Auch A^{IV} scheint mit A^{I} und A^{II} zu vikarieren. Da sie jedoch aus der Region II stammt, handelt es sich um Pseudovikarismus, und zwar um eine Exclusion. B^{II} entstand ebenfalls in der Region I, ist aber ein Abkömmling einer anderen Stammform und daher zu A^{I} und A^{II} ebenfalls nicht im Verhältnis eines echten Vikaristen, also besteht zwischen A^{I} und B^{II} sowie A^{II} zu B^{II} Pseudovikarismus, zu A^{IV} das Verhältnis der Exclusion. Dasselbe wäre auch dann der Fall, wenn B^{II} sich in der Region III aus B^{I} entwickelt haben würde.

Dieses Schema zeigt nun sehr klar die Variabilitätsverhältnisse, die bei den verschiedenen Formen der Substitution zu erwarten sind.

Zwischen A^{I} und A^{II}, die in der gleichen Region und aus *einer* Stammform gegliedert wurden, können — Übergangsgebiete der Facies F 2 und F 3 vorausgesetzt — Zwischenformen erwartet werden. Von der extremen Ausbildung der Sippe A^{I} zur extremen Ausbildung der Sippe A^{II} wird in diesem Falle eine fluktuierende Variabilität bestehen, die Variationsbreite wird, unbeachtet des Umstandes, daß die Individuen der Facies F 2 die „reinen" A^{I}-Formen, die der Facies 3 „reine" A^{II}-Formen sind, vom Extrem A^{I} bis zum Extrem A^{II} reichen. Dasselbe gilt für das Verhältnis von A^{III} zu A^{IV}, wenn ein Übergangsraum von Region I und Region II, und für B^{I} und B^{II}, wenn ein Übergangsraum von Region I zu Region III besteht.

Dagegen ist A^{IV} auf dem Umwege über A^{III} entstanden und hat daher keinen direkten Zusammenhang mit A^{I}. Daher müßte die Variabilität zwischen A^{I} und A^{IV} diskontinuierlich sein.

Stoßen F 1 und F 2 mit einer Übergangszone aneinander, so daß sich also die A^{I}-Standorte mit den A^{IV}-Standorten berühren, so kann es in der Grenzzone wohl tatsächlich auch zu Zwischenformen kommen; diese sind dann aber nicht Überreste eines einstigen gemeinsamen Formenschwarmes, sondern durch nachträgliche Allelvermischung entstanden, vom genetischen Standpunkt also Bastarde, trotz der gemeinsamen Stammform. Ebendasselbe gilt, aber noch im erhöhten Maße, für das Verhältnis A^{I} zu B^{II}. Hier wird die Diskontinuität zweifellos stark ins Auge springen, da es sich ja um Abkömmlinge *zweier* Stammformen handelt. Da aber auch diese der gleichen Gesamtart angehören, also „nahe" verwandt sind, könnte es aber auch hier zu Bastardierung und daher zu Zwischenformen kommen, die aber schon auffälligeren Bastardcharakter zeigen werden.

Bedeutung der Variationsstatistik

Über die Auswertung dieser Erkenntnisse in der Phytographie und Systematik soll im Kapitel über das Artproblem eingehender gesprochen werden. Hier sei nur darauf hingewiesen, daß diese Erörterungen klar erkennen lassen, welche Bedeutung die Variationsstatistik im Zusammenhang mit der geographischen und ökologischen Untersuchung zukommen würde, wenn nämlich das vorliegende Material es erlaubt, d. h. die nötige Vollständigkeit aufweist, was leider meist nicht der Fall sein wird.

Saisondimorphismus

Eine von Vierhapper ebenfalls zum Vikarismus gezählte Erscheinung kam hier gar nicht in Betracht, es ist dies die zeitliche Vertretung, der „Saison-Dimorphismus". Meines Erachtens handelt es sich bei diesem um eine ganz andere Erscheinung, was ja schon zum Teil daraus hervorgeht, daß sie nicht „natürlich", sondern durch den kultivierenden Einfluß des Menschen hervorgerufen ist.

Vierhapper definiert den Saisondimorphismus als „zeitliche Vertretung zweier nächstverwandten, von einer gemeinsamen Grundform stammender Sippen in den vom Menschen abhängigen Formationen der Wiesen und Felder. Bei vollkommener Ausbildung dieser Erscheinung treten beide Formen in Wiesen, also in der gleichen Formation auf, so daß sie gar nicht örtlich, sondern nur zeitlich getrennt sind, indem die eine vor, die andere nach der Mahd fruchtet".

Wettstein[6], der diese Erscheinung entdeckte, erklärte bereits ihre Entstehung damit, daß durch die Mahd unter einer Reihe von — in biologischer wie in morphologischer Hinsicht geeigneten — Formen in indirekter Auslese die früh- und spätblühenden Formen ausgelesen werden, während jene mit mittlerer Anthese ausgetilgt werden. Diese letzteren können aber in von der Mahd unberührten Formationen erhalten bleiben, so daß dort eine in bezug auf die Blütezeit wie auch morphologisch mehr oder weniger in der Mitte stehende ungegliederte Form erhalten bleiben kann, die zu dem saisondimorphen Paar im Verhältnis des regionalen Vikarismus steht. Als „gemeinsame Grundform" nimmt Vierhapper jedoch nicht diese ungegliederte Form an, sondern meint, daß sie zumeist der Spätform näherkommen dürfte, nur selten wie bei Campanula glomerata und Centaurea jacea anscheinend der frühblühenden Form.

Saisondimorphismus im Rahmen der Variabilität

An dieser Stelle bleibt nun zu untersuchen, wie sich die Erscheinung des Saisondimorphismus in den Rahmen der Variabilität einfügt.

Zunächst muß die Tatsache festgehalten werden, daß es sich primär um eine Variabilität in rein biologischem Sinne, eben um die Eigenschaft früher, bzw. später Anthese handelt. Solche früh- und spätblühende Varianten kommen auch bei saisondimorph nichtgegliederten Artpopulationen

[6] Wettstein, R. v., Descendenztheoretische Untersuchungen I. Untersuchungen über den Saisondimorphismus im Pflanzenreich. Denkschr. d. Akad. d. Wiss. Wien. Math. Naturw. Klasse. LXX. 1908.

durchaus nicht selten vor. Bei Hohentauern (Bezirk Judenburg, Steiermark) 1200 m s. m. fand ich z. B. noch Mitte Oktober, also schon zur Zeit der ersten Schneefälle, eine Reihe blühender Pflanzen, und zwar zum Teil gerade solche, die sonst extrem früh blühen; um nur einige anzuführen: Caltha palustris, Achillea millefolium, Viola tricolor, Chrysanthemum leucanthemum, Trifolium pratense, Cirsium oleraceum, Campanula barbata, C. Scheuchzeri, C. patula und verschiedene andere. Bei Campanula patula handelte es sich gewöhnlich um nach der Mahd oder Beweidung zur Blüte gelangte Seitenzweige. Bei den anderen angeführten Arten um von der Wurzel auf neue Sprosse. Cirsium oleraceum blühte vielfach noch an alten, größtenteils abgeblühten Exemplaren, daneben aber auch solche, die erst am Anfange ihrer Anthese standen, also ausgesprochene Spätblüher. Morphologisch war in diesen Fällen ein Unterschied gegenüber den Formen der Hauptblütezeit nicht wahrnehmbar, höchstens, daß sie, wie bei Chrysanthemum leucanthemum weniger kräftig entwickelt waren. Es herrschte hier also eine rein biologische Variabilität vor. Bei den typischen Saisondimorphisten hingegen kommt *zusätzlich* noch eine morphologische Verschiedenheit hinzu, die sie auch habituell unterscheidbar macht, und zur eigenen Benennung, leider meist sogar mit Speziesnamen, Veranlassung gab. Die Frühblüher haben meist schwächere Verzweigung, längere Internodien und stumpfere Blätter. Die Spätblüher stärkere Verzweigung, kürzere Internodien und spitzere Blätter. Beachtet man, daß die Wiesen vor der Mahd und ebenso die von manchen Vikaristen bewohnten Felder (Odontites verna, Od. lanceolata) zu dieser Zeit einen Hochstand aufweisen, der auch anderen — nicht saisondimorph gegliederten Arten — (Campanula patula, Lychnis flos cuculi) gerade diese Wuchsform aufzwingt, da andere Formen erdrückt würden, daß aber nach der Mahd ein solcher Hochstand nicht mehr erreicht wird und daher unter dem Einfluß der stärkeren Insolation gerade die für Spätblüher angeführten Formen ökologisch möglich werden, so erhält die gestaltliche Verschiedenheit fast den Charakter adaptiver Merkmale; ja man wäre versucht, sie als Form der rein biotypischen Variationsbreite anzusehen.

Jedenfalls kann weder die Früh- noch die Spätform als eine „reine Linie" betrachtet werden. Daher muß die Entstehung der Saisondimorphisten heute so dargestellt werden, daß aus einer Population, die *unter anderen* auch besonders früh- und besonders spätblühende Biotypen enthielt, durch die Mahd eine künstliche Lücke gerissen wurde, so daß nur früh- und spätblühende Kleinpopulationen übrigblieben. Diese Lücke ist allerdings ziemlich breit, denn die frühen Formen müssen schon vor der Mahd auch gefruchtet haben, die späten aber noch so unentwickelt sein, daß sie durch den Schnitt nicht geschädigt werden. Es wird also tatsächlich eine klaffende Disjunktion in der Variationsbreite geschaffen, doch ist diese künstlich und darf daher nicht zu einer Arttrennung führen. Daher erscheint mir auch der Ausdruck „aus einer gemeinsamen Grundform stammend" als unrichtig und zu sehr lamarckistisch aufgefaßt. Denn zweifellos haben sich die Saisondimorphisten nicht zielstrebig aus einer Mittelform „herausentwickelt" (diese wäre ja bei der ersten Mahd zugrunde gegangen!), sondern sie waren als Extreme einer breiten Population schon früher vorhanden, die Mahd hat — wie schon Wettstein hervorhebt — wie Darwins Kampf ums Dasein, das Ungeeignete ausgetilt.

Wir müssen daher bei Beschreibung der Variationsbreite beide Saisondimorphisten gemeinsam erfassen und die genotypische Variation vom Extrem des Frühblühers bis zum Extrem des Spätblühers erfassen, wobei die „ungegliederte Mittelform", wo sie vorhanden ist, sich zwanglos einschließt, wo sie fehlt aber vielleicht bei umfangreicheren Kulturversuchen sich einschieben würde. Sonst müßte lediglich das Vorhandensein einer künstlichen Disjunktion unter Angabe ihres Umfanges vermerkt werden.

Scheinbare und echte Disjunktionen infolge ökologischer Faktoren

So wie beim Saisondimorphismus der Eingriff des Menschen aus der an und für sich gegebenen fluktuierenden Variationsbreite einer Artpopulation einen mehr oder weniger breiten Streifen immer wieder austilgt und dadurch eine unechte Disjunktion hervorruft, so können auch ökologische Faktoren aus einer gegebenen fluktuierenden Übergangsreihe immer wieder einzelne Biotypen unterdrücken, so daß die übrigbleibenden Formen scheinbar keinen Zusammenhang mehr zeigen und als mehr oder weniger „gute Arten" oder doch Subspezies bestehen bleiben. Nur der genetische Kulturversuch kann in diesen Fällen entscheiden, ob eine fluktuierende oder eine disjunkte Variabilität vorliegt. Baurs obenerwähnte Kulturversuche mit den spanischen Anthirrhinum-Species zeigen, daß in der Natur eine Disjunktion sehr leicht vorgetäuscht werden kann, die genetisch nicht vorhanden ist. Wirkt die Selektion jedoch durch sehr lange Zeiträume ein, besonders dann, wenn die Standorte durch große Zwischenräume bzw. andere unüberwindliche Hindernisse getrennt sind, dann kann es zur tatsächlichen Auslöschung der Zwischenformen und damit zu einer echten Disjunktion kommen. So wird das Alter vikarierender Sippen nach dem Vorhandensein oder Fehlen von Zwischenformen eingeschätzt, wobei allerdings erst Züchtungsversuche eine sichere Entscheidung ermöglichen. In der Isolierung kann dann weiterer Allelschwund und Selektion zu weiterer Vereinheitlichung des Genoms und dadurch zur Abgliederung einer eigenen „Art" führen.

4. Variabilität der höheren Kategorien

Damit kommen wir zur Betrachtung der Variabilität der höheren Kategorien. Während bei den Kategorien innerhalb der Artpopulation die biotypische Variationsbreite, also die Veränderlichkeit in tatsächlicher Anpassung an die Außenfaktoren eine oft wichtige Rolle spielt, ist dies bei den höheren Kategorien immer weniger der Fall, da es sich hier schon um tiefergreifende Verschiedenheiten der Genome handelt. Dennoch kann es auch von Gattung zu Gattung echte und scheinbar fließende Übergänge geben, die auch die Trennung dieser Kategorien oft ungemein erschweren können; im unten stehenden Kapitel über die Behandlung der Gattung wird noch auf diese Fälle eingegangen werden.

Hier soll nun nur die Betrachtung angestellt werden, wie die Variabilität der höheren Kategorien zu werten und wie sie mit der Artpopulation in Verbindung zu setzen ist.

Ursachen der „Gattungs"-Entstehung

Wir haben gesehen, daß „Arten", d. h. durch Disjunktion von einander geschiedene Populationen durch die Einwirkung der Selektion und des Allelschwundes aus breiteren Formenschwärmen ausgegliedert werden. Der Faktor „Zeit" ist also bei der Arttrennung von ausschlaggebender Bedeutung. Seine Bedeutung wird aber durch den Umstand noch vergrößert, daß die nunmehr isolierten Populationen nicht unveränderlich bleiben, sondern durch ständige Neumutationen sich weiter und daher immer mehr „auseinander" entwickeln, wobei sie ihrerseits immer breitere Populationen bilden. Starke räumliche Trennung oder ökologische Spezialisierung wird daher zu größerer Disjunktion führen, die wir schließlich in der Phytographie zur Aufgliederung in Gattungen benützen. Der „Vikarismus" höherer Kategorien gehört hieher und hat also ganz andere Entstehungsursachen als der echte Vikarismus.

Variationsbreite der Gattungen und höheren Kategorien, scheinbar Bindeglieder

Bezüglich der Variationsbreite der Gattungen und höheren Kategorien müssen wir uns folgendes vor Augen halten: Auch die Gattung ist kein stehendes Faktum, sondern eine in ständiger Entwicklung begriffene Population. Sie kann daher auch niemals durch eine „Leitart" wirklich charakterisiert werden. Charakterisiert ist sie einmal durch die — allerdings erst geforderte und nicht immer verwirklichte — einheitliche Abstammung — d. h. daß sie ein selbständiger Stammbaumast ist und — eben durch ihren morphologischen Gattungstypus, der durch eine bestimmte Kombination der dem Familientypus zugehörigen Entwicklungstendenzen gegeben ist. Diese Tendenzen können nun innerhalb der Gattung in breitem Umfange verwirklicht werden, so daß sie in allen Entwicklungsgraden anzutreffen sein können. Dies betrifft nun die verschiedenen Organe und Organteile unabhängig voneinander, wodurch — analog wie durch das Unabhängigkeitsgesetz in der Vererbungslehre — sehr vielerlei Kombinationen entstehen können. So kommt nun die gesamte Variationsbreite, die Mannigfaltigkeit der Gattung zustande, und zwar könnte sie theoretisch alle Kombinationen in fluktuierender Folge aufweisen; jedoch eben nur theoretisch. Denn tatsächlich sind gewisse Kombinationen nicht lebensfähig, wodurch Disjunktionen zustande kommen. Die Entstehung dieser Disjunktionen, die ja nichts anderes sind als die Artgrenzen, wurde ja bereits oben ausgeführt. Der Umstand aber, daß die — nun isolierten — Artpopulationen sich weiterentwickeln und daß ihre Entwicklung nur nach dem Gattungstypus zugehörigen Tendenzen erfolgen kann, kann nun dazu führen, daß in mehreren der Artpopulationen konvergente Entwicklungen zustande kommen, so daß die bereits entstandenen Disjunktionen nachträglich wieder überbrückt werden. Das heißt, durch Höherentwicklung von einander unabhängiger Artpopulationen können Formen entstehen, die wieder Ähnlichkeiten miteinander haben und daher „Bindeglieder" also einen fluktuierenden Übergang vortäuschen. Es handelt sich hier um eine ähnliche Erscheinung, wie wir sie beim Pseudovikarismus kennengelernt haben, ja, dieser kann selbst in diesen Rahmen gebracht werden. Wie aber beim Pseudovikarismus die Charaktere der Stammformen bei genauer Merkmalanalyse den scheinbaren Zusammenhang zu lösen imstande waren, so muß auch die morphologische Analyse dieser scheinbaren Zwischenformen die Klärung der Zugehörigkeit zum einen oder anderen morphologischen Typus klären.

Daß ähnliche Fälle auch bei der Familiengliederung in Gattungen vorkommen können und auch bei diesen die typologische Analyse eine Disjunktion zutage bringen kann, zeigt z. B. die Stellung von Androcymbium Abyssinicum. Diese Art war wegen ihres Habitus ursprünglich zu Merendera gestellt und als Merendera Abyssinica beschrieben worden. Die genaue typologische Analyse durch Stefanoff ergab jedoch, daß die Blüte typologisch trotz der äußerlichen Ähnlichkeit mit Merendera doch den Androcymbium-Typus aufweist, weshalb Stefanoff der Spezies den richtigen Platz bei Androcymbium zuweisen konnte.

Die Feststellung der Variationsbreite der höheren Kategorien ist also genau genommen identisch mit der Ermittlung des morphologischen Typus der betreffenden Kategorie. Zur Feststellung echter und falscher Disjunktionen sollte jedoch auch die genetische Analyse bzw. der Versuch herangezogen werden. Aber auch die geographische Verteilung wird — namentlich in jenen Fällen, in denen eine genetische Analyse nicht durchführbar ist — echte und falsche Disjunktionen in der Variationsbreite mit einiger Wahrscheinlichkeit unterscheiden lassen.

Sechstes Kapitel

Die Behandlung der Familie

Die genetisch falsche zentrale Stillung des Artproblems in der bisherigen Systematik

Bei der Besprechung der systematischen Kategorien wird regelmäßig das „Art-Problem" in den Mittelpunkt gestellt und die Familie meist sehr kurz, man möchte fast sagen, als etwas Nebensächliches behandelt. Das entspricht durchaus der allgemeinen Einstellung der bisherigen Systematik, die in einer — nur zu oft maßlosen — Artaufsplitterung ihre Genüge zu finden schien und dabei selbst in die Augen springende Mängel der Familienumgrenzung als etwas zwar Bedauerliches, aber Gegebenes hinnahm und damit in die Phytographie abglitt und so zum Verfall führte.

Diese zentrale Wertung des Art-Problems ist aber genetisch falsch und auch praktisch nicht so zweckmäßig, als es auf den ersten Blick erscheinen mag. Sie ist genetisch falsch, denn es haben sich nicht die Arten zu einer Familie zusammengeschlossen, sondern im Gegenteil, die Familie ist eine genetische Einheit — oder sollte es doch sein — und hat sich in Gattungen und Arten auseinanderentwickelt. Sie ist aber auch in der Praxis unzweckmäßig, denn erst aus der genetischen Verzweigung können die der Familie untergeordneten Kategorien, kann also auch das Art-Problem richtig gewertet werden, erst aus der Kenntnis des morphologischen Familientypus können wir die genetische Zusammengehörigkeit erschließen. Bei dem umgekehrten Vorgang wird stets eine statisch betrachtete „Ähnlichkeit" genetisch abseits stehender Formengruppen zu Fehleinteilungen und daher zu fehlerhafter Umgrenzung der Familie führen. Wohl wird in der Praxis selbstverständlich die morphologische Analyse aller mutmaßlich zu einer Familie gehöriger Artgruppen vorangehen müssen, jedoch ohne Rücksicht auf die Artumgrenzung, also das Art-Problem und nur zu dem Zwecke, den morphologischen Familientypus festzustellen.

Die Familie — eine Realität

In Zusammenhang mit den früheren Kapiteln dieser Arbeit kann man die Vorrangstellung der Familie vor dem Art-Problem auch damit begründen: *Die Familie ist ein ganzer Stammbaumast und damit eine Realität, bei der nur der Umfang offen steht, die Art hingegen ist — mit Ausnahme der sogenannten „guten Arten" — eine Fiktion, so lange sie nicht genetisch festgelegt ist.*

Aus diesem Grunde muß die neue Systematik die Familie in den Mittelpunkt ihrer Aufgaben stellen, ohne Rücksicht darauf — oder vielleicht sogar gerade deshalb — weil die gegenwärtigen Umgrenzungen der Familien, auch der Phanerogamen, zwar „literarisch mehr oder weniger fest liegen" (Diels), aber der Forderung nach monophyletischem Ursprung und genetische Zusammengehörigkeit zu einem ansehnlichen Teil nicht gerecht werden.

Grundursachen falscher Familienumgrenzungen

Die Grundursache der mangelhaften Umgrenzung, der zweifelhaften phyletischen Einheit vieler Familien liegt bereits in der Aufstellung der „Familiendiagnosen" aus „Merkmalen". Gewiß, es dürfte wohl in jeder Familie auch „Merkmale" geben, die allen ihren Gliedern gemeinsam sind. Diese können sogar sehr auffallend sein, wie etwa das Gynostemium der Orchidaceae, die Dolde der Umbelliferen, die Spatha und Spadix der Araceae, Areolen der Cactaceae usw.; sie können aber auch sehr unauffällig, ja selbst physiologischer Art sein (Hydrophytismus, Xerophytismus). Die Mehrzahl der Merkmale der Glieder einer Familie folgen aber Progressionsreihen, d. h. sie ändern sich von Stufe zu Stufe und gerade bei den phyletisch wirklich einheitlichen Familien. Darum gibt es ja gerade in solchen Familien oft nur sehr wenige gemeinsame, dafür aber viele „aberrante" Merkmale. Es ist klar, daß eine Familie, die sich, wie z. B. die Ranunculaceae von einer Primitivform, wie Myosurus, bis zur hochabgeleiteten, wie Aquilegia oder Aconitum entwickelt hat, eine einheitliche „Diagnose" im bisherigen Sinne nicht mehr stellen läßt.

Tritt aber einmal bei einer größeren Anzahl von Formen eine in die Augen springende „Ähnlichkeit", namentlich im Aufbau der Blüte, auf.

dann war die bisherige Systematik, oft wider besserer Erkenntnis, geneigt, diese Formen in einer Familie zu vereinigen, weil dies „bequem" ist, d. h. eine scharfe Umgrenzung der Familie ermöglichte. Das geradezu klassische Beispiel hiefür bildet die Einteilung der Liliiflorae. Hier erfolgt die Umgrenzung der Familien ausschließlich nach dem Blütendiagramm, bzw. der Hypo- und Epigynie, obwohl sich wohl alle Systematiker darüber im klaren sind, daß die so geschaffenen Familien uneinheitlich sind und sich durch Querverbindungen berühren. Auch die Aufteilung der Liliaceae und Amaryllidaceae durch Lotsy kann keinesfalls befriedigen, da auch hier nur nach „Ähnlichkeit" und nicht nach phyletischen Einheiten eingeteilt wird, wie z. B. die Melanthiaceae beweisen, in denen Lotsy die Sub.-Fam. Veratreae und Colchiceae vereint, die zwar beide hemisyncarpes Gynöceum besitzen, aber absolut nicht phyletisch miteinander verwandt sind. Überdies zerreißt er die Liliiflorae nach Epigynie und Hypogynie in zwei unorganische Hälften. Ähnliches gilt für die Einteilung Hutchinsons.

Über die „Zweckmäßigkeit" phyletisch falscher Familienumgrenzungen nach augenfälligen Ähnlichkeitsmerkmalen

Es ergibt sich nun die Frage, ob solche Familienumgrenzungen überhaupt irgendeine Berechtigung haben und weiters, ob sie wirklich „praktisch" sind.

Die erste Frage muß bedingungslos verneint werden. Eine Familienumgrenzung, die phyletisch nicht Zusammengehöriges vereinigt, ist im Zeitalter der „natürlichen Systeme" ein Nonsens und der Vorwand, daß diese Einteilung „bequem", „praktisch" oder „zweckmäßig" sei, weil sie eine klare Definition der „Familie" ermögliche, ist nur eine Umschreibung der Unfähigkeit, der phyletischen Zusammenhänge zu erforschen. Sie ist ein untrügliches Merkmal des Niederganges der bisherigen Systematik und müßte logisch zur Rückkehr zur Linnéschen Klasseneinteilung führen.

Denn in Wahrheit, und damit kommen wir zur zweiten Frage, ist sie keineswegs so „praktisch", als sie hingestellt wird. Denn die Einheitlichkeit der äußeren Umgrenzung der Familie wird erkauft durch eine ungeheure Verworrenheit der inneren Gliederung, da die Familie auf diese Weise zwangsläufig sehr heterogene Formen umfaßt und — eine Folge der statischen „Ähnlichkeitssystematik" — auch innerlich nicht nach phyletischen Linien, sondern künstlich eingeteilt wird, so daß nun auch innerhalb der Familie *Ähnlichkeits-Querverbindungen* die natürliche Verwandtschaft zerreißen und eine klare Gruppierung unmöglich machen.

Überdies ist selbst diese künstliche Gruppierung gezwungen, Kompromisse zu schließen und Ausnahmen zuzulassen, wie im Beispiel der Liliaceae auch Gattungen mit mehr oder weniger unterständigem Fruchtknoten (Mondoideae, Aletroideae), mit verminderter Staubblattanzahl (besonders Sowerbaea, Arnocrinum, Stawellia, Hewardia, aber doch auch Anemarrhena, Hodgsonia, Ruscus, Brodiaea, Stropholirion, Brevortia, Leucocoryne, Heterosmilax und die Gilliesieae) und schließlich sogar mit veränderter Gliederzahl der Wirtel (Paris) aufgenommen werden mußten.

Das Kennzeichen der bisher üblichen Charakterisierung einer Familie mittels statischer „Merkmalskomplexe" ist einmal das häufige Auftreten des

Wörtchens „oder“ und die Notwendigkeit, die „Diagnose“ noch durch eine mehr oder weniger lange Aufzählung von „Ausnahmen“ zu ergänzen, die ihrerseits phyletisch unzusammenhängende „Ähnlichkeiten“ zusammenwirft.

Daraus ergibt sich: *Die Aufzählung statisch erfaßter Merkmale, bzw. Merkmalskomplexe ist nicht* oder nur schlecht *geeignet,* eine phyletisch einheitliche Familie wirklich zu charakterisieren. *Die Familie ist zu charakterisieren durch ihren morphologischen Typus (Familientypus).* Der Familientypus umfaßt aber, wie oben ausgeführt wurde, nicht allein die allen Gliedern gemeinsamen Eigenschaften (nicht nur „Merkmale“!), sondern auch die für die Familie charakteristischen Tendenzen, die sich teils als fortschreitende Progressionen, teils als unzusammenhängend auftretende, charakteristische „Tendenzmerkmale“ zu erkennen geben.

„Charactera generalia“ und „Progressiones typicae“

Wir werden also in Zukunft die Diagnose einer Familie in zwei Abschnitte zu teilen haben:

a) Charactera generalia (Eigenschaften, die für alle Genera gleichbleiben), und

b) Progressiones typicae (Der Familie eigene Tendenzen).

Beide Teile werden von Organ zu Organ fortschreitend zu behandeln sein und gegebenen Falles auch ökologische, bzw. physiologische Eigenschaften umfassen müssen. Bei Familien mit sehr weiter Entwicklungsspannung wird dabei der Teil a) oft sehr kurz ausfallen und das Hauptgewicht auf den Teil b) fallen. In diesem letzteren aber sind nicht die Möglichkeiten mit „oder — oder“, aneinander zu reihen, sondern entsprechend der natürlichen progressiven oder reduktiven Veränderung des Typus als „von — bis“ aufzuzeigen.

Ergänzung der Diagnose durch einen „Conspectus“

Diese, möglichst kurz zu fassende „Diagnose“ wird aber noch zu ergänzen sein durch einen „Conspectus“, der zugleich eine klare Beschreibung der Familie und ihrer Entwicklungslinien ist.

Dieser geht von jener Gattung aus, die in allen Teilen die ursprünglichsten Kennzeichen hat, also am Anfang aller Progressionen steht und damit der Urform am meisten gleicht (Genus primordioides). Von dieser Form, die genauer beschrieben wird, ausgehend, lassen sich dann die Hauptentwicklungslinien als Hauptprogressionsrichtungen ableiten, die sich ihrerseits wieder verzweigen können. Dadurch wird eine natürliche und klare Untergliederung der Familie ermöglicht.

Innere Gliederung der Familie

Sind, was oft der Fall sein wird, die Glieder der Familie stark voneinander verschieden, so ergibt diese Übersicht von selbst die Gliederung in Sub-Familien, und zwar etwa so:

1. Genus primordioides: Subfamilia primigena,
2. Hauptprogressionsrichtung a: Subfamilia A,

b:	„	B,	
c:	„	C	usw.

In der gleichen Weise können gegebenenfalls dann die Subfamilien in Tribus primitiva und abgeleitete Tribus gegliedert werden.

Es gibt zweifellos Familien, die schon mit unseren heutigen Kenntnissen eine solche Behandlung mehr oder weniger ohne weiteres gestatten dürften. Ich glaube jedoch, daß der weitaus größte Teil der Familien nach diesen Gesichtspunkten erst durchgearbeitet werden muß. Denn leider hat die Erfahrung gelehrt, daß oft gerade da, wo klare Verhältnisse vorzuliegen scheinen, sehr wenig Verlaß auf die phytographische Literatur ist. Die Systematik steht damit an einem neuen Ausgangspunkt und hat eine gewaltige neue Aufgabe.

Eine Frage bleibt noch offen: Die Abgrenzung der Familie. Diese Frage ist nun allerdings überhaupt nicht generell zu entscheiden, sondern muß von Fall zu Fall erwogen werden. Grundsätzlich soll die Familie einen Stammbaumast in seiner Gesamtheit umfassen, d. h. einschließlich seiner höchstabgeleiteten Verzweigungen. Diese Forderung kann jedoch nur dann gelten, wenn einesteils wirklich lückenlose Verbindungen zu diesen höchstabgeleiteten Stufen bestehen, so daß die Einheit außer jeder Frage steht, und zweitens, wenn es sich nicht um an und für sich primitive Familien handelt, die also an den unteren Hauptverzweigungen des Stammbaumes stehen. Solche Familien werden naturgemäß stets zu einer Vielheit aus Auszweigungen führen, die mitunter sogar durch Übergänge mit ihnen verbunden sind, aber doch nicht mehr mit ihnen vereinigt werden können, will man den Begriff der Familie nicht ad absurdum führen. Ich weise hier nur auf die Magnoliaceen hin, die an einer Stelle des Stammbaumes stehen, von der aus nicht allein weitere Familien, sondern ganze Reihen ausgehen.

Wir werden in solchen Fällen die Familienabgrenzung dort vornehmen, wo entweder eine größere Lücke in der Folge der Formen erkennbar ist, oder wo sich ein entscheidend neuer morphologischer Typus anbahnt, der als Leitcharakter der abgeleiteten Familie diese möglichst klar definierbar macht. Es wird sich dabei von selbst auch die Gliederung innerhalb der Reihe in ganz ähnlicher Weise ergeben, wie wir die Familie gliedern, indem auch innerhalb der Reihe eine „Familia primordioides" und Ableitungsäste unterschieden werden. Diese Gesichtspunkte sind ja übrigens mit wenigen Ausnahmen schon in den heutigen Systemen verwirklicht.

Wo hingegen bei im ganzen einheitlichem morphologischem Typus, etwa durch auftretende Zygomorphie, durch allmählichen Abortus von Staubblättern (Staminodialbildungen) u. ä., nur in bezug auf *einen* Organkomplex eine auffallende Höherentwicklung, ein neuer morphologischer Typus entsteht, muß immer bedacht werden, daß die Tendenz zu so einer Höherentwicklung nicht auf einen Zweig der Familie beschränkt sein muß, da sie dem Familientypus zugehört. Daher kann eine zu hohe Wertung solcher Merkmale leicht wieder zur Aufstellung polyphyletischer Familien führen. Wir werden aber in solchen Fällen überhaupt das Gewicht auf die Gesamtorganisation zu legen haben und daher diesen abgeleiteten Gruppen nur den Wert einer Unterfamilie zubilligen können, um eine Zerreißung offensichtlicher Zusammenhänge zu vermeiden.

Siebentes Kapitel

Die Behandlung der Gattung

Bisherige Gattungsdefinition auf statischer Grundlage

Diels definiert die Gattungen als „Komplexe von Arten... die durch ein tiefer greifendes Merkmal oder eine Mehrzahl von solchen konstant von den angrenzenden geschieden sind". Es steht also hier wieder das *Merkmal,* also eine statisch erfaßte *Tatsache* im Mittelpunkt der Erwägungen und nicht die phyletische Einheit. In einem späteren Absatz hat Diels diese Definition allerdings insoweit erweitert, als er schreibt, daß „auch die Gattung Sippen aufnehmen soll, die zweifellos nahe verwandt sind, diese Verwandtschaft durch gemeinsamen Besitz mehrerer Merkmale bezeugen und in ihren Eigenschaften keine tiefe Kluft zwischen sich erkennen lassen". Damit verengt er den Begriff der „gemeinsamen Merkmale" durch die Forderung „zweifellos naher Verwandtschaft", doch auf den Kernpunkt, den monophyletischen Ursprung weist er dennoch nicht hin. Denn der Begriff der „zweifellos nahen Verwandtschaft" läßt sich natürlich auch sehr weit fassen und müßte an sich keineswegs als Einheit des Ursprunges aufgefaßt werden. Tatsächlich sehen wir in der Praxis, daß, auf Grund „gemeinsamer Merkmale" und „zweifellos naher Verwandtschaft" doch auch Gattungen aufgestellt wurden, deren polyphyletische Zusammensetzung wohl offensichtlich ist. Ich brauche da ja nur auf die berüchtigten Sammelgattungen der Cactaceae bei Salm-Dyck und Schumann und selbst noch bei Vaupel hinweisen, die erst von Britton und Rose 1924 aufgespalten wurden, die man aber in Deutschland noch bis 1936 krampfhaft aufrecht erhielt. Aber auch die Einbeziehung von Rhinopetalum, Korolkowia und Notholirion zu Fritillaria noch bei Krause[1] und von Cardiocrinum zu Lilium beweist zur Genüge, daß das Wort „Genus" bis heute nicht immer in seiner eigentlichen Bedeutung im Sinne von „Geschlecht", „Sippe" stammesgeschichtlich, sondern statisch-formalistisch auf Grund von ähnlichen Merkmalen aufgefaßt wird. In dieser Hinsicht müssen wir alle Gattungen, die in mehrere Untergattungen zerfallen als „verdächtig" ansehen.

Neue Definition der Gattung

Wir müssen die Gattung definieren: *Die Gattung ist die Gesamtheit aller Arten, die durch die Einheit ihres morphologischen Typus (Gattungstypus) als stammesgeschichtliche Einheit erkannt wurden.*

Durch die Forderung der Einheit des morphologischen Typus brechen sofort jene Gattungen, die aus mehreren Stammbaumästen zusammengesetzt sind, auseinander, selbst wenn ihre Glieder „zweifellos nahe verwandt" sind, d. h. benachbarten Stammbaumzweigen angehörten. Denn, wie schon oben ausgeführt wurde, ist der morphologische Gattungstypus hauptsächlich durch die Kombination ganz bestimmter, dem Familientypus zugehöriger Entwicklungstendenzen charakterisiert. Daher werden Glieder einer „Sammelgattung" zwar in „Merkmalen" übereinstimmen, aber durch verschiedene Kombina-

[1] In Engler-Prantl, Natürliche Pflanzenfamilien. 2. Aufl. Bd. 15 a, 1930.

tionen von Progressionsreihen auseinanderfallen und damit ihren verschiedenen Ursprung zu erkennen geben.

Eine Stammbaumverzweigung, die als neue Gattung gewertet werden kann, kommt dadurch zustande, daß in einer bestehenden Linie eine neue, mehr oder weniger entscheidende Tendenz zur Ausbildung gelangt. Ein solcher neuer Gattungstypus ist nun offenbar meist verschiedener weiterer Abwandlungen fähig, die, wie oben erwähnt, aber durchaus nicht am Entstehungsort erfolgen müssen. Jedenfalls werden wir bei der Betrachtung der Gattungen wohl meist auf eine primitive Art stoßen, die in sich die Möglichkeiten offenläßt, die bei den höher entwickelten Arten der Gattung zur Ausbildung kommen. Als diese *„species primitiva"* werden wir aber *nur* jene anzusprechen haben, die tatsächlich *nur* zu den höheren Species dieser Gattung überleitet.

Das „Genus primordioides", die „Genera primitiva" und „Genera progressiva"

Es kommt nämlich auch vor, daß beim Auftreten neuer Tendenzen mehrere, divergent verlaufende Entwicklungslinien angebahnt werden, d. h. aus diesem Punkte erfolgt eine Stammbaumverzweigung. Eine solche Species

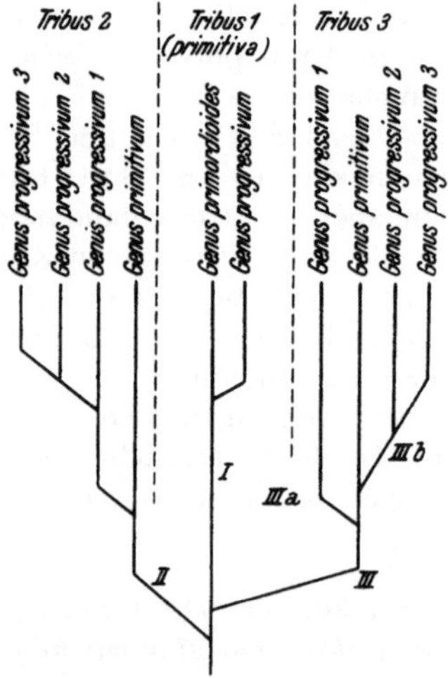

Schema 4. Schema der Aufgliederung einer Unterfamilie in Tribus und Gattungen

I — Primordialstamm
II — Hauptprogressionsrichtung I } der Subfamilia
III — Hauptprogressionsrichtung II } der Subfamilia
III b zweite } Hauptprogressionsrichtung der Tibus 3
III a erste } Hauptprogressionsrichtung der Tibus 3

soll nun weder der einen noch der anderen aus diesem ableitbaren Gattung zugerechnet werden, sondern als „Genus primitivum" selbständig gemacht werden, auch wenn dies dann ein monotypes Genus ergibt.

Die „Genera primitiva" werden damit zu den Leitgattungen der Tribus, denen die „Genera progressiva", in der linearen Darstellung nach den engeren oder weiteren Beziehungen zum Genus primitivum geordnet, folgen. Die stammbaummäßige Anordnung einer Familie (Sub-Familie) erhält bei dieser Aufgliederung eine gewisse Ähnlichkeit mit einem zusammengesetzten Pleiochasium, wie das Schema 4 andeutet, das der Klarheit halber nur aus dem „Primordialstamm" und zwei abgeleiteten besteht.

Das „Genus primordioides" und die „Genera primitiva" werden also bei diesen Untersuchungen die Rolle des „missing link" spielen und dementsprechend müssen wir damit rechnen, daß diese Bindeglieder oft fehlen werden. Dann wird aber die Gattungsabgrenzung nicht schwieriger, sondern im Gegenteil sogar einfacher, weil dann die Lücken zwischen den Zweigen, die wir als „Genera progressiva" ansprechen müssen, nur um so größer und klarer werden.

Noch eine Tatsache wird schon bei der Bearbeitung der Gattungen zu beachten sein. Auch die Gattungen sind ursprünglich aus Artpopulationen hervorgegangen und haben sich daher von einem Entstehungszentrum aus entwickelt. Dies gilt natürlich ebenso für die Familien, doch liegt deren Entstehung geologisch so weit zurück, daß ihre Verteilung nicht mehr an Kontinentgrenzen gebunden ist, sie also geographisch wenig Anhaltspunkte geben. Anders aber ihre Gliederung in Gattungen.

Die morphologischen Progressionen — Funktionen der Familientypus; Entsprechung der morphologischen mit den geographischen Progressionen

Die Tatsache, daß die morphologischen Progressionen Funktionen des Familientypus sind und daher in verschiedenen Entwicklungslinien der Familie konvergent in Erscheinung treten können, führt leicht dazu, daß ähnliche Formen auch in weit auseinander liegenden Gebieten entstehen konnten, die in der Ähnlichkeitssystematik dazu führten, daß Gattungen verschiedener phyletischer Herkunft in eine Tribus vereinigt wurden, ja, daß solche Formen mitunter sogar einer und derselben Gattung eingefügt wurden. Wir müssen aber daran festhalten, daß, infolge der Entwicklung der Gattung aus einem Entwicklungszentrum heraus, die morphologische auch einer geographischen Progression entsprechen wird. Mit anderen Worten: Die von R. v. Wettstein in die Artsystematik eingeführte geographisch-morphologische Methode muß auch — mutatis mutandis — in die Gattungssystematik eingeführt werden. Dabei ergibt sich oft eine geradezu überraschende Klarheit der verwandtschaftlichen Verhältnisse und eine außerordentlich instruktive Kontinuität der Areale.

Sehr anschaulich zeigt den Wert dieser Betrachtung die Sub.-Fam. Allioideae[2]. Die Tribus Agapantheae ist eine ausschließlich südafrikanische Gruppe, und zwar die einzige der ganzen Allioideae. Da auch in anderen Familien und Unterfamilien eine Verbindung zwischen (primitiven) südafrikanischen und südameri-

[2] Eine systematische Bearbeitung dieser Unterfamilie kann hier nicht angestrebt werden. Sie wird in einem späteren Zeitpunkt im Rahmen meiner Liliifloren-Bearbeitungen erscheinen. Hier soll nur in großen Umrissen die Bedeutung geographischer Vorarbeiten aufgezeigt werden.

kanischen Formen zweifellos besteht, ergeben sich aus dieser Tatsache noch keine Bedenken. Die Hauptmasse der Allioideae-Allieae, wenn man von Allium selbst absieht, ist süd- und nordamerikanisch, und zwar zeigt sich ein Entwicklungszentrum im extratropischen Südamerika (Brasilien, Argentinien bis Chile) und ein zweites im westlichen Nordamerika, besonders in Kalifornien. Die beiden Zentren werden durch die zweifellos recht primitive Gattung Nothoscordum verbunden. Während nun die südamerikanische Gruppe beim Überschreiten der Kordillere zu den hochabgeleiteten Gilliesieae überleitet, erstreckt sich vom gemäßigten Nordamerika über die ganze nördliche gemäßigte Zone beider Hemisphären die artenreiche Gattung Allium, die wir als zweifellos mehr oder weniger abgeleitete Gattung anzusprechen haben. Auch zu dieser dürfte Nothoscordum die Verbindung darstellen. Ganz aus diesem Rahmen heraus fallen nun die Gattungen Gagea und Giraldiella. Keine dieser beiden Gattungen können von Allium abgeleitet werden, da sie primitiveren Charakter haben als dieses. Ebensowenig ist aber an eine Ableitung der übrigen Allioideae von Gagea über Allium zu denken. Das Areal von Gagea liegt im europäisch-mediterran-vorderasiatischen Raum bis ins temperierte Mittelasien und hat daher nirgends eine Berührung mit primitiven Allioideae und dasselbe gilt vom Areal von Giraldiella montana in SW-China. Tatsächlich zeigten aber meine Untersuchungen, daß diese beiden Gattungen gar nicht zu den Allioideae, sondern an den Anfang der Lilioideae gehören und zwar Gagea als Genus primordioides, während Giraldiella sich so eng an Lloydia Sect. Tricholloydia anschließt daß es überhaupt fraglich erscheint, ob diese Gattung nicht aufzulösen und mit Lloydia zu vereinigen wäre. Mit Lloydia (Tricholl.) tibetica berührt Lloydia aber bereits auch das Areal von Giraldiella.

Die geographisch-morphologische Methode in der Gattungssystematik

Dieses Beispiel läßt erkennen, daß einesteils Entwicklungszusammenhänge auch geographisch erkennbar sind und anderseits, daß geographische Vorarbeiten auch im weiten Rahmen die Aufmerksamkeit auf Mängel der bestehenden Systeme zu lenken imstande sind.

In ähnlicher Weise hat sich die geographische Methode bei den Cactaceae, wo sie von K. Schumann bereits angebahnt und von C. Backeberg ausgebaut wurde sehr fruchtbar erwiesen.

Bei transkontinentaler Verbreitung zeigt es sich, wie bereits oben ausgeführt wurde, daß man ganz bestimmte Wanderungswege feststellen kann, z. B. von Südafrika über Australien und den Malayischen Archipel nach Südasien und anderseits über Ostafrika und Arabien in denselben Raum; ferner von Südafrika über Ostafrika und Vorderasien nach Südosteuropa und mit einer Abzweigung über Nordafrika nach Südwesteuropa und damit aus zwei verschiedenen Richtungen nach Mitteleuropa. Diese geographischen Wanderungslinien liefen in vollkommener Übereinstimmung mit morphologischen Progressionsreihen.

Diskontinuität der Areale

Es kann jedoch auch bei zweifelloser phyletischer Verwandtschaft eine Diskontinuität der Areale auftreten. Eine solche werden wir namentlich dann zu erwarten haben, wenn extratropische Entwicklungslinien den Äquator überschritten haben, also zwischen nördlich und südlich extratropischen Arealen. Daß dies nicht immer der Fall sein muß beweist der oben ausgeführte ostafrikanische Wanderungsweg, wobei die ostafrikanischen Hochländer die Ausbreitung über den Äquator erleichtern. Es werden also insbesondere bei solchen Disjunktionen stets geologische und paläoklimatologische Erwägungen zu leiten haben.

Wenn jedoch eine derartige Disjunktion vorliegt, wie bei den Amaryllidaceae-Conostylideae, deren Gattungen durchwegs westaustralische Endemiten mit einer einzigen Auszweigung nach Südafrika (Lavaria) sind, die Gattung Lophiola aber im atlantischen Nordamerika lebt, dann kann wohl kein geologischer Faktor so eine Disjunktion glaubhaft machen und die Vermutung liegt nahe, daß diese letztere Gattung phyletisch überhaupt nicht zu den Conostylideae gehört. Bei einzelnen disjunkt auftretenden Arten kann allerdings die Annahme eines anthropogenen Ursprunges oft in Betracht gezogen werden, wie z. B. bei der tunesischen Atriplex lampifer, die zu der australischen Atriplex spongiosa in sehr enger Beziehung steht.

Kosmopolitische Genera

In diesem Zusammenhange muß auch die Frage kosmopolitischer oder wenigstens transkontinental verbreiteter Genera besprochen werden. Von anthropogener Ausbreitung soll hier natürlich abgesehen werden. Solche Gattungs-Großareale können natürlich ohne weiteres bei großer Wanderungsfähigkeit zustande kommen, ohne daß wesentliche morphologische Veränderungen eintreten. Nur in einem solchen Falle dürfen wir wirklich von einem kosmopolitischen Genus sprechen. Es kommen aber auch oft Fälle vor, wo solche transkontinentale Areale genetisch nicht einheitlich sind, sondern Mängel der Gattungsbegrenzung Großareale nur vortäuschen, während in Wahrheit nur konvergente Formenkreise vorliegen, die fälschlich zu einer Gattung vereinigt wurden.

Ein solcher Fall liegt z. B. in der Gattung Brodiaea in der Abgrenzung nach K. Krause[3] vor. Die Sect. I. Eubrodiaea und Sect. III. Calliprora sind nordamerikanisch, die Sect. II. Triteleia hingegen südamerikanisch. Schon der Umstand, daß auch Krause sich veranlaßt sah, für Triteleia eine eigene Sektion zu bilden, weist darauf hin, daß hier der morphologische Typus vom Gattungstypus Brodiaea abweicht und tatsächlich verursacht eben Triteleia die „Abweichungen" im Gattungscharakter. Baker hatte also zweifellos recht, daß er Triteleia als eigene Gattung aufstellte.

Wir werden also gerade bei solchen großen Gattungsarealen mit besonderer Aufmerksamkeit den morphologischen Typus aller Arten zu untersuchen haben, auch darum, weil, bei tatsächlicher phyletischer Einheitlichkeit, gerade solche weitverbreitete Gattungen oft den Schlüssel für die weitere Entwicklung innerhalb der Familie zu geben imstande sind.

Große oder kleine Gattungen?

Schließlich sei noch die Frage: große oder kleine Gattungen, erörtert. In gewisser Hinsicht ist dies zwar eine in den Bereich der Phytographie gehörige Frage, sie muß aber doch auch vom phyletisch-systematischen Standpunkt aus beleuchtet werden, wenn sie richtig gelöst werden soll. Überdies

[3] Engler-Prantl l. c.

ist gerade diese Frage oft erörtert worden, ja, in einigen Fällen geradezu zur Streitfrage geworden, so daß ihre Betrachtung eine Notwendigkeit zu sein scheint.

Zunächst muß festgestellt werden, daß die Entscheidung über diese Frage nur zum Teil in unserer Hand liegt. Denn mit der oben aufgestellten Forderung unbedingt monophyletischer Herkunft sind zahlreiche Fälle von vorneherein entschieden. „Sammelgattungen" sind unbedingt so aufzuteilen, daß phyletisch einheitliche Gattungen entstehen. Aber gerade dieser Fall steht gar nicht so sehr zur Diskussion. Es sind dies vielmehr die monotypischen und Kleinstgattungen, über deren Berechtigung die Meinungen auseinandergehen.

Echte monotypische Gattungen

Um dieses Problem einer Lösung näherzuführen, wollen wir zunächst untersuchen, welche Umstände zu wirklich monotypischen Gattungen führen können. Hier müssen wir folgende Ursachen unterscheiden:

1. Die fragliche Form steht an einer Progressionsverzweigung und leitet nach zwei so verschiedenen Richtungen, daß sie weder der einen noch der anderen der abzweigenden Gattungen zugerechnet werden kann. Dieser Fall wurde bereits oben besprochen und dahin entschieden, daß es zweckmäßig ist, eine solche „Zwischenform" als „Genus primitivum" selbständig zu führen.

2. Eine neue Verzweigung des Stammbaumes macht keine weitere Entwicklung durch und bleibt von vorneherein monotypisch. Wir haben es in einem solchen Falle also unbestritten mit einer so entscheidend neuen Tendenzkombination zu tun, daß der Charakter einer neuen Gattung zweifellos gegeben ist, und zwar der eines „Genus progressivum" im Sinne der obigen Ausführungen. Auch dieser Fall bietet in der Regel keine Schwierigkeiten in der Entscheidung, da eine klare Abgrenzung von den nächstverwandten Gattungen gegeben ist.

3. In einer mehr oder weniger gleichgerichteten Progressionsreihe treten in den, aus einer Stammform entspringenden Folgeformen immer neue Tendenzen auf, so daß trotz gemeinsamer Hauptprogressionsrichtung wesentliche Verschiedenheiten der einzelnen Glieder zustande kommen.

Falsche monotypische Gattungen

Dieser Fall wird von vielen Autoren zum Anlaß genommen, monotypische Gattungen aufzustellen. Meines Erachtens hat dieses Vorgehen aber höchstens dann eine Berechtigung, wenn durch Ausfall aller Zwischenglieder die einzelnen Auszweigungen wirklich so isoliert stehen, daß selbst die erkennbare Hauptprogressionsrichtung keine absolute Gewähr für die Geradlinigkeit der Progression bietet. In allen anderen Fällen – und das wird weitaus die Mehrzahl sein – werden wir den Stammbaumzweig als Gattung setzen und diese eventuell in entsprechende Sektionen gegebenenfalls auch in Untergattungen aufgliedern.

Damit ist aber schon ein Fall erörtert, in dem die Frage der Gattungsabgrenzung strittig werden kann.

Gattungsabgrenzung bei geradliniger stufenweiser Progression

Der zweite strittige Fall liegt dann vor, wenn innerhalb einer geradlinigen Progression die stufenweisen Veränderungen so weit führen, daß schließlich eine gemeinsame Gattungscharakteristik nicht mehr gegeben werden kann, d. h. Anfangs- und Endglied der Reihe sind nur mehr schwer zusammenzufassen. Diese Fälle sind nun tatsächlich sehr schwierig zu fassen. Sie lassen sich auch auf keinen Fall durch allgemeine Regeln entscheiden, sondern müssen in jedem Einzelfalle geprüft und entschieden werden. Die Gattungsabgrenzung in einer solchen Linie wird also immer etwas Künstliches sein. Um nun eine einigermaßen einheitliche Auffassung solcher Fälle zu erzielen, seien hier einige Grundregeln aufgestellt, die immer beachtet werden sollten.

Grundsätze zur Gattungsabgrenzung bei fluktuierenden Übergängen

Zunächst muß daran festgehalten werden, daß Zusammengehöriges tunlichst nicht auseinandergerissen werden soll. Ein Zuviel an Kleingattungen schafft nicht mehr Klarheit, auch dann nicht, wenn jede einzelne derselben dafür eindeutig definiert werden kann, sondern erschwert nur das Arbeiten mit solchen Formengruppen. Es wird daher meist besser sein, Sektionen zu bilden und in der Gattungsdiagnose die Weite der Progression durch die bereits im Zusammenhang mit der Familiensystematik empfohlenen Methode „von — bis" zu umreißen. Dadurch ist eine wirklich klare Gattungsdiagnose doch auch in solchen Fällen meist möglich. Treten charakteristische Progressionssprünge auf, d. h. entweder plötzlich auftretende neuartige Tendenzen oder sonst Lücken in der Reihe, so können diese natürlich allenfalls zu einer Gattungsabgrenzung, oder, besser, zur Sektionsbildung herangezogen werden. Dasselbe gilt auch von geographischen Indizien, z. B. Arealdisjunktionen. Führt man aber so eine Aufgliederung in mehrere Gattungen durch, so müssen diese aber erstens wenigstens wirklich klar definierbar sein, damit nicht die Zahl, der unscharfen Abgrenzungen noch vermehrt wird und sie dürfen ferner auch nicht monotypisch sein, sondern müssen einen größeren Artkomplex umfassen. Eine Zergliederung einer geradlinigen Progression in monotypische Gattungen würde den ganzen Gattungsbegriff zur Utopie machen und jede Übersichtlichkeit des Systems vernichten.

Achtes Kapitel

Das Artproblem

Es ist unmöglich sich mit der Systematik oder auch mit der Phytographie zu befassen, ohne früher oder später die ganze Schwierigkeit des Artproblemes zu fühlen zu bekommen und alle bedeutenden Systematiker haben mit diesem Problem gerungen. Dennoch ist bis heute eine wirklich befriedigende Lösung nicht gefunden worden und wir müssen bezweifeln, ob eine endgültig befriedigende Lösung überhaupt möglich ist. Die heute praktizierte Behandlung der Art ist aber meines Erachtens einer der Hauptgründe, weshalb die Systematik, die als Arbeitsgrundlage immer auf die Phytographie angewiesen ist, gerade die hoffnungsvollsten Forscher des wissenschaftlichen Nachwuchses nicht allein nicht befriedigen kann, sondern im Gegenteil sogar abschrecken, ja abstoßen muß und der daher zum Niedergang der Systematik führte.

Wenn ich daher auch nicht erwarten darf, das Artproblem zu lösen, so halte ich es dennoch für dringend notwendig, dieser Frage eine neue, unserem heutigen Wissen entsprechende Grundlage zu geben, die — eine zeitgemäße Reform — der Phytographie und damit der Systematik neue Aufgaben und damit einen neuen Auftrieb bringen wird.

Um die Mängel zu beseitigen, die der derzeitigen Behandlung der Arten anhaften, ist es notwendig, alle Schwierigkeiten herauszuarbeiten, die einer einheitlichen und möglichst einwandfreien Bearbeitung der Arten entgegenstehen.

I. Ursachen der Schwierigkeit des Artproblems

1. Der Artbegriff — eine Fiktion

Unbestreitbar das wichtigste Hindernis, das sich einer klaren und einheitlichen Behandlung der Art entgegenstellt, ist die Tatsache, daß die Species keine natürliche Realität ist, d. h. keine unveränderliche und scharf begrenzte Größe darstellt, wie sie L i n n é vorschwebte („Species tot numeramus quot diversae formae in principio sunt creatae") L i n n é hat in späteren Jahren selbst die Wandelbarkeit mancher Arten anerkannt. Seinem Genie gelang aber (Species plantarum) eine Umgrenzung der von ihm beschriebenen Arten, die, wie auch D i e l s hervorhebt, auch heute noch als erstrebenswerteste Lösung anerkannt und nachgeahmt werden müßte.

„Gute Arten" und Formenschwärme

Es gibt zwar tatsächlich Arten, die so klar begrenzt sind, daß ihre Unterscheidung von den nächstverwandten Arten auf keinerlei Schwierigkeiten stößt. Es sind dies jene Fälle, bei denen, wie bereits im Kapitel „Variabilität" ausgearbeitet, die Variabilität disjunkt ist, d. h. die Progressionen deutliche Unterbrechungen zeigen. Häufig sind dies Vertreter monotypischer oder doch sehr artenarmer Gattungen (um nur einige Beispiele zu nennen: Calycanthus, Myosurus, Tacinga, Neodregea, Baeometra) mitunter aber auch einzelne Arten sonst reich entfalteter Genera, wie etwa Iris pseudacorus. Gerade dieser letztere Fall scheint mir besonders beachtenswert, da gerade die Gattung Iris von S i m o n e t cytologisch durchgearbeitet wurde und sich dabei herausstellte, daß Iris pseudacorus auch in ihrem Chromosomenaufbau mit 2n = 34 von allen übrigen untersuchten Species der Gattung abweicht. Nur Iris graminea weist ebenfalls 2n = 34 auf, doch ist das Chromosomenbild bei dieser Species ein durchaus anderes. Daraus erklärt sich die Tatsache, daß Iris pseudoacorus bisher allen Bastardierungsversuchen widerstanden hat. Im Gegensatz zu Iris pseudacorus steht die Sektion Pogoniris, die in einen großen Formenschwall aufgelöst und leicht kreuzbar ist. Ja selbst zwischen Arten verschiedener Sektionen lassen sich Bastarde erzielen, z. B. die „Regeliocyclus"-Bastarde aus den Sektionen Regelia und Oncocyclus. Aus diesen Gründen spricht man diese letzteren Sektionen allgemein als sehr junge, Iris pseudacorus hingegen als einen sehr alten Typus an. Ähnliches zeigten meine stammesgeschichtlichen Studien an den Liliaceae. Auch hier zeigte sich, daß sehr urtümliche also alte Gattungen sehr formenarm sind (Baeometra, Neodregea) während die letzten Ausläufer des Stammbaumes (Gloriosa, Tulipa, Lilium, Colchicum) sehr stark aufgespalten und durch Übergangsformen unübersichtlich sind. Auch Calycanthus, Myosurus und Tacinga können zweifellos als sehr alte Typen angesprochen werden. Man darf diese Tatsache wohl nicht verallgemeinern, das beweisen z. B. bereits bei den Opuntioideae, zu denen Tacinga gehört, die alten und doch formenreichen Gattungen Cylindropuntia und Austrocylindropuntia, ganz besonders aber beweist das die formenreiche Gattung Pereskia, die zweifellos die älteste Kakteengattung ist. Es scheint aber doch häufig so zu sein, daß die scharf begrenzten Formenkreise, die „guten Arten", oft als Überreste sehr alter Formenschwärme anzusprechen sind, die durch Selektion und Allelschwund reduziert, alle Übergangsformen eingebüßt haben und stabil geworden sind, während die variablen Formenschwärme noch in einem Zustand der Entwicklung, sei es durch Mutationen, sei es durch Bastardierung stehen und erst allmählich — und zwar besonders in den Randgebieten (Maximum-, Minimumgebieten) der Selektion und dem Allelschwund unterliegen werden.

Diese Formenschwärme werden also die im Kapitel „Variabilität" herausgestellte dreidimensionale Variabilität aufweisen, d. h., die Variationsbreite wird sich auch mit der *Zeit* ändern. Eine Umgrenzung durch eine „Diagnose" wird hier unmöglich! Durch Ausfall von Zwischenformen können Disjunktionen entstehen, die den Formenschwarm in mehr oder weniger begrenzte „Arten" zerfallen lassen und anderseits können durch Mutation oder Bastardierung jederzeit noch vorhandene morphologische Disjunktionen geschlossen werden, d. h. zuvor noch trennbare Gruppen wieder zusammenfließen. In solchen Fällen löst sich jeder Versuch, durch eine Diagnose (oder Beschreibung) „Arten" auszugliedern, einfach in nichts auf. Der Begriff der „Species" wird hier zur Fiktion, die Einschnitte nach der subjektiven Anschauung des Bearbeiters zur Begrenzung heranziehen muß.

Diesen Formenkreisen galt nun stets das Ringen nach Klarheit und die verschiedenen Definitionen der „Art" bei den verschiedenen Autoren zeigen, wie man bemüht war, den Artbegriff doch in eine Form zu bringen und — das Gegenteil erreichte. Von den verschiedenen Definitionen des Artbegriffes möchte ich die ausführliche Definition von Plate anführen, da gerade sie einige charakteristische Begriffe enthält, die — in falschen Händen — zu der Artzersplitterung führen mußten: „Zu einer Art gehören sämtliche Exemplare welche der in der Diagnose festgestellten Form entsprechen, ferner sämtliche davon abweichenden Exemplare, die mit jenen durch häufig auftretende Zwischenformen innig verbunden sind, ferner alle, die mit den vorgenannten nachweislich in genetischem Zusammenhange stehen oder durch Generationen sich fruchtbar mit ihnen paaren."

Man erkennt in dieser Definition den hohen wissenschaftlichen Ernst und das Verantwortungsbewußtsein, mit dem Plate bemüht ist, dem Artbegriff klare Umrisse zu geben. Gefährlich erscheint mir jedoch die Wendung, „welche der in der Diagnose festgestellten Form entsprechen". Solange die Artdiagnose wirklich nur wesentliche Merkmale enthält, kann diese Fassung nicht leicht zu Übertreibungen in der „Artenerzeugung" führen. Sobald eine Diagnose — was eben besonders bei variablen Arten gar nicht selten vorkommt — zu sehr ins Detail geht, wird der Kreis der „nicht mehr entsprechenden" Formen immer größer, da die Diagnose nach einem Individuum (dem „Typus" im phytographischen Sinne) also vollkommen statisch gestellt wurde. Die Häufigkeit der Zwischenformen läßt sich aber sehr oft nicht feststellen und so kommt es zur Aufsplitterung von geschlossenen Formenkreisen, in eine unübersichtliche hypertrophische Fülle von Artnamen.

Schon im einleitenden Teil wurde aber darauf hingewiesen, daß die Zersplitterung aber keineswegs nur auf Formenreichtum, sondern vielmehr sehr oft auf falschem Autorenehrgeiz begründet liegt.

Es wird im methodischen dritten Teil noch darüber zu sprechen sein, was für Merkmale wir als „wesentliche Merkmale" zu bezeichnen haben. Hier sei nur vorausgeschickt, daß sich dafür kein allgemein gültiges Schema geben läßt, da ein und dasselbe Merkmal in verschiedenen Entwicklungslinien verschiedene Ursache und Bedeutung haben kann. Auf jeden Fall können aber Merkmale, deren Variation durch Umwelteinflüsse wahrscheinlich gemacht werden können, nicht als wesentlich angesprochen werden.

2. Ungleichheit des Materials

Das zweite sehr schwerwiegende Hindernis, welches einer einheitlichen Behandlung des Species-Begriffes im Wege steht, ist die Ungleichheit des Materials. Dieses Hindernis zu beseitigen besteht keine Aussicht, denn es wird immer Arten geben, von denen nur spärliches Herbarmaterial zur Verfügung steht, ja Arten und Gattungen, die einer einigermaßen befriedigenden Präparation unüberwindliche Schwierigkeiten entgegensetzen, wie die meisten Cactaceae oder sehr großwüchsige andere Pflanzen (Anthurium, Bäume, Palmen usw.). Die Frage kann also nicht sein, wie dieses Hindernis zu beseitigen wäre, denn man kann es nur zum Teil vielleicht mildern, aber sicher niemals beseitigen, sondern, ob es möglich ist, den Artbegriff trotz der Ungleichheit der Unterlagen einigermaßen befriedigend und gleichmäßig zu fassen.

Stufen der Materialgrundlage

Man könnte die Materialgrundlage in folgende Stufen einteilen:

1. Seltene, meist überseeische Formen,
   a) unvollständiges Material,
   b) vollkommen präpariert (mit allen Organen).
2. Formen, von denen reichliches Herbar(Sammlungs)material vorliegt,
3. Formengruppen, die dem Bearbeiter vom Standort bekannt sind:
   a) von einem Standort,
   b) von mehreren Standorten,
   c) von allen bekannten Standorten.

4. In Kultur bekannt:
   a) genetisch und experimental-ökologisch nicht erprobt,
   b) genetisch experimentell bearbeitet.

Wirklich „bekannt", d. h. erforscht ist nur die Gruppe 4 b. Es ist die erstrebenswerte Grundlage für jede Artsystematik, erstrebenswert, aber in weitaus den meisten Fällen unerreichbar. Würden alle „schwierigen" Formenkreise in dieser Materialgrundlage erforscht werden, so würde das Artproblem wesentlich einfacher werden. Ich bin der Meinung, daß aber auf jeden Fall gerade die schwierigen Formenkreise genetisch durchforscht werden müßten, bevor man eine künstliche Zersplitterung in benannte Arten, Unterarten, Mikrospecies usw. vornehmen darf. Schwierige Formenkreise sind aber heute oft so zersplittert, ohne daß mehr als Herbarmaterial von ihnen untersucht wurde. Auf diese Weise sind solche Gruppen in einen „Hexenbesen" von Formen und Namen zerrissen, von denen nicht einmal feststeht, ob es sich um mutative oder adaptive Varianten handelt.

Genetische Durchforschung

Auch die experimental-ökologische und genetische Erforschung wird eine Unterteilung der Gesamtarten herbeiführen. Sie wird aber sicher viele heute benannte Formen als gegenstandslos erkennen und jene Unterteilungen, die auf diese experimentelle Basis gestellt sind, haben eine praktische Bedeutung, bzw. sind wirkliche Gegebenheiten. Es ist nun die Frage, ob eine solche Durchforschung einer „Gesamtart" zur Aufstellung von „Arten" führen *kann* und ob sie es auch *darf*. Um diese Frage erörtern zu können, sind jedoch noch einige Vorfragen klarzustellen, so daß erst weiter unten auf sie eingegangen werden soll.

Die Kenntnis von kultiviertem Material ohne ökologischen und genetischen Versuchen ist für den Bearbeiter insoweit von größtem Vorteil, als sie ihm ermöglicht, den Lebenslauf der Pflanze in allen Stadien kennenzulernen. Darüber hinaus ist Lebendmaterial bei gewissen Gattungen mit sehr zarten Blütenteilen zur morphologischen Analyse völlig unentbehrlich (Iridaceae!), da sich Herbarmaterial nicht mehr auffrischen läßt. Anderseits steht Lebendmaterial fast immer nur in einem relativ beschränkten Umfang zur Verfügung und muß daher durch umfangreiches Herbarmaterial ergänzt sein, da sonst der Überblick über die Variationsbreite fehlt.

Ein Beispiel dieser Art bilden die Cactaceae. Infolge der Schwierigkeiten der Präparation stehen dem Bearbeiter zwar verhältnismäßig reiches Lebendmaterial in den Sammlungen und Spezial-Handelsgärten zur Verfügung, jedoch so gut wie kein präpariertes Standortmaterial. (Das reiche Material das im Botanischen Institut Berlin-Dahlem seit Schumann aufbewahrt wurde ist leider dem Krieg zum Opfer gefallen.) Die Folge davon ist eine zweifellos hypertrophische Artenzersplitterung und eine geradezu verheerende Synonymik.

Standortbeobachtung und Variationsstatistik; genetische Mannigfaltigkeit und natürliche Formenmannigfaltigkeit

Nächst der genetischen Bearbeitung ist zweifellos die idealste Materialgrundlage die Beobachtung am Standort, und zwar möglichst an allen oder wenigstens an vielen Standorten. Da es wohl meist undurchführbar ist, alle Standorte zu bereisen, muß besonderes Gewicht auf die Standorte an den Arealgrenzen, bei vikarierenden Arten im Grenzgebiet der Vikaristen gelegt werden. Ferner muß die Variationsstatistik ganz besonders das Mannigfaltigkeitszentrum (Optimumgebiet) bearbeiten. Wichtig sind ferner isolierte Standorte, besonders wenn sie in einem klimatisch vom Hauptareal stark abweichenden Gebiet liegen. Variationsstatistik auf Grund von Standortbeobachtungen ist fast jeder anderen Methode überlegen. Dies gilt in gewisser Hinsicht sogar für die Beobachtung am genetischen Versuchsbeet. Denn ein großer Teil der im Versuchsgarten existenzfähigen Formen sind in der Natur nicht existenzfähig, so daß die Zahl der „natürlichen Mikrospecies", d. h. der in der Natur tatsächlich vorkommenden Genkombinationen, sehr viel kleiner ist, als die theoretisch möglichen Genkombinationen der Biotypen.

Ein interessantes Beispiel dieser Art führt Lundegardh an[1]. Nach ihm hat der Genetiker J. Clausen festgestellt, daß zwischen den von ihm genetisch untersuchten Biotypen von Viola tricolor 5,308.416 Kombinationen möglich sind. Entgegen diesem genetischen Befund wurden aber vom Systematiker Wittrock nur 40 „Mikrospecies" aus der Natur beschrieben.

Ähnlich wie die genetische Bearbeitung wird auch die Standortbeobachtung eine sehr umfangreiche Formenkenntnis vermitteln und könnte so zu einer Artzersplitterung führen. Tatsächlich aber vermag gerade die Standortbeobachtung dadurch, daß der Bearbeiter einen Einblick in die Häufigkeit und Mannigfaltigkeit der Zwischenformen gewinnt, das Vorhandensein oder Fehlen der Disjunktionen in der Variationsbreite einer Artpopulation aufzudecken und dadurch Klarheit in die Artabgrenzung zu bringen.

Neumayer[2] teilt Silene quadridentata (Murr) Pers. in ca. 25 geographische Rassen, denen er den Rang von Subspecies gibt. Dabei gibt er aber selbst an, daß ihre Trennung, abgesehen davon, daß es sich um schwer definierbare Unterschiede der Tracht handelt, darum so schwierig sei, weil die Übergangsformen zwischen zwei dieser Rassen, in deren Grenzgebiet „ganz außerordentlich häufig" sind, z. B. zwischen Subspec. quadridentata s. str. und Subspec. Haeufleri sowohl im Ampezzanertal als am Nordabfall der Lienzer Dolomiten „gewiß (mindestens!) ebenso häufig" wie typische Subspec. Haeufleri sind. Hier hat die Standortbeobachtung also unzweideutig die fluktuierende Variationsbreite gezeigt. Unter solchen Umständen dürfte aber eine Aufstellung von Subspec. keinesfalls erfolgen.

Herbarmaterial

Weitaus der häufigste Fall ist jener, daß mehr oder weniger reichliches Herbarmaterial allein zur Verfügung steht. Daher erscheint es mir zweckmäßig, den Artbegriff auf eine Basis zu stellen, die mit dieser — mittleren — Bearbeitungsgrundlage vereinbar ist, um so eine größere Gleichmäßigkeit zu erreichen. Wenn nun dagegen eingewendet wird, daß ein weiterer Artbegriff den Anforderungen der ökologischen Forschung nicht gerecht wird,

---

[1] Lundegardh, H., Klima und Boden, 1930, S. 417.

[2] Neumayer, H. Einige Fragen der speziellen Systematik, erläutert an einer Gruppe der Gattung Silene. Österr. Bot. Zeitschr. 1925. Wettstein-Festschrift, S. 276—287.

so ist dagegen zu sagen, daß auch die „Mikrospecies" wohl eine gewisse Einengung bedeuten, aber noch immer als Population zu betrachten sind und daher weit davon entfernt, der ökologischen Forschung als Grundlage zu dienen. Erst der Biotypus kann bei ökologischen und genetischen Forschungen zur Unterlage dienen.

Reichliches Herbarmaterial ermöglicht aber eine mehr oder weniger genaue Kartierung des Verbreitungsgebietes, ferner bis zu einem gewissen Grad die Feststellung der Variationsbreite und — sofern dies von den Sammlern nicht vernachlässigt wurde — die Kenntnis der Standortverhältnisse.

Leider haben viele Sammler es versäumt, die Standortverhältnisse zu vermerken, so daß diesbezüglich immer Lückenhaftigkeit zu erwarten sein wird. Erst die neueren Sammler und besonders die Exsikatenwerke pflegen in diesem Punkte ausreichende Angaben zu machen.

Vorgetäuschte Disjunktionen

Auch in bezug auf die Kenntnis der Zwischenformen zwischen geographischen oder ökologischen Rassen wird man von Herbarmaterial oft nicht viel Aufschluß zu erwarten haben. Einesteils gibt das Herbar keinen Aufschluß über die Häufigkeit des Vorkommens und andererseits wurden sehr oft Zwischenformen gar nicht gesammelt, auch wenn sie vorhanden waren, sondern „typische" Exemplare. Dadurch können Disjunktionen der Variationsbreite vorgetäuscht werden.

Schwierig gestaltet sich aber die systematische Erforschung auch der höheren Kategorien, wenn das Herbarmaterial wegen präparationstechnischen Schwierigkeiten unvollkommen ist, z. B. unterirdische Teile fehlen, oder bei Bäumen, riesenblättrigen Formen, Kompositen zum Teil usw. In solchen Fällen wird die Bearbeitung auch bei sonst reichlichem Material auf ähnliche Schwierigkeiten stoßen, wie bei dem überhaupt spärlichen Material, mit dem der Bearbeiter überseeischer Arten meist arbeiten muß.

Weiter Artbegriff bei überseeischen Formen

In diesem letzteren Falle ist eine Feststellung der Variabilität nur in einem äußerst bescheidenen Maße möglich. Das Vorhandensein fließender Übergänge wird fast niemals feststellbar sein, weßhalb bei größerer Variationsbreite einer Species-Population meist eine Zersplitterung in mehrere Arten erfolgen wird. Als Gegengewicht gegen diese Schwierigkeiten haben manche Autoren überseeischer Formen einen überaus weiten Artbegriff angewandt[3]. Mit Rücksicht auf die Tatsache, daß es bei solchen Arten nicht möglich ist, die gleiche Klarheit über Verbreitung, Standorte und Variabilität zu erhalten, wie bei Arten der europäischen oder etwa der USA-Flora, läßt diese Methode bis zu einem gewissen Grade zweckmäßig erscheinen. Sie darf jedoch niemals in eine „Art" Formen zusammenfassen, die einem verschiedenen morphologischen Typus angehören, wie das leider wiederholt vorkommt.

---

[3] Z. B. Britton und Rose, The Cactaceae, Baker, Flora of South Africa.

Wenn z. B. Baker Wurmbea longiflora nur als Varietas zu Wurmbea capensis zählt, so ist dies nur ein Zeichen einer äußerst ungenauen morphologischen Analyse. Die genaueste morphologische Analyse aller irgendwie verschiedenen Formen einer „Art" wird hier also eine besonders große Rolle spielen.

Überdies wird ein gewisses „systematisches Taktgefühl", d. h. große systematische Erfahrung nötig sein, solche Gruppen zu bearbeiten. Eine gleichwertige Artabgrenzung, wie sie bei Formen, von denen reichlich Material zur Verfügung steht, erfolgen kann und muß, wird bei diesen Formen natürlich unmöglich sein. Man darf sich aber dann nicht scheuen, dies zuzugeben und muß, sobald ausreichendes Material zur Verfügung steht, die Mängel beseitigen. Bis dahin soll aber die Artabgrenzung und die Art der morphologischen Analyse wenigstens so geartet sein, daß eine Verwertung der phytographischen Daten für die Systematik der höheren Kategorien möglich ist. Daß dies bis heute sehr häufig nicht der Fall ist, weiß jeder, der versucht, Literaturangaben zur Systematik höherer Kategorien zu verwerten.

Aus den angeführten Tatsachen geht hervor, daß eine wirklich gleichmäßige Behandlung des Artproblems für den gesamten Bereich der höheren Pflanzen unmöglich ist, und wohl mindestens noch auf Jahrzehnte unmöglich bleiben wird. Die Ungleichmäßigkeit des Materials kann eben nicht behoben werden. Daher ist es notwendig, das Artproblem so zu fassen, daß nicht der notgedrungen sehr weiten Auffassung der „Art" auf der einen Seite, eine Hypertrophie an „Mikrospecies" auf der anderen Seite gegenübersteht, sondern auch dort, wo man in der Kenntnis der genetischen Verhältnisse weit fortgeschrittten ist, doch einen Artbegriff anwendet, der übersichtlich ist und dem Charakter der Species als variable Population Rechnung trägt. Die Phytographie muß immer bedacht sein, daß auch die Mikrospecies eine für die genetische und ökologische Forschung zu weite, für die Systematik der höheren Kategorien aber eine zu kleine Einheit und dadurch ein Ballast ist.

3. Die Frage der Erblichkeitsgrundlagen im Artproblem

In der Auffassung des Artbegriffes wurden von verschiedenen Autoren Kriterita der Erblichkeit (Reinerbigkeit) und der Fertilität herangezogen. In diesen Fassungen des Artbegriffes spuken noch Reste der Linneschen Idee von der Unveränderlichkeit der Species herum. Oberflächlich betrachtet, machen solche Kriterita ja wohl den Eindruck höchster Prägnanz; daher ist es verständlich, daß sie in der Artsystematik starken Anklang fanden. Dadurch aber führten sie gerade zu der Zersplitterung der Arten und würden folgerichtig bis zur Benennung der einzelnen „Reinen Linien" führen — und schließlich auch dort — versagen. Gerade die Auffassung von der Reinerbigkeit (also Unveränderlichkeit) der Species hat also das Artproblem nicht vereinfacht, sondern, weil sie ohne Zusammenhang mit der Genetik aufgestellt wurde, noch schwieriger gemacht und nur die Sysnonymik bereichert.

Um das Verhältnis der Erblichkeits- und Fertilitätsfragen zum Artproblem klarzustellen, ist es aber notwendig, zunächst einige grundsätzliche Fragen vom genetischen Standpunkt aus zu erörtern.

A. Ist die Species reinerbig?

Reinerbigkeit, auch wenn sie als „unveränderte Weitergabe der Eigenschaften auf die Nachkommen" oder mit anderen Worten umschrieben wird, ist grundsätzlich nichts anderes als Homocygotie. Setzen wir diesen Begriff in die Definition des Artbegriffes ein, so ergibt sich, daß die Variabilität einer Art in diesem Sinne nur adaptiver Natur sein dürfte, die „Art" also nur eine biotypische Variationsbreite aufweisen dürfte. Nun wissen wir aber seit Johannsens Untersuchungen, daß selbst morphologisch durchaus einheitliche „Sorten" von Kulturpflanzen sich durch zwei- oder mehrgipfelige Variationskurven als Population aus zwei oder mehr „Reinen Linien" erweisen können. Das heißt: Es müßten von diesem Standpunkt aus alle Kategorien unter der Species bis auf die „Modifikation" aufgelassen und in Species umgewandelt werden, aber auch noch darüber hinaus auch diese „Mikrospecies" noch in morphologisch nicht mehr unterscheidbare „Species", d. h. in die Biotypen (Reinen Linien) mit Benennung (!) zergliedert werden. Durch Kreuzung Reiner Linien werden aber immer noch neue homocygote Formen gebildet und überdies spaltet auch jede reine Linie — wenn auch in einer, durch verschiedene Mutationsbereitschaft verschiedener Häufigkeit — immer neue Mutationen ab, deren Nachkommen nun, je nachdem ob sie in heterocygotischer Verbindung mit der Stammlinie oder einer anderen heterocygotisch, oder — natürlich weit seltener — durch Verbindung mit einer Erbgleichen homocygotisch sind, als Bastarde oder neue „Species" geführt werden müßten. Nur autogame Klonen würden also wirklich als „Species" übrigbleiben! Es ist klar, daß dies eine Utopie wäre.

Die Art ist also niemals eine reinerbige (d. h. homocygotische) Einheit, sondern eine Population, die sich aus homocygotischen und heterocygotischen Individuen zusammensetzt und durch Bastardierung und Mutationen in ständiger Umwandlung begriffen ist.

B. Scheinbare Reinerbigkeit (Morphologische Konstanz).

Während nun einesteils festgestellt wurde, daß es reinerbige (d. h. homocygotische) Species nicht geben kann, gibt es anderseits Fälle einer scheinbaren Reinerbigkeit, oder, wie man besser sagen sollte, morphologischer Konstanz[4].

Es gibt da mehrere Möglichkeiten, die hier nur kurz gestreift werden sollen, um zu zeigen, daß auch eine solche Konstanz oft nur scheinbar, bzw. nicht genetisch begründet sein kann.

Heterocygotie nur in funktionellen (ökologischen) Eigenschaften

Von dem klarsten Falle, daß sich die Heterocygotie lediglich auf funktionelle Verschiedenheiten auswirkt, wollen wir hier absehen, obwohl dieser Fall ökologisch in bezug auf Standort, Blütezeit, Areal und besonders bei Parasiten auf die Wirtspflanze auch mehr oder weniger augenfällige Unterschiede hervorrufen kann.

[4] Unter „Morphologischer Konstanz" will ich jene Fälle zusammenfassen, die — ohne Rücksicht ob sie homocygotisch sind oder nicht, mehr oder weniger gleichförmig sind, also eigentlich jenen Fall, der in den Definitionen des Artbegriffes als „reinerbig" praktisch gemeint war.

Heterocygotie mit einem Letalfaktor

Wichtig erscheint mir dagegen jener Fall, bei dem ein Chromosomensatz eines Heterocygoten einen Letalfaktor enthält, wie das bei dem bekannten Beispiel der Oenothera Lamarckiana, die nur scheinbar reinerbig ist, da sowohl der „Gaudens-Komplex" als der „Velans-Komplex" homocygotisch als Embryo bereits zugrunde geht. Ähnlich liegen die Verhältnisse bei Oenothera muricata, die hetrocygotisch aus den Komplexen „rigens" und „curvans" ist, von denen die Rigens-Pollen und die Curvans-Eizellen funktionstüchtig sind.

Ähnlich verhalten sich jene Fälle, in denen sich ein Letalfaktor lediglich in homocygotischen Individuen auswirkt. Hier werden stets nur homocygotische Individuen der nicht letalen und heterocygotische existenzfähig sein und in einem Verhältnis von 1 AA zu 1 Aa (wenn a der Satz mit dem Letalfaktor ist) auftreten. Bringt nun der Satz mit dem Letalfaktor phänotypisch ein rezessives Merkmal mit sich, so kann dieses niemals zur Geltung kommen und die beiden Nachkommengruppen werden scheinbar reinerbig und konstant.

Diese angeführten Beispiele beziehen sich also konkret auf Biotypenkombinationen.

Scheinbare Konstanz in Populationen

Aber auch in Populationen kann Konstanz (hier also nicht im Sinne von Homocygotie) vorgetäuscht werden. Es wurde bereits oben auf jene, hiehergehörigen Fälle hingewiesen, in denen aus einer Population mit fluktuierender Variationsbreite einzelne Teile durch Selektion immer wieder in frühen Entwicklungsstadien vernichtet werden, so daß nur gewisse, einheitlichere Gruppen auf ökologisch verschiedenen Standorten erhalten bleiben. Das Beispiel der spanischen Antirrhinum-Spezies wurde bereits oben angeführt. Ähnlich dürften sich die Waldform, die Dünenform und die Sandbodenform von Hieracium umbellatum an den betreffenden Standorten immer wieder aus einer Population herausentwickeln. Diese Erscheinungen gehören also zur Kategorie des Vikarismus und wurden bereits im Kapitel „Variabilität" eingehend behandelt.

Scheinbare Konstanz durch Allelschwund in Randpopulationen

Eine scheinbare Konstanz kann ferner dann auftreten, wie ebenfalls schon oben ausgeführt wurde, wenn die Randpopulationen des Gesamtareals einer Artpopulation für sich betrachtet werden. Hier ist es weniger die Selektion, die die Mannigfaltigkeit einschränkt, sondern der Allelschwund in Randgebieten. Werden diese Randpopulationen ohne Rücksicht auf das Mannigfaltigkeitszentrum betrachtet, so daß Übergangsformen nicht bekannt werden, so können sie leicht als „Arten", ja sogar als „gute Arten" angesehen werden. Wie ich bereits ausführte, halte ich das Verhältnis von „Crocus albiflorus" zu C. vernus sens. strict. für ein solches. Besonders leicht wird so ein Fall zur ungerechtfertigten Artaufstellung führen, wenn nur spärliches Material einer Formengruppe zur Verfügung steht.

C. *Intersterilitätsbarriere und Parasterilität*

Wie sich also die von den Autoren zur Kennzeichnung des Artbegriffes angenommene Reinerbigkeit als falsch erwiesen hat, so zeigt es sich auch, daß auch das Merkmal der Fertilität innerhalb einer Art, ja gerade innerhalb gewisser Biotypen fehlen kann.

Parasterilität, Intrasterilität und Intersterilität

Correns hat an Cardamine pratensis festgestellt, daß die Nachkommen einer Kreuzung teils mit beiden, teils mit einem der beiden Eltern fertil war, dagegen war jede der beiden Gruppen in sich steril, mit Angehörigen der anderen Gruppe aber fertil. Diese von Brieger als „Parasterilität" bezeichnete Erscheinung beruht auf dem Vorhandensein einer multiplen Serie von Sterilitätsallelen. Pflanzen mit identischen Allelen sind miteinander unfruchtbar. Unterscheiden sie sich jedoch wenigstens in einem der s-Allele (Sterilitätsallele), so können sie sich fruchtbar kreuzen. Diese Erscheinung ist jedoch auch bei anderen Arten festgestellt worden.

Ähnlich liegen die Verhältnisse bei der sogenannten „In*tra*sterilität", die eine große Rolle im Obstbau spielt. Gewisse Obstsorten setzen in reinen Beständen keine Frucht an. Die Erklärung dieser Erscheinung liegt darin, daß Obstsorten ausschließlich vegetativ vermehrt werden, so daß eine herrschende Selbststerilität nicht auf ein Individuum beschränkt ist, sondern alle Individuen der gleichen Sorte betrifft. Kommt hingegen (in gemischten Beständen) Pollen einer anderen Sorte, die nicht dasselbe Sterilitätsgen enthält, auf die Narbe, so tritt Befruchtung ein. Da jedoch auch andere Sorten dasselbe Sterilitätsgen enthalten können, gibt es auch eine Sterilität zwischen zwei bestimmten verschiedenen Sorten. Diese Sterilitätsform bezeichnet man dann als *Inter*sterilität.

Im Gegensatz zu diesen auf das Vorhandensein bestimmter Sterilitätsgene beruhenden Sterilität bei identischen oder chromosomal gleichartigen Genen steht ein anderer Fall einer „Sterilitätsbarriere", der auch in der Natur viel häufiger vorkommt als man annimmt.

Sterilitätsbarriere durch Autopolyploidie

Die Sterilitätsbarriere kommt durch die Erscheinung der Autopolyploidie zustande. Autopolyploide Formen zeigen nämlich sehr häufig gegenüber ihren Ausgangssippen eine Kreuzungsbarriere, weil mit ihnen Anorthopolyploide und daher meist sterile Bastarde entstehen. Autopolyploide hat also eine ähnliche Wirkung wie geographische Isolation. Ebenso können bei einer Vermehrung der Chromosomengarnituren Störungen bei der Bildung der Geschlechtszellen auftreten, die ihre Fortpflanzungsfähigkeit vermindern.

Nun sind zwar Autopolyploide meist durch gewisse morphologische und ökologische Kennzeichen von ihren diploiden Eltern soweit verschieden, daß sie für gewisse Umweltbedingungen besser, für andere schlechter als die Ausgangssippe geeignet sind und Arealänderungen eintreten können. Man könnte ihnen daher den Rang einer neuen Spezies zubilligen, doch ist dies nicht immer der Fall. Somit kann auch auf dem Wege der Genomverdoppelung innerhalb einer Artpopulation Sterilität zustande kommen.

D. Artbastarde auf heteropolyploider Basis

Die Erscheinung der Polyploidie kompliziert jedoch den Artbegriff noch in einer anderen Weise.

Während nämlich Autopolyploide sehr häufig gegenüber ihren diploiden Eltern durch eine Sterilitätsschranke unfruchtbar sind, ergibt die Kreuzung zweier artfremder, ja selbst gattungfremder Tetraploiden untereinander reinerbige und fortpflanzungsfähige Bastarde, da bei der Reduktionsteilung infolge des Vorhandenseins von je zwei Chromosomengarnituren jedes Elternteiles die Geminibildung ohne Komplikation erfolgen kann. Jede Fortpflanzungszelle erhält dabei je eine komplette Garnitur jedes der beiden Eltern und die Nachkommen sind daher homocygotische Bastarde.

Daß solche Fälle auch in der Natur vorkommen können, beweist Galeopsis tetrahit, die im Versuch aus G. speciosa und G. pubescens künstlich erzüchtet werden konnte, wobei keinerlei Unterschied zwischen der natürlichen und der künstlichen G. tetrahit nachweisbar wurde. Auf dieses Phänomen sind wir ja bereits oben eingegangen.

E. Phänokopien

Wie bereits im Kapitel „Variabilität" ausgeführt wurde, können innerhalb der biotypischen Variationsbreite liegenden Extreme einer Form gestaltlich Formen gleichen, die bei einer anderen Formenreihe erbgebunden sind, also innerhalb der genotypischen Variationsbreite liegen. Diese, als Phänokopien bezeichneten Formen, erschweren das Erkennen der Variationsbreite einer bestimmten Form außerordentlich und sind daher mit eine Ursache der Schwierigkeiten, die bei der Artabgrenzung formenreicher Gruppen auftreten.

II. Zweck des Artbegriffes

Haben wir nun hier aufgezeigt, wie viele und schwerwiegende Schwierigkeiten einer einheitlichen Definiton und Anwendung des Artbegriffes entgegenstehen, so müssen wir nun weiter untersuchen, welchen Zweck der Begriff der „Art" hat, d. h. welchen Anforderungen er gerecht zu werden hat. Denn damit, daß die Species keine natürliche Realität, sondern eine subjektiv umgrenzte Kategorie ist, erhebt sich die Forderung, diese Umgrenzung so zu gestalten, daß sie den wesentlichsten Erfordernissen möglichst gerecht wird, mit anderen Worten, es tritt die Frage an uns heran, ob der Artbegriff eng oder weit zu fassen ist.

Wenn wir nun im folgenden den Zweck der Artkategorie untersuchen wollen, so erachte ich es als eine harte und bedauerliche Notwendigkeit, eine negative Feststellung an die Spitze zu stellen:

Zweck der Artkategorie kann und darf es niemals sein, einem „Mihilisten" die Möglichkeit zu geben, sein „mihi" oder seinen Autorennamen hinter einen neuen „Artnamen" zu setzen, oder durch einen neuen Artnamen eine neue Handelsware zu „erzeugen"! Ich glaube, ich brauche hier nichts mehr hinzuzufügen.

Die Artkategorie dient dazu:

1. In die Mannigfaltigkeit der Formen eine Übersicht und Ordnung zu bringen.

2. Die internationale Verständigung über einen bestimmten Formenkreis zu ermöglichen.

3. Die floristische Zusammensetzung der Vegetation bestimmter Länder (in geographischem Sinne) oder Biotypen festzuhalten und eine vergleichbare Artstatistik im pflanzengeographischen, ökologischen oder systematischen Sinne zu ermöglichen.

4. Für die Systematik (Phylogenetik) höherer Kategorien dient sie als unterster Elementarbaustein.

5. Für die Genetik, Ökologie und Wirkstofflehre dagegen als oberste Kategorie. Diese drei Forschungszweige können erfolgreich ausschließlich mit „Reinen Linien" arbeiten. Die Wirkstofflehre ist allerdings heute noch weit davon entfernt und wird daher heute noch zum Großteil die Art als Arbeitsgrundlage verwenden. Nur in einigen Fällen (Süßlupine, nikotinarme Tabake usw.) arbeitet sie heute schon mit der Genetik Hand in Hand mit Biotypen.

Für die praktische Anwendung der Artkategorie ergeben sich aus dieser Übersicht folgende Erwägungen.

1. Schaffung einer Ordnung und Übersicht

Die Schaffung einer Ordnung und Übersicht ist wohl die primäre und im wahrsten Sinne des Wortes prinzipielle Idee, die schon L i n n é bei der Schaffung des Speciesbegriffes geleitet hat, wobei ihm jedoch die grundsätzliche Vorstellung von der Unwandelbarkeit der Arten gewissermaßen den Weg vorschrieb[5].

Dementsprechend hat L i n n é seinem Artbegriff einen Umfang gegeben, der heute noch unübertroffen und vorbildlich ist, wie schon eingangs erwähnt wurde.

Will man in eine Vielheit von Formen Ordnung und Übersicht bringen, dann darf man sie nicht wieder in eine Vielheit von Namen umsetzen, sonst wird dieser Zweck völlig verfehlt. Gegen dieses Prinzip wurde jedoch in neuerer Zeit immer mehr gesündigt. Daran ändert auch der Brauch nichts, von „Gesamtart" zu sprechen, wenn man die, dieser Gesamtart untergeordneten Formen wieder mit Artnomenklatur versieht. Denn rein optisch ist es durchaus dasselbe, ob man z. B. „Hieracium murorum" oder eine der vielen dieser „Gesamtart" untergeordneten *Art*bezeichnungen liest. Erst das unbequeme und schleppende Anhängsel „sens. lat." bzw. „sens. strict." macht es

[5] Ich möchte allerdings sogar noch weiter greifen. Die Idee der Artenbenennung reicht meines Erachtens noch viel weiter zurück und entspringt einem angeborenen allgemein menschlichen Bedürfnis, die Dinge zu benennen. Der Volksmund hat für alle mehr oder weniger auffallenden Pflanzen seiner Umgebung eigene Namen und es ist dabei auffallend, welch gutes Unterscheidungs- also auch Zusammenfassungsvermögen dem einfachen Menschen, sofern er noch naturverbunden ist, innewohnt. Man beachte nur, daß z. B. der Älpler trotz des so verschiedenen Habitus, die Enziane als zusammengehörig erkennt; einer Zergliederung für ihn gleichartiger Formen steht er allerdings verständnislos gegenüber.

überhaupt erkennbar, welcher Umfang selbst bei ein und demselben „Artnamen" gemeint ist. Wird dieses Anhängsel aus Bequemlichkeit oder Nachlässigkeit ausgelassen, so ist bereits der Name mehrdeutig.

Weniger spezialistisch bearbeitete Formenkreise sind auch nicht so zersplittert. Daher sind in ihnen die Artbegriffe weiter gefaßt. Dem Artbegriff im größten Teil des Systems entspricht also nur der Begriff der „Gesamtart", niemals jener der „Mikrospecies".

Daher muß vom Standpunkt dieser ersten Aufgabe der Artkategorie gefordert werden, nur der „Gesamtart" den Rang einer Species zuzubilligen, jede weitere Unterteilung aber, wenn überhaupt, mit dem Rang einer untergeordneten Kategorie zu versehen.

2. Internationale Verständigungsmöglichkeit

Der Zweck der internationalen Verständigungsmöglichkeit hängt mit dem ersten unmittelbar zusammen. Denn erst wenn eine eindeutige Ordnung in die Vielfalt der Arten gebracht ist, ist eine Verständigung möglich. Es ist daher auch zu erwägen, ob diese Aufgabe besser durch einen engen oder einen weiten Artbegriff zu lösen ist.

Ich glaube, diese Frage muß man einmal reziprok betrachten. Meines Erachtens krankt die Phytographie zu einem wesentlichen Teil daran, daß Europa eine relativ arme Flora besitzt. Diese gegebene Artenarmut führt natürlich dazu, daß die relativ wenigen Arten genauer als sonst üblich wäre, bearbeitet und die Kleinformen wichtiger genommen werden, als ihrer Bedeutung entspricht, da sie — wie unten noch näher ausgeführt wird — für genetische und ökologische Zwecke doch noch viel zu weite Begriffe sind. Man muß sich nur vor Augen halten, welche Folgen es haben würde, wollte man auch für die ungeheure Formenfülle der tropischen Gebiete einen gleichen Maßstab anlegen, wie etwa für die europäischen Rubus oder Hieracium. Aus diesem Gesichtspunkt ist es zu begreifen, weshalb gerade die Bearbeiter der überseeischen Floren einen weiten Artbegriff anwenden. Daher ist es auch verständlich, daß diese Forscher wenig Verständnis für eine übermäßige Artzersplitterung haben. Für sie ist nur die „Gesamtart" einer fremden Flora wichtig.

Ökologische und genetische Forschung, die eher einen engeren Artbegriff vorziehen würden, werden fast immer an Arten der eigenen Flora betrieben, andere Zweige sind an einer Artzersplitterung einer fremden Flora überhaupt nicht interessiert. Daher ist auch im Interesse einer internationalen Verständigung der weitere Artbegriff unbedingt vorzuziehen.

3. Floristik, Pflanzengeographie

Auch in diesem Punkte muß man zwischen den Verhältnissen im kleinräumigen, dicht besiedelten und seit Jahrhunderten durchforschten Europa und jenen in den gewaltigen, oft wenig besiedelten und nur durch einzelne Expeditionen durchforschten anderen Kontinenten unterscheiden.

Die *Kleinräumigkeit Europas* führt dazu, daß relativ sehr kleine Gebiete ihre eigene Floristik betreiben, daß daher Unterschiede geographischer Rassen verhältnismäßig stark ins Gewicht fallen. Es sind auch in keinem anderen Erdteil die geologischen, klimatologischen und ökologischen Verhältnisse so detailliert erforscht, wie in Europa, das sind zweifellos gewichtige Gründe, die für eine Auflösung der „Gesamtart" in kleinere Einheiten, und zwar speziell in geographische und ökologische Rassen sprechen. Denn geographische wie ökologische Verschiedenheiten sind ja tatsächlich als Gegebenheiten festgestellt und mehr oder weniger unterscheidbar, auch dann, wenn ihre Zusammengehörigkeit, sei es morphologisch, sei es durch Übergangsformen erwiesen und augenfällig ist.

Überseeische Formen

Die Frage ist nur, ob man in Anbetracht der gänzlich anders gearteten Lage anderer Kontinente, diesen kleineren Einheiten denselben Rang — d. h. Artcharakter — zuteilen darf, den man den weniger durchforschten und daher komplexeren „Arten" überseeischer Floren zuteilt. Ich glaube, diese Frage muß anders gestellt werden, d. h. sie muß für die verschiedenen Belange getrennt behandelt werden. Wo es sich um die Vegetation bestimmter Länder handelt, also um Floristik im engeren Sinne, wird zweifellos der Wunsch berechtigt sein, die Gesamtart aufzulösen, da den kleineren Räumen auch ein eingehenderes Studium der in ihnen lebenden Formen besser entspricht. Man würde wohl auch in Überseeländern in gleicher Weise vorgehen, wenn man die Flora kleinerer und gut durchforschter Gebiete bearbeitet. Ich denke da z. B. besonders an die USA, in denen doch was die Erschließung anlangt wenigstens stellenweise ziemlich ähnliche Verhältnisse vorliegen, wie in Europa. Daß man bei Überseefloren heute im allgemeinen nicht so sehr auf diese Unterteilungen eingeht, hat wohl hauptsächlich den Grund, daß die Florenwerke dieser Gebiete (fast) stets unvergleichlich größere Räume behandeln und sich daher in Einzelheiten nicht verlieren können und dürfen.

Geobotanische Fragen — Artstatistik

Gerade umgekehrt liegen die Dinge jedoch sobald geobotanische Fragen, also die Vegetationsdecke der ganzen Erde zur Behandlung steht. In diesem Falle muß eine gleichmäßige Behandlung aller Gebiete angestrebt werden und daher wird ein weiter Artbegriff auch für Europa angewandt werden müssen, will man keine Fehlerquellen aus der ungleichmäßigen Kenntnis der Kontinente herbeiführen. Dies gilt in ganz besonderem Maße für Fragen der vergleichenden Artstatistik. Artstatistische Angaben, gleich, ob sie sich auf einen Vergleich der Artenzahlen verschiedener Gebiete (also im geographischen Sinne) oder verschiedener Familien (also im systematischen Sinne) beziehen sind derzeit stets mit allergrößter Vorsicht aufzunehmen. Denn der Artenzahl etwa in Südostasien steht keineswegs eine gleichwertige Artenzahl des europäischen Raumes gegenüber, da hier die „Arten" einem sehr engen, dort einem weiten Artbegriff entsprechen. Nur wenn die europäischen „Artenzahlen" sich ausschließlich auf die „Gesamtarten" der europäischen Phytographie beziehen, sind die Zahlen einigermaßen vergleichbar.

Im Interesse der *ökologischen Forschung* liegen nun die Dinge wieder ähnlich, wie bei der Floristik, ja hier wird in noch stärkerem Maße die Unterscheidung von geographischen, von Klima- und Standortrassen wünschenswert bzw. notwendig sein.

Überseeische, noch nicht völlig erschlossene Gebiete können natürlich nur in äußerst spärlichem Umfang in dieser Hinsicht erforscht sein, und es unterliegt gar keinem Zweifel, daß dies auch vom systematischen Standpunkt als eine sehr bedauerliche Lücke empfunden wird.

Wir können also kurz zusammenfassen: *Vom geobotanischen, wie vom Standpunkt der Artstatistik ist infolge der Notwendigkeit einer gleichmäßigen Behandlung aller Erdteile ein weiter Artbegriff erforderlich,* den anderen in Punkt 3 zusammengefaßten Aufgaben wird nur ein enger Artbegriff, d. h. eine Aufschließung in geographische und ökologische Rassen gerecht.

4. Systematik der höheren Kategorien (Phylogenetik)

Mit Rücksicht darauf, daß das vorliegende Werk speziell die Systematik der höheren Kategorien zum Ziele hat, erscheint es mir vorteilhaft, gerade auf diesen Punkt näher einzugehen.

Auf die Methodik kann natürlich an dieser Stelle nicht näher eingegangen werden. Wir müssen jedoch prüfen, welche Bedeutung die Species in der Systematik der höheren Kategorien hat.

Phylogenetische Bedeutung einheitlicher Artengruppen

Da muß nun gleich eingangs betont werden, daß der Umfang des Artbegriffes für die Phylogenetik völlig belanglos ist. Denn die Phylogenetik muß mit Realitäten arbeiten, die Species ist jedoch, wie bewiesen werden konnte, keine Realität sondern nur ein Ordnungsprinzip; d. h. es ist natürlich auch für den Phylogenetiker äußerst wichtig, einen Überblick über die Mannigfaltigkeit seines Untersuchungsgebietes zu haben. In sehr vielen Fällen wird er dabei aber auch von der Species absehen und als Grundlage die Untergattungen anwenden können, nämlich stets dann, wenn diese in geographischer wie in morphologischer Hinsicht sehr einheitlich sind. Anderseits aber muß der Phylogenetiker bei Arten, die sehr große und uneinheitliche Areale bewohnen, ohne Rücksicht auf Gegebenheit oder Fehlen einer Artunterteilung, Formen aus allen Teilen des Verbreitungsgebietes untersuchen.

Arten mit Riesenarealen

Ein interessantes Beispiel dieser Art ist Iphigenia indica. Diese außerordentlich weit verbreitete und vielgestaltige Art hat eine Knolle, die eine Primitivform des Colchicum-Typus ist. An einem Individuum aus dem Yünnan konnte ich jedoch tatsächlich den planmäßig gesuchten Übergang zur Gagea-Zwiebel nachweisen.

Auch Lloydia serotina hat ein ungeheueres Areal, das von den Hochalpen bis in die Arktis, von Mitteleuropa über die Beringstraße bis Alaska reicht. In diesem Rahmen treten nun die verschiedensten Formen der Nektarfalte auf, die schließlich zum Nektarium der Gattung Erythronium überleitet.

Die beiden angeführten Beispiele zeigen also, daß es nicht auf den Begriff der Species ankommt, sondern daß man viel mehr Rücksicht auf die Verbreitung, und zwar besonders auf die Formen der Grenz- und Übergangsgebiete großer Areale nehmen muß.

Sektionen als systematische Einheiten

Dagegen kann, um ein bekanntes Beispiel heranzuziehen, in der phylogenetischen Forschung die ganze Gentiana-Sect. Endotricha als Ganzes in Betracht gezogen werden, da sie, trotz ihrer Aufspaltung in mehrere Arten und Vikaristen so einheitlich ist, daß alle hiehergehörigen Formen einen ganz einheitlichen morphologischen Typus verkörpern.

Es zeigt sich hier also bereits die Tatsache, daß die wichtigste Grundlage der neuen Phylogenetik die morphologische Typusforschung ist. *Der morphologische Typus und seine Entwicklungstendenzen ist das leitende Prinzip der höheren Systematik.* Es ist daher wesentlich seine Abwandlungen in dem gesamten bearbeiteten Formenkreis eingehend kennenzulernen. Wenn nun eine Kategorie, gleich ob Species, Subgenus oder selbst Genus, in sich sehr einheitlich ist, d. h. eine mehr oder weniger abgeschlossene Manifestation des Typus aufweißt, so ist es für die Systematik weiter belanglos, ob diese Gruppe weiter unterteilt ist oder nicht. Ist sie aber — auch wenn es eine Species ist — in typologischer Hinsicht noch variabel, was bei Arten mit großen Arealen stets zu erwarten ist, so müssen grundsätzlich auch innerhalb dieses Formenkreises die Entwicklungstendenzen genau ermittelt werden. Mit anderen Worten, die typologische Methode muß mit der arealgeographischen in Verbindung gebracht werden ohne jede Rücksicht auf die durch die Phytographie gegebenen Grenzen.

Demnach würde es zunächst scheinen, als ob die Unterteilung der Gesamtarten für die Phylogenetik wichtig wäre. Ich habe aber absichtlich deshalb oben das Beispiel der Gentiana-Sect. Endotricha gewählt, als einen jener Fälle, die typologisch als ein Ganzes zu betrachten ist. Denn es zeigt sich, daß die Mikrospecies typologisch doch nur als Einheit der Gesamtart zu betrachten sind. Viel wichtiger sind oft einzelne — aberrante — Individuen, besonders Mutanten und — zur Aufklärung sonst verwickelter morphologischer Verhältnisse — Kümmerexemplare, die beispielsweise den Aufbau bei normalen Individuen unübersichtlicher Infloreszenzverhältnisse sehr gut erkennen lassen.

Anderseits wieder hat der Systematiker, der höhere Kategorien bearbeitet, stets eine sehr große Zahl von Arten zu bearbeiten. Eine Aufsplitterung in — typologische doch einheitliche — Mikrospecies schafft ihm einen enormen zeitraubenden Namensballast.

Daher wird der Phylogenetiker stets einen weiten Artbegriff vorziehen. Die „Gesamtart“ ist für ihn tatsächlich die Elementargrundlage, auch wenn er aberrante Individuen zu besonderen Untersuchungen heranziehen wird.

5. Experimentell ökologische und genetische Forschung

Gerade das Gegenteil ist bei experimentell ökologischen und genetischen Forschungen der Fall, also auch bei der Artsystematik. Hier werden die großen phytographischen Einheiten zu vielfältig und daher in ihrem Wesen uneinheitlich. Beide Forschungszweige müssen mit den „Reinen Linien", den Biotypen arbeiten, auch dann, wenn diese morphologisch — also auch habituell — voneinander nicht unterscheidbar sind. Da nun aber wenigstens häufig physiologische (ökologische) und genetische Unterschiede *auch* mit morphologischen mehr oder weniger korrespondieren, werden morphologisch ähnliche Biotypen bis zu einem gewissen Grade auch Schlüsse auf ihre sonstigen Eigenschaften ziehen lassen. D. h. die Mikrospecies werden dem Genetiker wie dem Experimentalökologen eine gewisse Gruppenbildung erleichtern. Daher ist tatsächlich die „Gesamtart" bereits eine zu große Einheit, die Mikrospecies sind die *obersten* Einteilungskategorien für Ökologie und Genetik.

Wir sehen also, daß sowohl der weite, wie der enge Artbegriff sein Für und Wider hat, daß aber jedenfalls mehr für den weiteren Artbegriff spricht.

6. Weitere Argumente für weiten Artbegriff

Enger Artbegriff kann nicht konsequent durchgeführt werden

Für einen weiteren Artbegriff sprechen aber noch besonders zwei Argumente: Zunächst die Unmöglichkeit, einen engen Artbegriff konsequent für das gesamte Pflanzenreich der Erde einzuführen, wodurch bei einseitiger Anwendung in den gut durchforschten Gebieten bzw. Familien eine Uneinheitlichkeit des Artbegriffes entstehen muß (und ja auch bereits entstanden ist!) und zweitens der Umstand, daß eine Zersplitterung der Großarten ein *ungesundes Artspezialistentum* erzeugt, daß von den großen systematischen Fragen ablenkt und vor allem die Phytographie und leider mit ihr die Systematik in einen solchen Verruf brachte, daß sich der Forschernachwuchs lieber mit — nur scheinbar — dankbareren Forschungsrichtungen befaßt und so die Systematik zum Niedergang verurteilt war.

Ich habe mich über diesen Punkt ja bereits im ersten Teil dieses Buches und schon früher an anderer Stelle eingehend geäußert.

Es gilt also jedenfalls, dem Artbegriff und auch der Artbeschreibung eine neue, den heutigen Kenntnissen entsprechende und den heutigen Erfordernissen Rechnung tragende Fassung zu geben. Ich habe bereits eingangs betont, daß ich mich nicht anmaße, damit das Artproblem zu lösen, weil ich es für unmöglich halte, es überhaupt restlos zu lösen. Ich glaube aber, daß der nachfolgende Vorschlag geeignet sein wird, viele Mängel, die der Artfrage heute noch anhaften, zu beseitigen, andere wenigstens zu mildern. Die unscharfe Begrenzung der Arten, die auch bei diesem Vorschlag noch immer in einzelnen Fällen bestehen bleiben wird, kann jedenfalls nicht dadurch verbessert werden, daß man durch weitere Unterteilungen an Stelle von einer oder zwei unklaren Grenzen noch mehrere setzt.

III. Definition und Behandlung des Artbegriffes

Definition

Die *Art* ist eine Population, deren unter natürlichen Verhältnissen entstandene Glieder (Individuen) untereinander durch gerichtete oder mehr oder weniger richtungslose Kleinst-Progressionen verbunden sind, ohne Rücksicht auf eine allenfalls bestehende Intersterilität einzelner Glieder untereinander.

Charakterisiert wird eine Art durch Festlegung ihres morphologischen Typus, d. h. genaueste Beschreibung eines Individuums (phytographischer „Typus"), das dem Mannigfaltigkeitszentrum (der Art oder, womöglich, der Gattung) entstammen soll *und* der, der Art innewohnenden Progressionsrichtungen (Entwicklungstendenzen) *und* der Variationsbreite.

Unterteilung der Art in „Ökotypen" und „Geotypen"

Die Art kann, gegebenenfalles, in einzelne ökologische „Ökotypen" oder geographische „Geotypen" unterteilt werden, falls solche eindeutig zu erkennen sind. Ökotypen und Geotypen können nur zur Form des Mannigfaltigkeitszentrums in Beziehung gebracht werden.

Kritik der neuen Vorschläge

Zur neuen Umschreibung des Artbegriffes ergeben sich folgende Fragen:

1. Ist die neue Umschreibung der Art *richtig?*
2. ist sie *zweckmäßig?*
3. ist sie *durchführbar?*

Wann ist eine Artumschreibung überhaupt richtig?

Zu Frage 1.

Eine Artumschreibung ist richtig:

a) Wenn die *Einheit der Abstammung* gesichert erscheint,

b) wenn eine *Unterscheidung* von den nächstverwandten Arten möglich ist.

Zu 1a): Durch die Ableitung aus dem Mannigfaltigkeitszentrum in schrittweisen kleinsten Progressionen kann die Einheit der Abstammung auch dann als gesichert betrachtet werden, wenn die Endglieder der innerhalb der Variationsbreite liegenden Entwicklungslinien einander ziemlich unähnlich geworden sind. (Beispiel: Das auf S. 22 angeführte Verhältnis der Formen von Euphorbia terracina.)

Zu 1b): Während bei der früheren Methode der Abgrenzung eine Unterscheidung der „Arten" oft nur dem Spezialisten (Monographen) möglich war, ist durch die Festlegung der Variationsrichtungen und der Variationsbreite, sowie durch die Erweiterung des Artbegriffes überhaupt eine klarere Unterscheidung der Arten möglich als bisher. Alle fluktuierenden „Art-Übergänge" werden durch die Erweiterung des Artbegriffes in die Art hineinverlegt und so überbrückt. Es entstehen dadurch klarere Trennungslinien. Die oft sehr schwankenden Kleinmerkmale fallen in den Artbereich. Extreme Variationsformen werden nun allerdings oft erhebliche Verschiedenheiten aufweisen, doch ist durch das Festlegen der Entwicklungstendenzen sowie der Variationsbreite mehr Klarheit geschaffen, als bisher.

Zweckmäßigkeit der neuen Umschreibung

Zu Frage 2. Schon aus 1 b) ergibt sich die Zweckmäßigkeit der neuen Umgrenzung des Artbegriffes. Der übermäßig enge Artbegriff hatte ein Artspezialistentum hervorgerufen, das damit aber noch immer kein sicheres Erkennen der einzelnen Unterarten (bzw. Kleinarten) mit sich brachte.

Der Grund für diese trotz feinster Unterteilung unklare Trennungsmöglichkeit liegt meines Erachtens einmal darin, daß es sich hier bestenfalles um Mutationen eines einzigen Gens handelte, daß dieses in multiple Allele spaltet, und daß häufig stufenweise Veränderungen infolge Parasterilität bei multipler Allelie vorkommen können. Solche Allele können aber unmöglich als Artcharaktere angesehen werden. Dazu kommt noch, daß bei vielen solchen Kleinmerkmalen, die ja doch fast ausnahmslos auf Herbaruntersuchungen basieren, nicht einmal bekannt ist, ob sie nicht nur auf Umwelteinflüsse zurückzuführen sind und in der Variationsbreite desselben, nicht mutierten Alleles liegen. Damit fällt auch der oft erhobene Einwand, daß der äußeren Verschiedenheit auch eine innere entsprechen müsse. Im Gegenteil gibt es unzählige physiologische Rassen, die habituell überhaupt nicht unterscheidbar sind, die man aber, in Konsequenz dieser Ansicht doch abgliedern müßte, was natürlich unmöglich ist.

Ein Beispiel dieser Art konnte ich im Botanischen Garten in Halle an der Saale kennenlernen. Dort stehen zwei riesige uralte Taxus baccata der Buschform, die beide ohne jeden Schaden auch die härtesten Winter stets überdauert haben. Auch junge Sträucher, die von diesen Stöcken abstammen erweisen sich als absolut winterhart, während junge Sträucher anderer Provenienz im Winter 1942 abgefroren sind, soweit sie die Schneedecke überragten. Habituell war aber nicht der geringste Unterschied der beiden „Klimarassen" wahrzunehmen.

Nun kann allerdings eine Mutation eines einzigen Gens starke Veränderung selbst der Art, ja sogar des Gattungscharakters herbeiführen (Progressive Mutationen dieser Art wurden bei der Levkoie, bei Antirrhinum und unter den niederen Cormophyten bei Marchantia festgestellt) aber dann handelt es sich eben, wenn auch nur um *eine* Mutation, so doch nicht um eine Kleinprogression, sondern um einen großen Sprung, so daß, trotz der genetisch nahen Verwandtschaft kein Bedenken gegeben wäre, der neuen Form Artcharakter beizumessen, wenn sie dem natürlichen Ausleseprozeß standhält, d. h. in der Natur erhalten bleibt und sich fortpflanzt.

Da innerhalb der Art ausgeprägte Geotypen und Ökotypen ausgegliedert werden können, ist für jene Belange, für die eine solche Gliederung von Bedeutung ist, gesorgt, hingegen wird für die Systematik der höheren Kategorien durch die Festlegung der Entwicklungstendenzen (Progressionsrichtungen) eine wertvolle Grundlage geschaffen, der Ballast der Kleinarten und der vielen Namen aber ausgeschaltet.

Die Frage der Durchführbarkeit

Zu Frage 3. Es bleibt also noch die dritte Frage zu erörtern, ob die vorgeschlagene Behandlung der Art durchführbar ist.

Es wäre vermessen, diese Frage von vorneherein zu bejahen. Zweifellos wird diese Behandlung der Art für einen sehr großen Teil der Arten keine Schwierigkeiten machen, sobald die Grundlagen geschaffen sind. Es ist aber wohl auch zu erwarten, daß gewisse Formengruppen Schwierigkeiten auch bei dieser Methode geben werden. Dies wird namentlich da der Fall sein, wo fließende Übergänge sich über eine so weite Variationsbreite erstrecken, daß selbst die Gattungsabgrenzungen nicht mehr ohne weiteres klar liegen.

Ich bin aber der Meinung, daß eine wirklich sorgfältige typologische Durchforschung wie sie in der Phytographie heute noch so gut wie gänzlich fehlt, die Zahl dieser Fälle sehr einschränken wird.

Unzulänglichkeit der heutigen phytographischen Unterlagen

Damit aber sind wir für den gegenwärtigen Zustand am springenden Punkt angelangt. Die gegenwärtigen Unterlagen der Phytographie sind ohne Zweifel unzureichend um schon heute die Abgrenzung der Arten nach den neuen Vorschlägen durchzuführen. Es fehlt *erstens* die exakte dynamisch-morphologische Durchforschung. Die statisch angewandten morphologischen Termini geben zu wenig Aufschluß über den Verlauf des Entwicklungsganges. Daher *fehlt* uns *zweitens eine tiefergehende Kenntnis der genotypischen Variationsbreite.* Hier ist es insbesondere die zahlenmäßige Erfassung der Zwischenformen, d. h. die relative Häufigkeit der Übergangsformen z. B. in den Übergangsgebieten regionaler Vikaristen, ja, wie das oben angeführte Beispiel von Crocus vernus sens. lat. beweist, werden erst variationsstatistische Untersuchungen überhaupt Aufschluß über die Vielfalt der Variation geben müssen.

Mangelnde Kenntnis der Mannigfaltigkeitszentren

Es fehlt uns *drittens* so gut wie allgemein die Kenntnis der Mannigfaltigkeitszentren (Optimumgebiete); dies schon darum, weil eben die Variabilität trotz aller Artenaufspaltungen doch noch nicht hinreichend erfaßt ist, diese aber erst die Unterlage zur Kenntnis der Mannigfaltigkeitszentren geben kann. Solange diese aber nicht bekannt sind, ist es natürlich unmöglich die Formen auf dieses zu beziehen.

Der Phytographie sind hier also ebenfalls neue Wege gewiesen und gewaltige Aufgaben gestellt, die sie Hand in Hand mit der Pflanzengeographie und Ökologie zu lösen haben wird[6].

Es ist aber doch notwendig, schon heute eine Klärung und Vereinfachung herbeizuführen, wollen wir nicht den Niedergang der Systematik bis zu ihrem endgültigen Untergang treiben. Hiezu muß der Ballast der Namen, der nur einem Artspezialistentum, niemals aber der höheren Systematik dienlich sein kann, heute schon eingedämmt und eine klare übersichtliche Gruppierung geschaffen werden.

IV. Eine Interimslösung

Ich möchte zu diesem Zwecke folgende Interimslösung vorschlagen:

1. Als Species sind ausschließlich die „Gesamtarten" zu werten, nur für sie darf die binäre Speciesnomenklatur angewandt werden.

2. Geographische Rassen wie horizontal-regionale Vikaristen, die heute als Species oder Subspecies geführt werden, sind der „Gesamtart" d. h.

---

[6] Ich möchte diese Aufgabe ganz besonders den zahlreichen Amateur-Botanikern ans Herz legen, die hier sehr wervolle Arbeit leisten könnten, während sie früher durch den Ehrgeiz, neue Namen (mihi!) zu schaffen, oft sehr unangenehm auffallen mußten. Die Zahl der Berufsbotaniker ist besonders auf dem Gebiete der Floristik und Phytographie viel zu gering, um diese große Aufgabe in absehbarer Zeit meistern zu können.

also der von nun an gültigen Species in trinärer Nomenklatur mit der Kennzeichnung „Geotypus“ („geot.“) unterzuordnen.

3. Ökologische Rassen, darunter auch Saisondimorphisten und vertikal-regionale Vikaristen, die heute als Arten oder Subspecies geführt werden, sind ebenso zu behandeln und als „Ökotypus“ („oecot.“) zu kennzeichnen.

4. Intermediärformen zwischen Geotypen oder Ökotypen sind mit beiden Namen, verbunden durch einen Bindestrich zu kennzeichnen.

5. „Varietäten“ oder „Mikrospecies“, die weder unter Punkt 2 noch unter Punkt 3 fallen, sind, sofern nicht ihre Verweisung in die Synonymik geboten erscheint, ebenfalls in ternärer Nomenklatur der Gesamtart unterzuordnen. Für diese würde ich den neutralen Ausdruck „Forma“ („f.“) vorschlagen, solange sie nicht genetisch geklärt sind. Es mag aber für diese Fälle der bisherige Ausdruck „Varietas“ oder „Subspecies“ vorläufig beibehalten werden. Wesentlich ist nur, sie dem Speciesnamen (im neuen Sinne) unterzuordnen.

6. Für alle Belange, für die die Unterteilung in Ökotypus, Geotypus oder sonstige Varianten nicht erforderlich ist, ist nur der Speciesnamen (also im bisherigen Sinne die Gesamtart) zu zitieren.

7. Zur einfacheren Darstellung würde ich für jene Fälle, in denen der Name der Gesamtart noch im engeren Sinne bei einer der Species (im neuen Sinne) untergeordneten Kategorie (Geotypus, Ökotypus, Forma) anzuwenden ist, an Stelle des bisherigen „sensu stricto“ die Vorsilbe „Eu“ zu setzen. Also z. B. Centaurea jacea L. für die Species (Gesamtart), C. jacea L. f. eujacea L. für die „Sensu-stricto-Form“.

Ich möchte diese Vorschläge an Hand eines Beispieles erläutern, und hiezu eine Gruppe aus der bestens bearbeiteten Gentiana-Sect. Endotricha wählen:

Species: Gentiana campestris L.

Regionale Vikaristen:	G. campestris geot. hypericifolia (Murb.) Wettst.
	G. campestris geot. eucampestris L.
	G. campestris geot. islandica Murb.
	G. campestris geot. baltica Murb.
Saisondimorphisten:	G. campestris oecot. suecica (Froel.) Murb.
	G. campestris oecot. germanica (Froel.) Murb.

Wo regionale Vikaristen ihrerseits in saisondimorphe Formen gegliedert sind, muß dann allerdings noch eine quaternäre Nomenklatur eingesetzt werden, wie z. B. bei Gentiana polymorpha:

G. polymorpha geot. calycina oecot. antecedens Wettst. und

G. polymorpha geot. calycina oecot. anisodonta Borb.

Diese ternäre Benennung ist ja gewiß schleppend, es ist jedoch zu bedenken, daß nur sie der tatsächlichen Einstufung entspricht.

Auf diese Weise glaube ich einen Ausweg aus der „Species-Hypertrophie“ gewiesen zu haben, der gangbar ist und der Art, der Species, wieder jenen Rang gibt, den Linné für sie vor Augen hatte.

Ich glaube, jeder, dem eine Erneuerung der Systematik am Herzen liegt, jeder, der heute „bereits“ einsieht, daß diese Erneuerung eine dringende Notwendigkeit ist, wird diese Vorschläge begrüßen, Welche methodischen Wege die Systematik zu ihrer Erneuerung zu gehen haben wird, soll nun im dritten Hauptabschnitt dieses Werkes umrissen werden.

Dritter Teil

Die Methodik

Erstes Kapitel

Die Vorarbeiten

1. Einleitung

Bevor die eigentlichen Untersuchungen, deren Ziel die systematische innere Gliederung, etwa einer Familie, sein mag, beginnen, ist es notwendig, gewisse Vorarbeiten durchzuführen, deren Zweck darin besteht, die betreffende Familie so genau kennenzulernen, als es die gegebene Literatur ermöglicht und auf diese Weise von vorneherein Kenntnislücken, Unklarheiten und vermutliche Fehler der bisherigen Gliederung aufzudecken. Überdies liefern diese Vorarbeiten oft bereits Anhaltspunkte, von wo aus die Zusammenhänge aufgerollt werden können.

Wir können hier folgende Gruppen von Vorarbeiten unterscheiden:

1. Phytographische Vorarbeiten;
2. Arealgeographische Vorarbeiten;
3. Material-Vorarbeiten;
4. Literatur-Vorarbeiten.

Bei allen Vorarbeiten mag ein Grundgedanke stets vor Augen schweben:

Nichts ist unwichtig!

Die Vorarbeiten nehmen im allgemeinen bereits eine ziemlich große Zeit in Anspruch. Besonders gilt dies von der Literaturarbeit und noch mehr von der Materialbeschaffung. Sie sind aber die unumgänglich notwendige Voraussetzung, daß man nicht später mitten in der Arbeit stecken bleibe.

Zwischen den Vorarbeiten und dem späteren Untersuchungsgang besteht im allgemeinen ein grundsätzlicher Unterschied, insofern die Vorarbeiten auf möglichst breite Basis zu stellen sind, d. h. die ganze zu bearbeitende Familie auf einmal betreffen und häufig auch noch auf vermutlich verwandte Familien erstreckt werden sollen[1], während der eigentliche Untersuchungsgang von einzelnen „Kristallisationspunkten" ausgeht und von da schrittweise vorgeht, bis sich die einzelnen so entstehenden Gruppen zusammenschließen, oder ihre *notwendige* Trennung eindeutig feststeht.

[1] Was den Begriff der „verwandten Familie" betrifft, wird es gut sein, sich nicht auf die herkömmlichen Systeme allein zu verlassen, sondern auch abweichende Ansichten, wie z. B. ganz besonders den Hallierschen Stammbaum, der überaus wertvolle Anregungen bietet, unbedingt mit in Betracht zu ziehen.

2. Phytographische Vorarbeiten

Übersicht über die zu bearbeitenden Formenkreise

Die erste der phytographischen Vorarbeiten hat den Zweck, sich eine klare Übersicht über den zu bearbeitenden Formenkreis zu schaffen und so von vorneherein den Umfang der vorliegenden Angaben übersichtlich zu erfassen.

Wie für alle Vorarbeiten dient hiezu als Unterlage Engler-Prantl. *Die natürlichen Pflanzenfamilien.*

Es hat sich methodisch am besten erwiesen, die Gattungen tabellarisch zu erfassen. Diese Tabellen werden zwar ziemlich umfangreich, gewähren aber dennoch den besten Überblick. Am besten ist es, für jede Subfamilia, bei größeren Unterfamilien für jede Tribus eine eigene Tabelle anzulegen. Die erste Spalte enthält in der Reihenfolge von Engler-Prantl die Gattungsnamen, die weiteren Spalten die phytographisch festgelegten Merkmale.

Häufig wird folgendes Schema der Spaltenaufteilung zweckmäßig sein:

Spalte 1. Gattungsname, dazu eventuell Angaben über in Kultur gebräuchliche Arten
Spalte 2. Wurzel
Spalte 3. Unterirdischer Sproß
Spalte 4. Oberirdischer Sproß
Spalte 5. Blätter
Spalte 6. Infloreszenz
Spalte 7. Blütenhülle
Spalte 8. Stamina: a) Insertion
b) Filamente
c) Antheren-Anheftung
d) Antheren-Gestalt
e) Antheren-Öffnung
Spalte 9. Gynoeceum: a) Stellung
b) Narben
c) Griffel
d) Ovarium
e) Samenanlagen
Spalte 10. Frucht
Spalte 11. Samen
Spalte 12. Besonderheiten, Embryologie usw.

Natürlich wird man dieses Beispiel fallweise den Bedürfnissen anpassen.

In diese Tabelle werden nun zunächst alle Angaben aus Engler-Prantl eingetragen, wobei man sich zweckmäßig übersichtlicher Abkürzungen und Zeichen bedient.

Aus der Reihe springende Gattungen, Literaturlücken

Man wird dabei überrascht sein, welche Lücken die gegebenen Daten aufweisen und wie ungleich die Gattungen behandelt sind! Die Tabelle gibt uns aber bereits in dieser Form:

1. Einen raschen Überblick;
2. läßt sie aus der Reihe springende Gattungen sofort erkennen;
3. zeigt sie die Lücken der Literatur.

Diese Tabelle wird jedoch dann im Laufe der Literaturvorarbeiten aus allen Literaturangaben ergänzt, so daß zum Schlusse alle verfügbaren phytographischen Daten in ihr enthalten sind.

An Stelle oder zur Ergänzung dieser Tabelle ist es auch recht zweckmäßig, für jede Gattung eine Art Karteiblatt anzulegen, welches in der gleichen Anordnung wie die Tabelle gefaßt ist, aber die Möglichkeit bietet, genauere

Familia: Sub-Familia:

Tribus: Subtribus:

Genus:

Verbreitung:

Wurzel:
Unterirdischer Sproß:
Oberirdischer Sproß:
Blätter:
Infloreszenz:
Sepala:
Petala:
Stamina Insertion:
Filament:
Anth.-Anheftung:
Anth.-Gestalt:
Anth.-Öffnung:
Gynoeceum Stellung:
Narben:
Griffel:
Ovar:
Samenanlagen:
Frucht:
Samen:
Besonderheiten:

Schema 5. Muster eines Karteiblattes.

Angaben einzutragen, da mehr Raum für jede Spalte zur Verfügung ist. Ein gleiches Karteiblatt für die höheren Kategorien wird dann den Gattungsblättern vorausgestellt. Das Muster Schema 5. zeigt eine Form dieses Blattes, die sich bewährt hat. Auf der Rückseite wird dann alle auf die Gattung bezügliche Literatur eingetragen, wobei eine rote Unterstreichung auf eine Abbildung hinweist. Dieser Vorgang erleichtert später sehr die Literaturarbeit.

3. Arealgeographische Vorarbeiten

So wie die unter A. ausgeführte Tabelle einen Überblick über die Gestaltverhältnisse des zu untersuchenden Formenkreises gibt, so ist es auch notwendig, sich einen schnellen Überblick über die Arealverteilung zu schaffen. Diese Übersicht soll aber nicht verwechselt werden mit den Arealstudien, die im Laufe der Bearbeitung mit größtmöglicher Genauigkeit durchgeführt werden müssen.

Auch hier hat die Praxis eine recht zweckmäßige Methode entstehen lassen.

In einer Weltkarte (bei Gruppen mit beschränkteren Ausbreitungsgebieten eine entsprechende Karte) wird für jede Gattung die Verbreitung in der Weise eingetragen, daß der gesamte Lebensraum lediglich durch einen, evtl. einige Punkte eingetragen wird. Haben alle Arten einer Gattung das gleiche Areal, so genügt die Eintragung etwa in der Mitte des Areales. Verteilen sie sich aber auf verschiedene Gebiete, so muß jedes der Gebiete gekennzeichnet sein. Ebenso wird man für Gattungen mit sehr ausgedehntem Areal durch Eintragung mehrerer Punkte die Größe des Areales andeuten, wobei zweckmäßig diese Punkte durch eine Linie verbunden werden.

Für die Kennzeichnung hat sich folgende Methode gut bewährt: Für jede Unterfamilie wird ein eigenes Blatt, für jede Tribus eine andere Farbe gewählt. In dieser Farbe wird für jede Gattung im Zentrum der Verbreitung ein Kreisring eingetragen, in den die Nummer der Gattung nach Engler-Prantl und darunter die Artenzahl eingesetzt wird. Müssen für eine Gattung wegen ihrer weiten Ausbreitung mehrere Punkte gekennzeichnet werden, so soll das Hauptgebiet der Gattung (das Mannigfaltigkeitszentrum) durch einen dickeren oder doppelten Ring bezeichnet werden. Untergattungen können noch durch „a", „b", usw. neben der Gattungsnummer unterschieden werden, was sich darum empfiehlt, da manche Untergattungen gar nicht zu der betreffenden Gattung gehören (Sammelgattungen!) Eine entsprechende Legende erleichtert die Benützung dieser Übersichtskarten. Karte 3 ist eine solche Karte aus meiner Praxis, die die Amaryllidaceae-Hypoxioideae im Umfang von Engler-Prantl 2. Auflage, Band 15 a, sowie die kleine Unterfamilie der Campynematoideae betrifft, wiedergegeben[1]. Bei gattungsreichen Unterfamilien wird man allerdings noch Unterteilungen vornehmen müssen, indem man etwa für jede Tribus eine eigene Karte, für jede Subtribus eine andere Farbe wählt.

Der Vorteil dieser Methode liegt darin, daß man durch die verschiedenen Farben sofort einen Überblick über die räumliche Verteilung der Gattungen jeder Tribus erhält. Ganz besonders fallen aber sofort Gattungen und Arten auf, deren Vorkommen irgendwie aus der Reihe fällt. Gerade solche Gattungen und Arten sind nämlich sehr häufig besonders wichtig, indem sie einesteils Übergangsformen, anderseits aber auch direkt falsch eingeteilt sein können.

---

[1] Aus drucktechnischen Gründen wurden an Stelle verschiedener Farben verschiedene Zeichen verwendet. In der Praxis sind unbedingt Farben vorzuziehen!

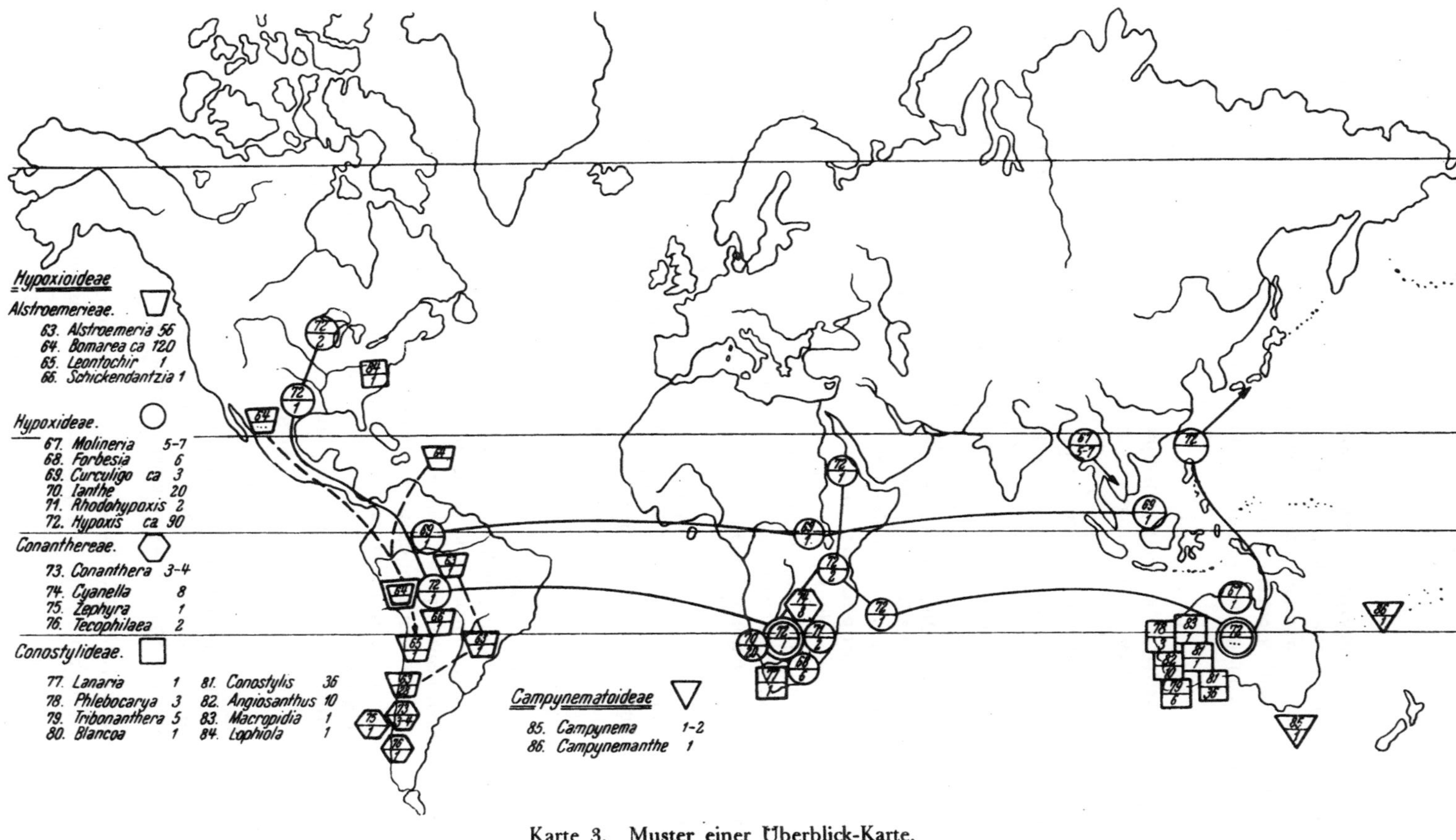

Karte 3. Muster einer Überblick-Karte.

Sind sehr enge Beziehungen mit der nächstverwandten Familie vorhanden, dann ist es oft vorteilhaft, auch für diese eine Verbreitungskarte anzulegen.

Die so hergestellte Verbreitungskarte ist also keineswegs mit einer Arealkarte zu verwechseln. Ihr Zweck ist *nur* eine schnelle Übersicht, die nebenher auch für die Literaturvorarbeit und für die Materialbeschaffung wertvoll ist.

4. Materialbeschaffung

Die Materialbeschaffung ist sehr oft die schwierigste und zeitraubendste Vorarbeit, dabei aber zweifellos die allerwichtigste. Grundsätzlich ist an der Forderung festzuhalten: Jede Literaturangabe ist durch eigenen Augenschein zu überprüfen! Es wird bei Besprechung der morphologischen Analyse noch eingehend gezeigt werden, wie wenig man sich auf Literaturangaben verlassen und daher stützen kann. Dies ist überaus bedauerlich, aber es ist auch einer der Hauptgründe des Versagens der bisherigen Systematik. Leider ist die Forderung, alle Literaturangaben selbst zu überprüfen in manchen Fällen tatsächlich nicht erfüllbar. Es entstehen auf diese Weise Kenntnislücken, die unter Umständen trotz aller sonstigen Sorgfalt offene Fragen bestehen lassen. Es wird aber, wenn die Zahl solcher Lücken nicht zu groß wird, doch meist möglich sein, bei sonst vollständigen morphologischen Analysen solche Lücken durch Analogieschlüsse und durch Vergleich aller zur Verfügung stehender Literaturangaben soweit zu überbrücken, daß die Arbeit abgeschlossen werden kann.

In vielen Fällen, in denen man mit überseeischen Arten zu arbeiten hat, wird man selbst in den großen Herbarien kein oder nur unvollständiges Material vorfinden. Ganz besonders die Erdsprosse (Rhizome, Knollen, Zwiebeln usw.), Früchte und Samen fehlen sehr häufig, so daß man versuchen muß, sich dieses Material aus den Heimatländern direkt zu beschaffen. Es ist daher eine recht umfangreiche Korrespondenz notwendig, die sich aber oft sehr lohnt. Die Unterlagen gibt uns die geographische Übersichtskarte. Aus ihr werden die Gattungen nach Heimatgebieten entnommen und in Desideratenlisten zusammengestellt, die man den betreffenden botanischen Instituten mit der Bitte um Material einreicht. Leider gibt es noch immer Institute, die nicht soviel Verständnis für die internationale wissenschaftliche Zusammenarbeit und nicht soviel Anstand haben, solche Materialwünsche auch nur zu beantworten — ich will hier keine Namen nennen —, doch sind eine Reihe von Tropeninstituten stets bereit ihr möglichstes diesbezüglich zu tun und man kann auf diese Weise oft sehr wichtiges Material — auch Bildmaterial — erhalten. Lebendmaterial ist natürlich auch so nicht immer erhältlich, doch ist Herbarmaterial und was oft sehr wichtig ist, lebende Samen oft auf diese Weise zu beschaffen.

Soweit als irgend möglich soll lebendes Material angestrebt werden. Dies erleichtert der in der Übersichtstabelle geführte Vermerk über kultivierte Arten. Man wird aber auch die Kataloge großer Gärtnereien, insbesondere holländischer, englischer und belgischer Importfirmen wie C. G. van Tubergen, De Laet usw. durchsuchen, bzw. direkte Anfragen an die betreffenden Firmen richten, da nicht alles in den Katalogen aufscheint, was die Firma in Kultur besitzt. Wie unten ausgeführt wird, ist auch die Gartenbauliteratur in vieler Hinsicht wichtig. Hier interessiert uns zunächst nur die Tatsache, daß man durch sie nicht selten Kenntnis davon erhält, wo etwa eine seltene Art überhaupt in Kultur ist. Ähnliche Hinweise bieten uns die Samentauschlisten botanischer Gärten.

Häufig wird nicht lebendes Material verfügbar sein, wohl aber fixiertes. Dies gilt z. B. von Blüten, Früchten, Teilen der unterirdischen Organe usw. Auch bei Lebendmaterial wird man z. B. bei Blüten und Infloreszenzen zwar tunlichst sofort die morphologische Analyse durchführen, aber zugleich auch Material zu eventuell später notwendig erscheinenden Ergänzungsuntersuchungen fixieren, wobei selbstverständlich Merkmale, die beim Fixieren verlorengehen (Farbe, Zeichnung), sorgfältig zu notieren sind.

Fixieren und Transport fixierten Materials

Einige Hinweise über das Fixieren und den Transport fixierten Materials erscheinen mir an dieser Stelle wichtig, da durch Nichtbeachtung unter Umständen wertvolles Material unbrauchbar werden kann. Der zum Fixieren verwendete Alkohol darf keinesfalls mehr als 60%ig sein. Im stärkeren Alkohol werden die Objekte so spröde, daß sie beim Transport oft direkt zersplittern. Geringere Konzentration schadet weniger. Die Transportgefäße sollen, besonders wenn zarte Objekte darin fixiert sind, so gefüllt sein, daß möglichst kein Luftraum bleibt. (Ganz erfüllbar ist diese Forderung nie), damit die Flüssigkeit möglichst wenig schütteln kann. Bei festeren Objekten ist es sogar nicht unzweckmäßig, sie nach dem Fixieren ohne Alkohol bzw. nur mit einem in Alkohol getränkten Wattebausch, der ein Schütteln verhindert, zu transportieren.

Anforderung an das Material

Einen Großteil aller Untersuchungen werden wir an Herbarmaterial durchzuführen haben. Es ist daher äußerst wichtig, wenigstens dieses so umfassend als möglich zustande zu bringen. Das ist durchaus nicht immer einfach. Inwieweit die Kriegsereignisse durch Zerstörung botanischer Sammlungen noch weitere Schwierigkeiten herbeigeführt haben werden, läßt sich noch nicht überblicken. Mitunter kann man aber von Instituten, die an sich kein Herbarmaterial verleihen, Bruchstücke oder Einzelpflanzen erhalten.

Es ist für systematische Arbeiten an den Kategorien oberhalb der Gattung nicht unbedingt notwendig, alle Arten einer Gattung zu untersuchen.

Unbedingt notwendig ist aber:

1. Jede Gattung zu untersuchen. Dabei ist auf monotype Gattungen und auf abseits vom Areal der übrigen vorkommende Gattungen und Arten besonderes Gewicht zu legen.

2. Von polymorphen Gattungen müssen selbstverständlich mindestens von jeder Untergattung Vertreter untersucht werden.

3. Besonders wichtig ist es, da wo mehr Material greifbar ist, zahlreiche Individuen derselben Art kennenzulernen, und zwar insbesondere kümmerliche und opulente Individuen. An kümmerlichen Individuen sind oft primi-

tivere Verzweigungsverhältnisse erkennbar, was z. B. die Aufklärung komplizierter Infloreszenzen sehr erleichtert.

4. Daß alle Entwicklungsstadien untersucht werden sollen, braucht wohl nicht erst betont zu werden.

Bereits diese Forderungen lassen erkennen, daß die Materialbeschaffung oft sehr große Schwierigkeiten mit sich bringt und viel Zeit in Anspruch nimmt. Man wird daher mit dem zunächst greifbaren Material den Untersuchungsgang beginnen, aber die Bemühungen um Vollständigkeit des Materials dürfen auch dann nicht aufgegeben werden, wenn scheinbar noch so gute Literaturangaben und Abbildungen vorliegen.

Samensammlung

Ein besonderer Teil der Materialbeschaffung gilt auch den Samen. Es empfiehlt sich eine eigene Samensammlung der zu bearbeitenden Gruppe anzulegen. Als sehr handlich hat sich folgende Anordnung erwiesen.

Zwischen zwei Objektträgern 26 × 76 mm liegt ein gleich großer Pappstreifen, der in der Mitte gelocht ist. In dieser 1 bis 2 cm großen Ausnehmung ruhen frei die Samen. Das Ganze wird an beiden Enden von je einer herumgeklebten Schleife zusammengehalten, von denen die linke den Namen, die rechte die Herkunftsdaten trägt. Diese Anordnung nimmt wenig Raum ein und ermöglicht schnelles Vergleichen ohne Gefahr etwa seltene Samen zu verlieren. Das Gartenbauamt Zürich (Städtische Sukkulentensammlung) hat nach dieser meiner Anregung seine Kakteensamensammlung angelegt und es hat sich auch dort bestens bewährt.

5. Literaturvorarbeiten

Die Literaturvorarbeit ist wohl die umfangreichste und zeitraubendste, dennoch ist gerade auf sie allergrößtes Gewicht zu legen. Wenn auch, wie bereits oben ausgeführt, keine Literaturangabe ohne eigene Nachprüfung übernommen werden soll, so ist dennoch eine vollständige Kenntnis der gesamten Literatur unbedingt notwendig.

Wir gliedern die Literaturvorarbeit in folgende Abteilungen:

a) Phytographische;

b) sonstige Angaben (Ökologie, Anatomie, Blütenbiologie, Entwicklungsgeschichte, usw.);

c) Abbildungen.

a) Phytographische Literatur

Die Unterlagen für Vollzähligkeit geben uns: Index Kewensis, Justs Botanische Jahrbücher, Feddes Repertorium, ferner, auf Grund der Arealvorarbeiten, die betreffenden Florenwerke, sowie überhaupt alle referierenden Zeitschriften.

Wenn oben erwähnt wurde, daß es für den Systematiker nicht unbedingt notwendig ist, alle Spezies einer Gattung zu untersuchen, so ist es dagegen um so wichtiger, von allen Spezies alle zugänglichen Beschreibungen zu kennen, denn, nur durch sie wird er aufmerksam auf solche Arten, die etwa eine besondere Entwicklungstendenz erkennen lassen und daher unbedingt untersucht werden müssen.

Um nicht andauernd mit zahlreichen Büchern hantieren zu müssen, was bei Werken, die von auswärtigen Bibliotheken entlehnt werden müssen, auch gar nicht möglich wäre, ist es zweckmäßig, sich die Beschreibungen abzuschreiben. Jede Beschreibung kommt auf ein eigenes Blatt, welches oben rechts den gültigen Namen trägt. Die Originalbeschreibung bekommt ein dazugesetztes „O", Originalbeschreibungen, die in die Synonymik verwiesen wurden, „OS". Diese sind aber oft so unvollständig, daß es notwendig ist, auch alle späteren Beschreibungen aufzunehmen. Alle Beschreibungen einer Art werden so zusammengefügt.

Diese Literaturangaben werden nach Gattungen in der Reihenfolge Engler-Prantls geordnet, und zwar immer zuerst die „O", „OS" und weiteren Diagnosen der Gattung, und dann die der Spezies in alphabetischer Reihenfolge. Nur wenn die Gattung in Untergattungen zerfällt, so werden diese der alphabetischen Reihenfolge noch übergeordnet.

Alle phytographische Literatur zu exzerpieren ist insbesondere bei artenreichen Gattungen oft mit ungeheurem Zeitaufwand verbunden, der sich oft kaum lohnt. In diesen Fällen wird sich diese Arbeit mitunter wenigstens teilweise erübrigen. Für die Systematik der höheren Kategorien ist es bei solchen Gattungen ausreichend, Gruppen innerhalb der Gattungen zu bilden und von jeder Gruppe den Hauptvertreter zu bearbeiten. Für die übrigen Spezies einer solchen Gruppe genügt die Differentialdiagnose.

Hat man, was bei größeren Instituten ja meist der Fall sein wird, die Literatur ständig zur Verfügung, so wird man sich die Abschrift der Beschreibungen überhaupt ersparen können und nur jene Literatur abschreiben, die nicht ständig zugänglich ist. Die Originaldiagnosen („O" und „OS" zu erzerpieren, lohnt sich aber dennoch, da man diese oft sehr verstreuten Diagnosen dann handlich zusammengefaßt zur Verfügung hat.

b) Allgemeine Literatur

Für die gesamten übrigen Literaturangaben wird ein Literatur-Zettelkatalog angelegt, der nach Autoren geordnet ist. Kurze Auszüge können gleich auf der Rückseite vermerkt werden. Der Zettel trägt dann rechts oben ein ./.-Zeichen. Längere Exzerpte und Abbildungen müssen natürlich gesondert ausgezogen werden, was am Katalogzettel mit „exz." beziehungsweise „Abb." gekennzeichnet wird. Um aber den Überblick wahren zu können, ist es auch notwendig, eine am besten nach Sachgebieten tabellarisch geordnete Gattungsübersicht anzulegen. Auch die Gattungskartei kann, wie an ihrer Stelle ausgeführt, zu dieser Übersicht ausgewertet werden.

In diesen Zettelkatalog kommt überhaupt *alles*, was über eine Gattung bzw. eine ihrer Spezies irgendwo geschrieben wurde. Man muß hiezu die referierenden Zeitschriften durcharbeiten und jedes Zitat, das auch nur *vielleicht* eine bezügliche Angabe enthalten könnte, nachprüfen. Ganz besonders möchte ich gerade in diesem Zusammenhang auf die gartenbauliche Literatur hinweisen. In ihr liegen oft außerordentlich wertvolle Angaben über Keimung, Frucht, Samen, vegetative Vermehrung, aber auch physiologische und ökologische Daten verborgen. Nicht zuletzt aber findet man in der neueren gartenbaulichen Literatur oft hervorragendes Bildmaterial, das jenes älterer botanischer Werke bei weitem übertrifft.

Diese Nachforschung der allgemeinen Literatur ist gewiß mühsam und zeitraubend, aber äußerst wichtig. Wir dürfen nie außer acht lassen: Für die Systematik müssen alle anderen Zweige der Botanik als Hilfswissenschaften herangezogen werden!

Es ist daher tatsächlich auch notwendig, Exzerpte aus allen diesen Literaturangaben zu machen, wenn diese auch gelegentlich nur kurz sein können, da nur das auf die betreffende Art, Gattung oder Familie bezügliche herausgezogen wird und, wenn es sich als belanglos erweist, z. B. Angaben über Abundanz usw. oder rein physiologische Details, ein Schlagwort genügt. Erweist sich eine Literaturstelle als überhaupt gegenstandslos, so bleibt der Zettel dennoch im Zettelkatalog, jedoch mit einem entsprechenden Vermerk. Man hat so die Kontrolle, ob man wirklich alle Literatur eingesehen hat. Erst bei Erstellung der Literaturliste werden diese Zettel ausgeschieden und gesondert abgelegt.

Ich möchte abschließend nur noch bemerken, daß man auch aus Antiquariatskatalogen (Junk, Weigel, Focke) oft auf verborgene Literaturstellen aufmerksam wird.

Sehr zweckmäßig hat es sich erwiesen, alle Literaturnachweise, und zwar getrennt, zuerst phytographische und weiter unten allgemeine auf der Rückseite der auf Seite 131 angeführten Übersichtsblätter anzuführen. Dadurch hat man die gesamte zu einer Unterfamilie, Tribus, Gattung, Sektion oder Species gehörige Literatur gleich zusammengestellt und kann das Exzerpt im Zettelkatalog leicht nachsehen. Literaturstellen mit Abbildungen sind dann rot unterstrichen. Gerade der oft ungeheuere Umfang der Literaturarbeit macht jede Methode wünschenswert, durch die man eine Übersicht gewinnt.

So ist auch der Weg gut gangbar, daß man die Literaturübersicht wie schon erwähnt tabellarisch erfaßt. Die betreffende Tabelle enthält am linken Rand die Gattungs- bzw. Artnamen. Die weiteren Rubriken enthalten dann die einzelnen Sachgebiete wie die einzelnen Organe, Blütenbiologie, Ökologie usw. je nach Bedarf. In die betreffende Rubrik wird dann nur Autor und Jahreszahl eingesetzt. Man erhält auch auf diese Art einen guten Überblick über die Literatur und vermeidet das Übersehen einer Literaturstelle.

Alle diese Ratschläge aus der Praxis sind wie gesagt nur bereits bewährte Praktiken. Jeder Forscher wird nach seinem Geschmack und nach seinen Gewohnheiten sich eigene ähnliche Methoden schaffen.

c) Abbildungen

Auf Abbildungen ist schon in der Vorarbeit größtes Gewicht zu legen, und zwar aus mehreren Gründen:

1. Vermittelt ein gutes Habitusbild einen oft weit besseren Eindruck von der Pflanze, als ihn Herbarmaterial bietet, auch bei kleinen Pflanzen, von denen das Herbar ganze Exemplare enthält.

2. Große Pflanzen, wie besonders Holzpflanzen oder schwer präparierbare (Polsterpflanzen, Sukkulenten usw.) können überhaupt habituell nur durch gute Abbildungen erfaßt werden.

3. Mitunter sind einzelne — oft gerade sehr wichtige — Pflanzen überhaupt als Herbar- oder Frischmaterial nicht erhältlich und man muß dann, so gut es eben geht mit Bildmaterial die Lücke zu schließen versuchen und schließlich

4. ist aus Bildmaterial oft Aufschluß über Einzelheiten zu erhalten, die man infolge von Mängeln des Pflanzenmaterials nicht oder nur unvollkommen kennenlernen könnte.

Mängel des Bildmaterials. Allerdings muß man auch Bildmaterial ebenso wie textliche Darstellungen stets mit Skepsis aufnehmen. Das liegt vielfach im Reproduktionsverfahren, zum Teil aber auch in ausgesprochen schlechter Beobachtung begründet. Vom letzteren Falle wollen wir hier ganz absehen, es ist klar, daß man nach Feststellung solcher Fehler das betreffende Bildmaterial verwerfen, und in der eigenen Arbeit auf den betreffenden Fehler hinweisen wird.

Selbst in neueren Werken sind sehr häufig noch Holzschnitte als Abbildungen in Verwendung. Diese haben den Fehler, zu sehr zu schematisieren. Die Abbildung bekommt dadurch einen gewissermaßen „blechernen" Ausdruck und vermittelt oft eine ganz falsche Vorstellung von der lebenden Pflanze. Leider ist dies z. B. auch in Engler-Prantl sehr oft zu beobachten. Um nur ein Beispiel anzuführen: Die Abbildung von Agapanthus umbellatus im Band 15 a, Seite 317 (der 2. Auflage) vermittelt einen durchaus falschen Eindruck von der Grundachse, die in der Abbildung als ein kurzes dünnes Rhizom erscheint, in Wahrheit aber ein gewaltiger Wurzelstock ist. Solche Unterschiede sind aber oft wesentlich!

Abbildungen von Blütendetails z. B. in Engler-Prantl sind stets mit größter Vorsicht zu genießen. In ihnen wirkt sich die Holzschnittechnik meist verheerend aus.

Die farbigen Tafeln älterer Werke, wie z. B. Flore des Serres, Botanical Magazine usw. sind wieder oft zu sehr „künstlerisch" gesehen, d. h. die Pflanzen erscheinen oft geradezu karikiert, prunkvoller als sie in Wirklichkeit sind, was besonders bei zarten Pflanzen recht irritierend wirkt.

Photoreproduktionen wieder geben einen vorzüglichen Eindruck vom Habitus der Pflanzen, lassen jedoch infolge des Rasters Einzelheiten nicht erkennen. Es ist aber oft möglich, vom Autor eine Originalkopie der Aufnahme (manchmal selbst das Negativ) zu erhalten.

Es hat also jedes Reproduktionsverfahren seine Mängel. Gute Strichzeichnungen ziehe ich jedenfalls für Detaildarstellungen den meisten anderen Verfahren vor. In ihnen ist gewöhnlich am wenigsten „konstruiert". Mustergültig z. B. die Blütenzeichnungen Kirchners[2].

---

[2] Kirchner-Loew-Schrötter, Lebensgeschichte der Blütenpflanzen Mitteleuropas.

Trotz alldem: Eine halbwegs gute Abbildung vermag weit mehr zu sagen, als die längste Beschreibung. Das mag sich auch der Systematiker selbst vor Augen halten und daher soweit als möglich illustrieren.

Das Auffinden der Abbildungen ist natürlich auch eine mühsame Arbeit, sie geht aber Hand in Hand mit dem Literaturstudium. Schwierig gestaltet sich aber die Sammlung der Abbildungen. Am meisten zu empfehlen ist da wohl das Photokopierverfahren oder photographische Aufnahme der Abbildung. Nur in wenigen Fällen wird ein direktes Abzeichnen in Frage kommen, Durchpausen sind meist ganz unbrauchbar. Photographische Reproduktionen (z. B. mit Kleinbildkamera) nehmen wenig Raum ein, sind aber in der Verwendung reichlich umständlich. Photokopien kommen verhältnismäßig teuer. Dennoch werden sie nie ganz zu umgehen sein, da es von manchen Abbildungen wichtig ist, sie stets zur Hand zu haben. Denn es erweist sich als äußerst wertvoll, alles zu einer Gattung gehörige Abbildungsmaterial einschließlich der eigenen morphologischen Analysen zusammenzufassen. Man wird dann bei der Ausarbeitung der Arbeit leichter die Auswahl der Abbildungen treffen, bzw. Abbildungshinweise geben können.

Bezüglich der Habitusbilder möchte ich den Rat geben, von vorneherein zu trachten alle Genera entweder durch Pflanzenmaterial oder durch Abbildungen oberflächlich kennenzulernen. Dabei wird zunächst das Bildmaterial sogar vorangehen, da es leichter zu beschaffen zu sein pflegt und auf den ersten Blick mehr zeigt als das meiste Herbarmaterial. Diese Vorarbeit dient dazu, einen allgemeinen Eindruck von der zu bearbeitenden Formenfülle zu erhalten. Zu diesem Zwecke sind nicht selten auch die illustrierten Kataloge von Großgärtnereien wie z. B. Tubergen sehr wertvoll, da sie meist gute photographische Habitusbilder enthalten. Gerade diese Quelle wird meist übersehen.

Es würde nun, wie man aus den obigen Ausführungen ersieht, sehr viel Zeit verlorengehen, wollte man alle diese Vorarbeiten zuerst zum Abschluß bringen, bevor man mit der eigentlichen Arbeit beginnt. Wirklich allem voran soll nur die Schaffung eines allgemeinen Überblickes, sowohl in phytographischer als in arealgeographischer Hinsicht gehen. Sobald man diesen hat und die ersten Materialien in der Hand hat, beginnen sofort die Untersuchungen, u. zw. die morphologischen Analysen. Die weiteren Vorarbeiten laufen dann ständig nebenher. Denn zunächst werden die Analysen stets mehr oder weniger zusammenhanglos nach dem Einlauf des Materials erfolgen müssen; erst allmählich werden sie dann sich ergänzen und zusammenfügen. Dann allerdings müssen auch alle Vorarbeiten abgeschlossen sein.

Zweites Kapitel

Die morphologische Analyse

1. Grundsätzliches

Wie oben ausgeführt wurde, kommt der morphologischen Analyse gerade bei der Erneuerung der Systematik das überragende Primat über alle anderen als Hilfswissenschaften herangezogenen Disziplinen zu. An diesem Grundsatz muß vor allem festgehalten werden. Da aber anderseits gezeigt werden konnte, daß das, was man in den Jahrzehnten vor Trolls bahnbrechender Erneuerung als „Morphologie" bezeichnete, nichts anderes als, sagen wir eine „beschreibende Terminologie" war, die nichts mehr mit der von Goethe begründeten vergleichend morphologischen Wissenschaft zu tun hatte, ist es für den Systematiker von heute absolut unerläßlich, sich in die „Vergleichende Morphologie" im Sinne Trolls gründlich einzuarbeiten, d. h. Trolls Hauptwerk, aber ganz besonders auch die späteren (und früheren) Arbeiten Trolls und seiner Schule durchgearbeitet zu haben.

Morphologischer Typus und „Ähnlichkeit"

Nun lehrt Troll aber in seinem Hauptwerk gerade die Einheitlichkeit aller den Cormophyten innewohnenden Gestaltungsgesetze. Dies scheint nun ein Widerspruch in dem Sinne zu sein, daß doch der Systematiker eben aus der Uneinheitlichkeit des „Morphologischen Typus" eine phylogenetische Gruppenbildung entwickeln soll. Tatsächlich ist aber, wie im Kapitel über den Typusbegriff bereits ausgeführt wurde, eine solche Gruppenbildung in der Natur gegeben. Das Studium der Wandelbarkeit verhütet aber einen Fehler, den die Systematik bisher oft gemacht hat, daß man da, wo innerhalb eines einheitlichen morphologischen Typus eine gestaltliche (habituelle) Wandlung eintritt, das Verbindende übersieht und daher eine Trennung durchführt, wo phylogenetisch eine Fortsetzung des gleichen Entwicklungsgedankens gegeben ist.

Ein schönes Beispiel dieser Art ist das Verhältnis der Liliazeengattungen Iphigenia und Gagea, auf welches bereits einmal hingewiesen wurde. Schon Kunth[1] hatte die engen Beziehungen dieser Gattungen aus dem Blütenbau erkannt („Differt ab Anguillariis Novae Hollandiae... Affinior Gageae et Lloydiae, in his stylus elongatus"). Dennoch hat keiner der späteren Systematiker diese Verbindung herzustellen gewagt, weil Iphigenia eine Knolle, Gagea eine Zwiebel besitzt, die wieder rein habituell ähnlich jener mancher Alliumarten ist, weshalb man Gagea zu den Allioideae stellte.

Dieses „Ähnlichkeitsbeispiel" ist charakteristisch für den anderen Fehler, der durch vergleichend morphologische Schulung verhütet werden kann. Eine exakte typologische Analyse ergab nämlich *keine* typologische Einheit der Gageazwiebel mit den „ähnlichen" Alliumzwiebeln, dafür eine solche mit den Knollen der Anguillarieae (jetzt Wurmbeoideae F. Buxbaum).

Morphologische Vorschulung

Auf eine kurze Formel gebracht: Die vergleichend morphologische Schulung bewahrt den Systematiker vor der Verwechslung von Organisationstypus und Gestalttypus. Zum obigen Beispiel zurückgreifend: Die „Zwiebel" von Allium und Gagea haben den gleichen „Organisationstypus", in beiden ist ein Niederblatt als Speicherorgan ausgebildet, so daß sie einander „ähnlich" sehen. Hingegen gehören beide verschiedenen „Gestalttypen" an. Die Gageazwiebel entwickelt sich aus den gleichen Gesetzmäßigkeiten (dem gleichen morphologischen Typus) wie die Wurmbeoideen-Knolle, die Allium-

[1] Kunth, Enumeratio plantarum IV, 1850 p. 113.

zwiebel hingegen aus dem Typus des beblätterten Rhizoms — also auf ganz anderem Wege.

Solche Differenzierungen sind allerdings der „Morphologie" der Niedergangsperiode nicht möglich gewesen. Da organisationstypisch große Ähnlichkeiten bei durchaus verschiedenen Gestalttypen zustande kommen können, ist eine sehr exakte morphologische Analyse in allen Fällen erforderlich, die auf feinste Indizien achten muß. Es ergeben sich daraus die beiden Grundsätze, die ich jeder morphologischen Analyse voranstellen möchte:

1. Nichts ist unwichtig und
2. was man gesehen hat, ist zu zeichnen.

Zeichnendes Festhalten der Analysenbefunde

Ich möchte diesen zweiten Grundsatz auch noch umkehren: Was man nicht gezeichnet hat, hat man auch nicht gesehen! Denn erst durch das Zeichnen wird man gezwungen, absolut genau zu beobachten. Der Grundsatz, alles Beobachtete sofort zeichnerisch festzuhalten (am besten auf Blätter gleichen Formates, die sich dann handlich ordnen lassen), erleichtert später außerordentlich den typologischen Vergleich, indem man, Entsprechendes nebeneinanderlegend, den Entwicklungsgang förmlich plastisch hervortreten sieht, anderseits aber ebenso ins Auge fallend nicht in die betreffende Entwicklungsreihe Passendes erkennt. Außer der perspektivischen Zeichnung soll man da, wo komplizierte Verhältnisse vorliegen, wie z. B. bei Infloreszenzen, unterirdischen Organen der Geophyten, Verzweigungsverhältnissen usw. stets auch sofort die Verhältnisse durch ein Schema darstellen (Längsschnittschema, durchsichtig gedachter Aufbau, Diagramm), einesteils, um die Genauigkeit der eigenen Beobachtung zu überprüfen, anderseits weil das Schema den Gestalttypus noch besser hervortreten läßt.

An diesen beiden Grundsätzen ist bei der morphologischen Analyse grundsätzlich festzuhalten, mag sie auch im übrigen noch so verschieden vor sich gehen.

2. Überblick über die Gattungen

Es wurde bereits früher erwähnt, daß es keineswegs erforderlich ist, alle Arten des bearbeiteten Formenkreises morphologisch zu analysieren. Eine solche Detaillierung würde einesteils ungeheuer viel Zeit verschlingen, anderseits aber nichts Wesentliches zum Vorschein bringen.

Die Vorarbeiten haben aber bereits einen Überblick über die Gattungen gegeben, der dem Bearbeiter weitgehend zeigt, wo die morphologische Analyse anzusetzen hat.

Monotypische Gattungen sind immer äußerst wichtig. Schon der Umstand, daß frühere Bearbeiter es nicht wagten, die betreffende Art in eine gegebene größere Gattung einzugliedern, zeigt, daß sie in mehreren wesentlichen Punkten eigene Tendenzen realisiert. Dabei kann ein solcher Monotypus, wie schon früher gezeigt wurde, entweder an der Stelle einer Progressionsverzweigung stehen, die nach verschiedenen Richtungen leitet und darum das Verständnis für die gestalttypischen Verhältnisse dieser Reihen begründet, oder aber ein uraltes Relikt sein, das als Ausgangspunkt großer

Stammbaumäste maßgeblich ist, oder Tendenzen zeigt, die sich in dieser Richtung zwar nicht weiterentwickelten, in Form von Tendenzmerkmalen aber später wieder auftauchen können.

Im Gegensatz hiezu stehen sehr **polymorphe Gattungen.** Sie sind schon in der Übersicht meist daran zu erkennen, daß sie in Untergattungen usw. gegliedert sind. Solche Gliederungen sind oft von vorneherein „verdächtig". Wenn z. B. Krause die Bakersche Gattung Triteleia als Sektion mit der Gattung Brodiaea vereinigt, so ist dies weder morphologisch noch geographisch zu vertreten. Daher ist es unbedingt erforderlich, jede der Untergattungen morphologisch zu analysieren, wobei sich einesteils aus der phytographischen, anderseits aus der geographischen Vorarbeit die Auswahl der besonders wichtigen Arten (Grenz- und Übergangstypen!) ergibt. Es gibt auch Gattungen mit großer Variationsbreite, die nicht unterteilt sind. Auch für diese geben die Vorarbeiten die Auswahl der für die Untersuchung wichtigsten Arten.

Von **Gattungen mit großen Arealen** muß die Auswahl unbedingt so gewählt werden, daß mehrere möglichst verschiedene Arten aus dem Hauptverbreitungsgebiet der Gattung (ihrem Mannigfaltigkeitszentrum) untersucht werden und — vorteilhaft zeitlich nachher — alle Arten aus den Grenzgebieten des Gattungsareals — je ferner vom Zentrum, desto wichtiger! Dies ist ganz besonders wichtig, wenn das Gattungsareal in ein klimatisches Übergangsgebiet oder in ein vom Zentrum überhaupt abweichendes Klima ragt, und von ganz besonderer Bedeutung sind **Arten von isolierten Standorten.** Von Arten, die in Übergangsgebiete reichen, ist es dringend zu empfehlen, möglichst viele Exemplare zu untersuchen. Denn es kann so vorkommen, daß einzelne Individuen bereits abweichende Entwicklungstendenzen erkennen lassen.

Was hier für die Gattung gesagt wurde, gilt nun ebenso für Arten mit sehr großen Arealen, auch wenn sie — ausnahmsweise — nicht in Subspecies, Varietäten usw. unterteilt sind. Es ist dann dringend geboten, Individuen aus den verschiedensten Teilen des Gesamtareals zu untersuchen, insbesondere aus den Randgebieten und dem Optimumgebiet. So zeigen Individuen von Lloydia serotina aus der Dsungarei eine durchaus andere Ausbildung der „Nektarfalte" auf den Tepalen als die alpine Form, der sich Individuen der Beringstraße mehr nähern. Die dsungarische Form aber vermittelt das Verständnis für die Falten bei Lloydia (Tricholloydia) tibetica und diese wieder jenes für die Falten an den Tepalen von Lilium. Dieses Beispiel zeigt, daß die Untersuchung mehrerer Individuen der gleichen Art in solchen Fällen notwendig ist.

Typische Individuen, „Epitypus", „Hypotypus"

Aber auch sonst soll man grundsätzlich verschiedene Individuen analysieren. Dabei hat es sich besonders vorteilhaft gezeigt, neben „typischen" Individuen auch solche zu untersuchen, die besonders üppig entwickelt sind und möglichst kümmerliche Individuen. Ich will die besonders üppigen der Kürze halber hier als „Epitypus", die schwächlichen als „Hypotypus" bezeichnen.

Dieser Grundsatz, neben typisch entwickelten Individuen auch den Hypotypus und Epitypus zu analysieren ist ganz besonders dort von Bedeutung, wo es gilt, komplizierte Infloreszenzen zu klären.

Ein Beispiel mag auch diesen Fall erläutern. Die Infloreszenzen von Gagea wurden früher jenen von Allium mehr oder weniger gleich geachtet. Diese letztere wurde von Weber[2] endblütenloses Dichasium aufgeklärt, bei dem es nach mehrmaliger dichasialer Verzweigung zum Ausfall einer Seite und daher zur Weiterentwicklung der Teilinfloreszenzen als Wickel und mitunter schließlich als Schraubel kommt. Für Gagea lutea gab Velenowsky eine Zusammensetzung der Infloreszenz aus 2 bis 3 am Ende des Schaftes stehenden, von zwei Hochblättern gestützten „Schraubeln" an und schon früher gab Irmisch eine solche Zusammensetzung für Gagea lutea, Gagea arvensis und Gagea minima an. Tatsächlich liegen die Dinge aber keineswegs so einfach und vor allem besagt diese Angabe gar nichts Spezifisches. Der Blütenstand einer normal entwickelten Gagea lutea-Infloreszenz läßt sich nun tatsächlich äußerst schwierig auflösen. Ganz anders aber, wenn die Untersuchungen von Hypotypus-Individuen ausgehen. Diese zeigen, daß das größere (untere) der beiden stengelständigen Blätter in der Regel keine axillären Blüten entwickelt und vor allem, daß die Komplikation zum großen Teil durch kongentitale Verwachsungen von Tragblättern, Seitenachsen und Blütenstielen hervorgerufen werden. Sie zeigen aber ferner, daß *stets* Terminalblüten ausgebildet sind und — was ganz besonders wesentlich ist, sie zeigen die typologische Einheit mit den Infloreszenzen von Iphigenia!

Noch auffallender wird die Bedeutung der Hypotypus-Analyse bei der Liliaceengattung Dipidax. In die Literatur ist die Infloreszenz dieser Gattung allgemein als „Ähre" eingegangen. Tatsächlich haben reichblütige Individuen eine vielblütige Infloreszenz, die man unbedingt als Ähre ansprechen müßte. Am Hypotypus aber erkennt man, daß die Blütenstandachse nach jeder Blüte einen Knick macht und ferner, daß sie stets mit einer Blüte abschließt. Der Vergleich mit Neodregea und Anguillaria zeigt sofort, daß sich diese „Ähre" aus einer zymosen Infloreszenz ableitet und tatsächlich eine umgewandelte Schraubel ist. Damit ist aber der stammesgeschichtliche Zusammenhang mit Neodregea, Wurmbaea und Anguillaria klar.

Diese beiden Beispiele zeigen bereits die Bedeutung dieser Methode bei Infloreszenzen — wobei betont werden muß, daß das Studium der Infloreszenzen, so wichtig es bei der Lösung stammesgeschichtlicher Fragen ist, bisher völlig vernachlässigt worden ist. Ich komme darauf noch unten zu sprechen.

Umgekehrt gibt der Epitypus die Entwicklungstendenzen zu höher entwickelten Formen zu erkennen; auch dies ist besonders bei Blütenständen zu beobachten. So hat Schlittler[3], der meine Methoden als erster aufgegriffen hat, eben durch das Studium von Hypotypus und Epitypus die Infloreszenzen eines ungemein mannigfaltigen Formenkreises typologisch auflösen können.

Wie bei der Untersuchung der Infloreszenzen kann das Studium des Hypotypus überall da, wo komplizierte Verhältnisse vorliegen, deren Auflösung, der Epitypus aber die Tendenzen der möglichen Höherentwicklung und damit die „phylogenetische Fortsetzung" aufzeigen.

---

[2] Weber E., Entwicklungsgeschichtliche Untersuchungen über die Gattung Allium, Mez Bot. Archiv 25, 1929, S. 1.

[3] Schlittler J., Untersuchungen über den Bau der Blütenstände im Bereiche des Anthericumtypus, Ber. d. Schweizer Botanischen Gesellschaft 55, 1945, S. 200.

Anderseits können die Erscheinungen am Hypotypus ebenfalls Entwicklungstendenzen aufzeigen, die durch Reduktion vollkommenerer Verhältnisse bei scheinbar primitiveren Formen auftreten. Einen solchen Fall zeigte Troll auf. Bei Stellaria media treten an manchen Individuen Apetalie und Reduktion im Staminalkreis auf, durch die die Blütenverhältnisse bei Scleranthus und anderen Reduktionsformen verständlich werden.

In ähnlicher Weise kann das Studium von Epitypus und Hypotypus in Formenkreisen mit sterilen Teilinfloreszenzen, wie z. B. bei den Amaranthaceae dazu beitragen, einesteils die morphologische Natur transformierend reduzierter Blüten bzw. Infloreszenzteile, anderseits aber auch die Richtung des Progressionsverlaufes zu klären. Auch bei der Klärung von Meiomerie und von Eingeschlechtlichkeit können sie in ähnlicher Weise aufklärend wirken.

Terata

Auch Terata, namentlich der Blüte, die ja genau genommen in einer gewissen Beziehung als Epitypus oder als Hypotypus bezeichnet werden könnten, sind in ähnlicher Weise sehr oft geeignet, Aufschlüsse über Fragen der morphologischen Natur eines Organes oder über Entwicklungstendenzen und Richtungen zu geben. Ich erinnere hier nur an die Aufschlüsse, die durch halb umgewandelte Stamina über die Ursache der Ausrandung staminaler Petalen geben konnten. (Teratologische) Apopetalie wiederum weist auf eine reduktive Apetalie in einem bestimmten Formenkreis, also auf eine reduktive Progressionsrichtung hin. Wir könnten solche gelegentliche teratologische Erscheinungen im gewissen Sinne mit „Tendenzmerkmalen" vergleichen.

Eines muß jedoch gerade in bezug auf Terata unbedingt betont werden, daß sie immer nur mit Vorsicht zur Beweisführung herangezogen werden dürfen.

Samen

Es ist eigentlich unglaublich, wie wenig in der Systematik auf den äußeren Bau der Samen geachtet wurde. Bearbeitet wurde meist nur Vorhandensein oder Fehlen, sowie die Beschaffenheit des Endospermes und die Gestalt und Lage des Embryo. Die äußere Gestalt und Textur der Testa wird fast immer arg vernachlässigt. Und doch können von ihr wichtige Aufschlüsse sowohl in bezug auf die innere Gliederung einer Familie, als auch in Fragen der höheren Kategorien der Klärung nähergebracht werden. Dies mögen wieder einige Beispiele erläutern.

Die Liliaceengattung Gagea war bis zum Erscheinen meiner Arbeit über die Entwicklungslinien der Lilioideen zu den Allioideen eingereiht worden. Typologische Untersuchungen führten mich zu der Erkenntnis, daß sie aber keine Beziehungen zu diesen, wohl aber solche zu den Wurmbeoideae, und zwar, wie bereits ausgeführt, zu Iphigenia hat. Diese Frage konnte durch die Untersuchung des äußeren Baues des Samens voll bestätigt werden. Wohl ist der Samen von Allium ursinum ebenso wie jener von Gagea myrmekochor, d. h. er wird durch Ameisen verbreitet. Die Untersuchung zeigt aber, daß hier die Lockspeise für die Ameisen in der grubigen und daher für die Ameisen gut angreifbaren Testa selbst geboten wird, während Gagea eine arillusähnliche, schwammig-faltige Raphe besitzt, die den Ameisen zugleich als Lockspeise und zum Festhalten des Samens dient. Diese „biologische" Ähnlichkeit der beiden Samen erweist sich also bereits als eine „Unähnlichkeit". Aber auch morphologisch sind die Samen von Gagea und Allium grundverschieden, indem jene von Allium der Plazenta mit breiterer Basis aufsitzen und daher nach dem Abfallen einen breiten, kraterartigen Nabel aufweisen, während jene von Gagea nur mit einem winzigen sehr dünnen Funikulus angeheftet sind, von dem aus die oben angeführte Raphe sich längs des ganzen Samens erstreckt. Damit gleicht der Gageasamen tatsächlich vollkommen dem von Iphigenia. Bei der flachsamigen Gagea reticulata ist die Raphe allerdings nur an unreifen Samen zu erkennen. Im reifen Zustand bildet sie nur mehr eine Kante des sehr dünnen abgeplatteten Samens, so daß sie da leicht übersehen werden kann.

Aus dieser Tatsache geht ein wichtiger Grundsatz für die Samenuntersuchung eindeutig hervor: Man untersuche immer auch unreife, frisch der Frucht entnommene Samen! Wo dies nicht möglich ist, geben manchmal (aber nicht immer!) auch gequollene reife Samen ähnliche Aufschlüsse.

Mit den Quellen allein ist allerdings oft nicht viel getan. Hier kann manchmal eine — oft tagelange — Behandlung mit Javellescher Lauge oder Perhydrol (40%iges Wasserstoffsuperoxyd) weiterhelfen. Die Testa mancher Samen wird von ihr völlig gebleicht und durchscheinend. Dadurch kann allerdings oft erst wieder ein unklares Bild entstehen. Man legt dann den gebleichten Samen nach gründlicher Wässerung (zum Entfernen des Chlors) in eine sehr verdünnte Chrysoidinlösung, in der er so lange liegenbleibt, bis er die günstigste Färbung hat. Soll auch das Innere studiert werden, so kann man ihn dann in verdünntes Glycerin übertragen und dieses allmählich eindicken lassen, wodurch der Samen gut durchtränkt wird und überträgt dann in Glycerin-Gelatine. So behandelte Samen ersetzen oft vollkommen frisch ausgenommene unreife Samen. Aber nicht alle Samen lassen sich mit Javellescher Lauge bleichen. Manche Testa leistet hartnäckigen Widerstand, der — wieder nur manchmal — durch Sprengen der Testa überwunden werden kann. Es ergibt sich aber auch aus diesem Verhalten der Testa ein zusätzliches, wenn auch für sich allein bedeutungsloses Verwandtschaftsmerkmal. So sind z. B. die Samen von Phytolacca und von Pereskia unempfindlich gegen Javellesche Lauge. Kann man die Testa nicht durchsichtig machen, so muß man, um wenigstens den inneren Bau des Samens studieren zu können, die Testa entfernen und dann mit Javellescher Lauge behandeln. Dieser Weg ist weit besser, als das oft übliche Verfahren, den Samen zu schneiden. Die Testa zu entfernen gelingt aber meist nur dann ohne schwere Beschädigung des Sameninhaltes, wenn man den Samen vorher quellen ließ, eventuell auch mit Javellescher Lauge. Die Quellung muß so lange dauern, bis der Sameninhalt beim Entfernen der Testa nicht mehr bröckelt, darf aber natürlich nicht bis zur Keimung führen. Der richtige methodische Weg muß eben auch hier erst für jeden Einzelfall erprobt werden.

Ein Beispiel für die Verwendbarkeit der Samentextur wurde in anderem Zusammenhang schon oben angeführt: Es ist das Auftreten der gleichen „dritten Hülle" des Samens der Opuntioideae als Tendenzmerkmal bei der Gattung Trianthema, das ein überaus schwerwiegender Beweis für die Zugehörigkeit der Cactaceae zu den Centrospermae zu werten ist. Ebenso kann der Samen von Pereskia sacharosa, der jenem mancher Phytolaccaarten, wie besonders von Phytolacca octandra so ähnlich ist, daß sie u. U. kaum zu unterscheiden sind, als sehr gewichtiger Beweis für die überaus enge Beziehung von Pereskia zu den Phytolaccaceae-Phytolaccinae verwendet werden. Freilich, die Samen höherer Kakteen sehen natürlich infolge der höheren Ableitung schon sehr wesentlich anders aus, und wohl darum, weil die Bearbeiter bisher den Samen der primitivsten Art, Pereskia sacharosa nicht beachtet hatten, ist dieses schöne Beweisstück bisher vollkommen übersehen worden.

Bemerkt mag hier noch werden, daß die Textur der Testa auch abgesehen von diesem charakteristischen Merkmal der Opuntioideae hervorragend geeignet zur Gruppenbildung innerhalb dieser schwierigen Familie ist, allerdings nur bei dynamischer Betrachtungsweise, da sie sich oft von Art zu Art ändert, wobei jedoch ein gewisser „Grundcharakter" innerhalb einer solchen Gruppe — eben der morphologische Typus — gewahrt bleibt. So zeigt sich beispielsweise, daß aus den Primitivformen der nordamerikanischen Echinocacteen, die noch eine glatte strukturlose Testa besitzen, drei verschiedene Entwicklungslinien entspringen, die im Typus der Testa grundsätzlich verschieden sind. Der weitere Verlauf dieser drei Linien führte zu der Erkenntnis, daß die alte Gattung Mammillaria triphyletisch ist!

Keimlinge

In vielen Fällen wird auch das Studium der Samenkeimung und der darauffolgenden Erstarkungszustände außerordentlich aufschlußreich sein. Bekannt ist z. B. die Tatsache, daß die Sämlinge oft atavistische Blätter entwickeln, und zwar sowohl in Fällen, in denen sie im späteren Stadium metamorphosiert sind, als auch in solchen, in denen sie später ganz fehlen.

Einige sehr instruktive Fälle der Bedeutung des Sämlingsstudiums liefern auch die Kakteen, wenn auch zugegeben werden muß, daß bei diesen noch wenig diesbezügliche Untersuchungen vorliegen. Es scheint, daß die Reduktion der Cotyledonen in dieser Familie ein Gradmesser für das Entwicklungsgeschichtliche Alter einer Art ist. Aber auch bei den hochabgeleiteten Formen geben die Keimlinge oft vorzügliche Aufschlüsse.

Leuchtenbergia, Roseocactus und Ariocarpus zeigen unverkennbar den gleichen Sämlingstypus in fortschreitender Reduktion, obwohl an der erwachsenen Pflanze sehr wesentliche Unterschiede besonders in der Stellung der Blüte bestehen, die aber ebenfalls in einer von Leuchtenbergia über Roseocactus nach Ariocarpus fortschreitenden Entwicklungstendenz von der Warzenspitze bis in die Warzenaxille verlagert wird.

Dieses besonders instruktive und für die innere Systematik dieser überaus schwierigen Familie sehr wichtige Beispiel dürfte genügen, um die Bedeutung der Sämlingsuntersuchungen zu beleuchten.

Allerdings muß auch bei der Beurteilung der Sämlinge stets dynamisch, d. h. unter Berücksichtigung der möglichen Umwandlungen in bestimmten Richtungen, die konvergent auftreten können, vorgegangen werden. So treten z. B. bei den Liliaceen sowohl assimilierende als auch scheidenartige Cotyledonen oft innerhalb ein und derselben Gattung auf (z. B. Lilium, Allium). Da der Scheidenblattcharakter gegenüber dem Laubblattcharakter aber zweifellos eine reduktive Progression darstellt, können in solchen Fällen die Arten mit assimilierendem Cotyledo als primitiver (ursprünglicher) betrachtet werden — stets unter der Voraussetzung, daß auch die Merkmale der adulten Pflanze eine solche Entwicklungsrichtung vermuten lassen können. Denn es ist ebenso möglich, daß sich das an sich ursprüngliche Merkmal des assimilierenden Keimblattes in gewissen Entwicklungslinien bis in die höchstabgeleiteten Formen erhalten hat.

Es muß eben auch in diesen Untersuchungen der Grundsatz unbedingt immer beachtet werden, daß *keine Merkmalsprogression schematisch angewandt werden darf.* An der Nichtbeachtung dieses Grundsatzes ist die alte Systematik tatsächlich gescheitert.

3. Das Material

Schon im Abschnitt „Vorarbeiten" wurde darauf hingewiesen, daß eine der größten Schwierigkeiten stets die Materialbeschaffung sein wird. Es muß daher von vornherein darauf Bedacht genommen werden, die Verarbeitungstechnik so sorgfältig einzuüben, daß man kostbares Material mit äußerster Sorgfalt und Schonung, aber dennoch mit dem notwendigen Erfolg, d. h. vollkommen klaren Resultaten zu untersuchen imstande ist. Diese Vorschulung soll tunlichst an eigens für diesen Zweck gesammeltem und in verschiedener Weise präpariertem Material der betreffenden zu bearbeitenden Gruppe erfolgen. Die Forderung, gleich die Übung am Material der bearbeiteten Gruppe auszuführen, hat einesteils den Zweck, gleich für die bevorstehende morphologische Analyse Unterlagen zu schaffen, aber auch anderseits den, sich an gewisse unangenehme Eigenschaften, die manchen Gruppen zu eigen sind, wie z. B. starke Verfärbungen, Schleime, Sprödigkeit, Verkleben der Blütenorgane usw. von vornherein zu gewöhnen. Dabei müssen die Vorübungen sowohl am frischen als auch an mit Alkohol (verschiedener Konzentration), Formalin oder anderen Fixiermitteln fixierten und — ganz besonders wichtig — an Herbarmaterial durchgeführt werden! Dieses meist einheimische, sonst kultivierte Material muß in solchen Mengen zur Verfügung stehen, daß man in der Lage ist, verschiedene Methoden gründlich zu erproben, bevor man an wertvolleres Material herangeht.

Es mögen im folgenden nun verschiedene Eigenheiten des verschiedenen Materials kurz angeführt werden, sowie einige technische Kniffe, durch die solche Schwierigkeiten überwunden oder doch mindestens vermindert werden können. Natürlich können diese Winke keinen Anspruch auf Vollständigkeit erheben, schon darum nicht, da man bei der morphologischen Analyse immer wieder auf neue unangenehme Überraschungen stoßt, die zu überwinden man erst wieder herumprobieren muß. Es werden hier daher nur einige besonders häufige Hindernisse bzw. besonders wertvolle technische Kniffe angeführt werden. Dabei ist in vielen Punkten Frischmaterial und — meist in Alkohol — fixiertes Material technisch gleich zu behandeln.

A. Frischmaterial

ist trotz des Vorteiles der unveränderten Gestalt und Farbe durchaus nicht immer ideal zu bearbeiten. Wir werden frisches Material natürlich stets anstreben, besonders wo es gilt komplizierte Gestaltverhältnisse, z. B. der

Blüte genau zu erkennen, sowie die Farbstoffverteilung, Nektarausscheidung usw. festzuhalten.

Ein besonderer Vorteil ist eine einfache Methode, den **empfängnisfähigen Teil der Narbe eindeutig festzustellen.** Man braucht zu diesem Zweck nur den frischen Griffel in eine hellrote Lösung von Kaliumpermanganat ($KMnO_4$) legen und einige Stunden darin liegenlassen. Der empfängnisfähige Teil hat ein sehr starkes Reduktionsvermögen und färbt sich daher durch ausgeschiedenes MnO_2 braun, während die übrigen Teile farblos bleiben. Beachtet muß nur werden, daß auch Verletzungen gefärbt werden, weshalb die Narbe unverletzt sein muß.

Ein weiterer Vorteil ist der Umstand, daß man Lebendmaterial tagelang in seiner Entwicklung beobachten, eventuell auch experimentell beeinflussen kann. Eine längere Beobachtung bewährt sich z. B. bei komplizierten Infloreszenzen zum Studium der Aufblühfolge, ferner zum Studium von Entfaltungsbewegungen, die oft das Verständnis für Gestalten höher abgeleiteter Formen ermöglichen. So zeigen z. B. die Knospen gewisser radiärer Cereenblüten beim Erblühen eine auffallende Förderung der unteren Blütenhüllblätter, die sich vor den oberen strecken und herausbiegen, so eine vorstehende „Lippe" bildend. Während bei diesen radiären Blüten bald ein Ausgleich durch das Nachfolgen der übrigen Hüllblätter vor sich geht, zeigen verschiedene zygomorph blühende Gattungen diese „Lippe" auch in voll erblühtem Zustand, so daß in diesen Fällen die Zygomorphie sich als eine fixierte Entfaltungshemmung erweist, während sie in anderen Fällen offenbar auf anderen Wachstumsdifferenzen beruht.

Verlängerung gestauchter Internodien durch Dunkelhalten. Die experimentelle Beeinflussung kann ebenfalls schöne Aufschlüsse ergeben. So können wir durch eine längere Zeit fortgesetzte Dunkelkultur, sonst stark gestauchte Internodien so verlängern, daß die Verzweigungsverhältnisse leicht untersucht werden können. Durch Lichtmangel hervorgerufene Veränderungen der Blütenfarbe können ebenfalls von Bedeutung sein. Beispielsweise erblühen Gageaknospen, die im Dunkeln gehalten werden, farblos und ähneln dann in der Farbe den Blüten von Lloydia; diese Farbänderung ist also imstande, den Pigmentverlust einer ganzen Gattung verständlich zu machen, d. h. den engen Zusammenhang der beiden Gattungen trotz der auffallenden Verschiedenheit der Blütenfarbe zu bekräftigen.

Unter den Schwierigkeiten des Frischmaterials steht die **Brüchigkeit fleischiger, stark turgeszenter Organe,** insbesondere von Blütenteilen, aber auch von unterirdischen Organen der Geophyten ziemlich an der Spitze. Da der Hauptgrund der Sprödigkeit die hohe Turgeszenz ist, ist eine Abhilfe relativ einfach. Es genügt die betreffenden Organe etwas welken zu lassen oder schneller, sie mit kochendem Wasser zu übergießen. Im letzteren Falle muß die Untersuchung dann allerdings flottierend unter Wasser erfolgen, da das den Organteilen anhaftende Wasser sonst durch Reflexwirkung jede genaue Beobachtung behindert. Selbstverständlich müssen vor der Kollabierung alle Untersuchungen angestellt werden, die möglich sind, da sich beim Kollaps oft nicht nur Dimensionen, sondern auch Lageverhältnisse stark ändern können. Auch gegebenenfalls erforderliche Schnitte (Blütenlängsschnitte usw.) sind unbedingt noch am turgeszenten Material auszuführen, da sie sich später viel schwerer schneiden lassen.

Eine kurze Aufkochung und Untersuchung unter Wasser ermöglicht es auch meistens, bereits **aufgesprungenen und entleerten Antheren** ihre Gestalt (nicht aber Größe!) vor der Entleerung wiederzugeben, was oft überaus wichtig ist.

Besonders bei farblosen Objekten machen sich oft **undeutliche Organkonturen** sehr unangenehm bemerkbar, einesteils weil Feinheiten überhaupt undeutlich sind, anderseits auch (besonders an Schnitten), weil Oberfläche und Schnittfläche oft kaum unterscheidbar sein können. Da leistet ein kleiner Kunstgriff vorzügliche Dienste. Da die Epidermis stets von einer wenn auch oft sehr dünnen Kutikula überzogen ist (submerse Wasserpflanzen ausgenommen!), genügt eine kurze Behandlung des Objekts mit Sudan-III-Glyzerin und nachfolgendes sorgfältiges Auswaschen, um der (wirklichen) Oberfläche eine feine Farbtönung zu geben, die die Plastik der Organe sehr schön hervorhebt. Die Untersuchung erfolgt dann wieder am besten unter Wasser, und zwar — was stets beachtet werden soll — sowohl im auffallenden Licht auf vollkommen dunklem Untergrund, als auch im durchfallenden (am besten diffus durchfallenden) Licht.

Ein Untersuchungshindernis mancher — insbesondere sukkulenter — Pflanzen, über welches in der Literatur immer wieder geklagt wird, sind die **pflanzlichen Schleime.** Wohl kann man sie durch Einlegen des Objektes in starkem Alkohol vorübergehend härten, aber einerseits deformieren sie dann, da sie durch den Wasserentzug schrumpfen, die Objekte mehr oder weniger stark und anderseits quellen sie sofort wieder hervor, wenn die geschnittenen Objekte zur Untersuchung ins Wasser kommen. Behandlung mit Javellescher Lauge löst nun wohl die Schleime auf, aber auch den anderen Zellinhalt, was oft nicht erwünscht ist und macht zarte Objekte so weich, daß oft keine weitere Untersuchung mehr möglich ist. Es ist merkwürdigerweise in der botanischen Literatur offenbar noch unbekannt, daß sich die Pflanzenschleime verhältnismäßig schnell in Kalkwasser auflösen. Es wird hergestellt, indem man Ätzkalk mit sehr wenig Wasser zerfallen läßt (Vorsicht!), dann mit viel Wasser anrührt und die so entstandene Kalkmilch filtriert. Nicht zu dünne Schnitte sind schon in kurzer Zeit entschleimt. Größere, namentlich dickere Objekte läßt man stundenlang, eventuell auch 1 bis 2 Tage in der Wärme digerieren. Ein Nachteil ist, daß sich an der Oberfläche der Lösung eine Kalkhaut bildet. Diese kann man zwar durch Verdünnung der Lösung mit destilliertem Wasser und durch Luftabschluß vermindern, aber niemals ganz verhindern. Nach Auflösung der Schleime müssen die Objekte mit sehr schwacher Salzsäure behandelt werden, die die Calzium-Carbonatniederschläge schnell löst. Vor der weiteren Bearbeitung wird allerdings auch nach der Kalkwasserbehandlung oft eine Härtung in Alkohol, eventuell auch Untersuchung statt unter Wasser unter Alkohol empfehlenswert sein.

Schwierigkeiten bereiten ferner meist **harte Objekte,** wie z. B. Samen. Hat man Lebendmaterial zur Verfügung, so kann man die Untersuchungen sehr vorteilhaft an noch nicht völlig ausgereiften Samen vornehmen, die einesteils noch nicht hart sind, anderseits auch die Textur der Testa Raphe usw. viel deutlicher erkennen lassen als der reife Samen. Reife Samen lasse man vor der Untersuchung quellen. Niemals dürfen sie mit Alkohol fixiert werden. Besser ist es, sie beim Quellen in etwas verdünntes Glyzerin einzulegen und dieses durch Verdunstung eindicken zu lassen. Meist werden sie dann schneidbar. Ist ein Zerbrechen auch so nicht vermeidbar, so kann man sie in Gummiglyzerin einbetten. Dieses soll jedoch nicht mit Alkohol gehärtet werden, wie es in den mikrotechnischen Vorschriften angegeben wird, sondern besser durch Behandlung mit starker Kalium-Bichromatlösung im Sonnenlicht. Alkohol entzieht Wasser und macht den Erfolg der Quellung wieder zunichte.

Sehr oft ist es erforderlich, das Innere der Objekte sichtbar, das Objekt also **durchsichtig zu machen**, sei es nun z. B. um die Lage der Knospen in einer Spatha zu zeigen oder ähnliches, sei es um den Verlauf der Nervatur zu studieren. Am frischen Objekt ist das so gut wie unmöglich, die Behandlung mit Chloralhydrat, die oft empfohlen wurde, bewährt sich sehr schlecht. Aber es gibt ein sehr bequemes, wenn auch bei großen Objekten etwas zeitraubendes Verfahren: die Objekte werden in starkem Alkohol fixiert und nachdem sie ihre Farbe verloren haben, über absoluten Alkohol in Carbol-Xylol (6 Teile kristallisiertes Phenol + 10 Teile Xylol) übertragen. Je nach der Dicke der Objekte ist diese Prozedur über mehrere Tage zu erstrecken, da die Objekte absolut wasserfrei sein müssen. Sobald das Carbolxylol den Alkohol verdrängt hat, ist das Objekt klar durchsichtig. Leider verfärbt sich das Carbolxylol mit der Zeit besonders im Licht. Es muß dann eben durch frisches ersetzt werden, wenn nicht schon die Lichtbrechung des Xylols genügt, was bei dünnen farblosen Objekten meist der Fall ist. Dann kann man aus dem Carbolxylol nach vollständiger Durchtränkung in reines Xylol, das mehrmals gewechselt wird, übertragen. Stärker lichtbrechend ist Wintergrünöl, doch ist es viel kostspieliger und durchaus entbehrlich. Objekte, die nach dem Fixieren nicht farblos werden, oder solche mit dichtem Zellinhalt werden vorher mit Javellescher Lauge, oder, wenn der Zellinhalt nicht zerstört werden soll, durch längeres Einlegen in stärkere Wasserstoffsuperoxydlösung, entfärbt. Kleine Objekte kann man nach der Bleichung durch Einlegen in eine sehr schwache Chrysoidinlösung für zirka 24 Stunden durchfärben und dann unter möglichst rascher Passage der Alkoholreihe, oder durch Versetzen des absoluten Alkohols mit Chrysoidin (sehr verdünnt!) durchfärben. Der Farbstoff wird besonders von den verholzten Elementen aufgenommen, wodurch die Gefäßbündel noch deutlicher hervortreten.

Die **Nervatur der Blütenhüllblätter** ist in der Regel am frischen Material am schlechtesten zu erkennen, teils infolge der Blütenfarbstoffe, teils durch die noch dichte Füllung der Zellen und die dadurch hervorgerufene Totalreflexion. Besser ist sie am fixierten Material, am besten — ausgenommen bei stark gewölbten Blättern — am gepreßten Material zu studieren. Besonders gut hat es sich erwiesen, die Blüte zunächst in Alkohol zu fixieren und zu entfärben und dann erst, eventuell nach Behandlung mit Javellescher Lauge oder Durchfärbung mit Chrysoidin zu pressen. Da es oft wichtig ist, den Verlauf der Spurstränge dicht unter der Insertion kennenzulernen, empfehle ich möglichst junge Blüten (kurz vor oder nach dem Aufblühen) zu nehmen und die Blüten aus dem Alkohol erst in Wasser zu übertragen, wo sich, wenn sie weich genug geworden sind, meist das Blütenhüllblatt so abreißen läßt, daß die Blattspurstränge noch ein wenig mit abgelöst werden.

Über die Nervatur der Blumenkronblätter muß aber noch eine allgemeine wichtige Bemerkung gemacht werden. *Simonsohn*[4] hat die Tepalen der Liliaceen auf ihren Nervaturverlauf untersucht und kam dabei zu vollkommen falschen Schlußfolgerungen, da er nicht die Anordnung und Art der Vermehrung der Gefäßbündel im Tepalum, sondern statisch nur die Zahl in Betracht zog. Wir dürfen nie vergessen, daß eine Vergrößerung, namentlich eine Verbreiterung der Blumenkronblätter notwendig auch eine Vermehrung der Nerven, sei es der Längsnerven oder der transversalen Auszweigungen, mit sich bringen muß. Die Vermehrung der Längsnerven kann nun in sehr verschiedener Weise vor sich gehen und läßt sich doch immer auf eine einfachere Grundform, den „morphologischen Typus" der betreffenden Gruppe zurückführen. Diese Grundform und die dieser zugehörige Art der Vermehrung der Nerven ist maßgeblich, nicht aber die Zahl an sich. So ist z. B. für alle echten Lilioideen ein dreinerviges Mittelfeld charakteristisch, das sich aus einem Spurstrang dicht unterhalb der Insertion ausbildet und bis in die Spitze reicht, während bei den Allioideen nur ein Mittelnerv ausgebildet ist, und bei Vermehrung auf drei die beiden Lateralnerven weit vor der Spitze blind enden. Diese beiden Typen sind so charakteristisch, daß sie ein sehr wichtiges Merkmal bei Bewertung der Zugehörigkeit zu einer der beiden Entwicklungslinien erwiesen hat, was Simonsohn total übersehen hat. Es muß also bei der Beurteilung der Nervatur der Blütenhüllblätter unbedingt eine dynamische, typologische Methode angewandt werden.

Sehr oft ist es notwendig, **Blütenlängsschnitte** zu machen. Mit frischem Material geht dies, eine gewisse Festigkeit der Blüte vorausgesetzt, verhältnismäßig leicht. Nur kleine Blüten bereiten da Schwierigkeiten und diese vergrößern sich bei fixiertem Material, da sie zwischen Holundermark sehr leicht gequetscht und sehr schwer exakt orientiert werden können. Hier empfehle ich die sehr schnelle und einfache Einbettung in Glyzerin-Gelatine. Die Blüten kommen nach Fixierung in Alkohol in eine Glyzerinlösung etwa 1 : 1. Das Einbettungsmittel ist eine Mischung von 2 Teilen Gelatine, 1 Teil Glyzerin und 7 Teilen Wasser, die warm zubereitet und filtriert wird. Den in der Glyzerinlösung gut durchtränkten Blüten wird dann die gleiche Menge Einbettungsmittel zugesetzt, worauf sie auf zirka 24 Stunden in gut verschlossenem Gefäß in der Mischung bei zirka 40 Grad C belassen werden. Es empfiehlt sich enge Blütenröhren vorsichtig vermittels einer Kapillarpipette oder einer Injektionsspritze mit der warmen Mischung zu füllen oder die Blüte aufzuschneiden. Nach dieser Durchtränkungszeit wird die Mischung offen bei 45 bis 60 Grad so lange eingedickt, bis die Menge etwa das halbe Volumen hat. Gehärtet wird der so gewonnene Block in starkem Alkohol oder in Formol, das aber ziemlich lange (tagelang) zur Härtung braucht.

---

[4] Simonsohn, M., Über den Gefäßbündelverlauf in den Blumenblättern der Liliaceen, Diss. Berlin 1901.

Diese ziemlich durchsichtigen Blöcke erlauben auch bei kleinen Blüten exakte Längsschnitte.

Exakte Untersuchungen über den Nervaturverlauf, wie sie z. B. besonders bei der Carpelluntersuchung unerläßlich sind, können natürlich in der Regel nur mit Hilfe von Mikrotomschnittserien ausgeführt werden. Dabei ist unter allen Umständen mit allergrößter Sorgfalt darauf zu achten, daß alle Schnitte in genau gleicher Lage aufgeklebt werden. Sonst sind Fehler so gut wie unvermeidlich! Erstreckt sich die Serie über mehrere Objektträger, so sind diese sorgfältig und unverwaschbar (Schreibdiamant) zu numerieren und die gleiche Lage zu markieren. Um die Schnittserie bei größeren Blüten nicht zu groß werden zu lassen, kann man oft mit Vorteil Knospen vor der Längsstreckung untersuchen, muß es dann allerdings in Kauf nehmen, daß die Leitbündel noch nicht fertig ausgebildet sind, was in manchen Fällen (Untersuchung auf „inverse" Lagerung) nicht zulässig ist.

Die Untersuchung des Gefäßbündelverlaufes erfolgt dann in der Weise, daß man mittels des Abbéschen Zeichenapparates die Hauptkonturen auf Oleatpapier oder noch besser auf Zeichencellophan zeichnet und die Lage durch einen stets an die gleiche Stelle gesetzten Punkt oder Strich markiert. Durch Aufeinanderlegen dieser durchsichtigen Schnittzeichnungen kann auch in komplizierten Fällen eine ganz exakte Feststellung des Gefäßbündelnetzes erreicht werden.

B. Herbarmaterial

Grundsätzliches. Bei der Bearbeitung von Herbarmaterial muß ein Grundsatz an der Spitze stehen: *Herbarmaterial ist unersetzlich!* Daher muß es als Bedingung für den Bearbeiter gelten, daß das Herbarblatt durch die Bearbeitung an Wert nicht verlieren, sondern gewinnen muß! D. h. zur Untersuchung dürfen, wo es irgend angängig ist, nur Bruchstücke, die meist am Herbarbogen angeheftet sind, verwendet werden. Sind solche nicht vorhanden, so darf bei reichlichem Material nur ein möglichst schlechtes Exemplar verwendet werden. Nach erfolgter Analyse werden die Teile zwischen glattem Papier wieder sorgfältig gepreßt und auf ein glattes Papier geklebt und — am besten unter Cellophan — gesichert, dem Herbarbogen, dem das Objekt entnommen war, wieder angeheftet. Ferner soll man von den Skizzen, die bei jeder Analyse unbedingt gemacht werden müssen, eine Kopie dem Herbarblatt anheften, eventuell auch textliche Notizen beigeben. Skizzen und Notizen sind mit Datum und der (leserlichen) Unterschrift des Bearbeiters zu versehen. Dadurch wird für spätere Bearbeiter der Wert des Herbarbogens noch erhöht. Ist das Material sehr kostbar, so muß man allerdings darauf verzichten, es genauer zu analysieren. Glücklicherweise ist dieser Fall jedoch in einem so relativ geringen Ausmaß gegeben, daß man ihn meist durch Vergleich mit weniger kostbarem Material überbrücken kann.

Einen Fall möchte ich aber noch hervorheben, der auch bei seltenerem Material gangbar ist. In manchen Fällen kommt es nämlich nur darauf an, irgend ein Organ oder einen Organteil, der von einem anderen verdeckt wird, freizulegen. Man kann dann unter dem betreffenden Pflanzenteil ein Stück Zelluloid oder eine Glasplatte legen, und tropft auf die betreffende Stelle heißes Wasser. Nach dem Weichwerden des störenden Organes wird diese zur Seite gebogen. Nach erfolgter Untersuchung wird der Wassertropfen mit Filtrierpapier aufgesaugt und das Objekt unter leichtem Druck wieder gepreßt.

Behandlung von Herbarbruchstücken

Wir wollen nun aber die Behandlung von Herbarbruchstücken, die ganz zur Untersuchung zur Verfügung stehen, näher beschreiben.

Die meist angewandte Methode des bloßen Aufkochens ist oft nicht ausreichend, um genaue Untersuchungen auszuführen. Am besten hat sich folgende Methode bewährt: Man legt das Objekt für längere Zeit, d. h. bis zur vollständigen Durchtränkung in starken Alkohol. Aus diesem wird es in Wasser übertragen, dem zirka 10% Glyzerin zugesetzt ist und bleibt in dieser Lösung mindestens 24 Stunden bei Zimmertemperatur. Infolge der Alkoholdurchtränkung muß es aber so lange untergetaucht werden, bis es von selbst unter Wasser bleibt. Erst dann ist das Objekt so durchtränkt, daß es ausgekocht und dann flottierend untersucht werden kann. Oft ist es dann aber notwendig, das gequollene Objekt vor der Untersuchung wieder mit Alkohol zu härten. Ich habe auch eine Nachhärtung mit starker Alaunlösung in manchen Fällen sehr brauchbar gefunden. Nach dem Quellen ist das Objekt genau so zu untersuchen und zu behandeln wie fixiertes Material.

4. Die „Morphologische Monographie“

A. Der Arbeitsgang

Das Zeichnen

Ich habe bereits oben betont, daß grundsätzlich alles, was man gesehen hat, auch gezeichnet werden muß. Dabei hat es sich als zweckmäßig erwiesen, für jeden Untersuchungsgang ein eigenes Blatt (oder mehrere Blätter) von stets gleichem Format zu verwenden, so daß die Untersuchungsergebnisse sich gut zusammenordnen lassen. Es entsteht auf diese Weise eine Art „Bilderkartei“, der auch die aus der Literatur entnommenen Abbildungen, soweit sie photokopiert zur Verfügung stehen, zusammengefaßt werden. Abbildungen aus der Literatur, die man nicht photokopiert hat, werden auf ein gesondertes Blatt vermerkt und ebenfalls eingeordnet. Man hat auf diese Weise stets die Möglichkeit, die Ergebnisse aller bereits durchgeführten Untersuchungen gleichzeitig und nebeneinander zu betrachten. Das ist aber wesentlich!

Das „Erkennen des Typus“

Es wurde bereits im ersten Kapitel des theoretischen Teiles betont, daß der „Morphologische Typus“ keine Realität ist, sondern ein ideelles Bild, das man aus dem Vergleich aller in einem bestimmten Formenkreis gegebener Gesetzmäßigkeiten gewinnt. Um ihn zu erfassen, gibt es also nur einen Weg: Vergleichen, vergleichen und immer wieder vergleichen! Texte lassen sich aber nicht vergleichen. Zu dieser Erkenntnis wird jeder kommen, der es versucht, etwa die typologischen Eigenarten aus den Beschreibungen verschiedener Rhizome herauszulesen, oder umgekehrt, die gewonnenen Untersuchungsergebnisse textlich darzustellen. Es kommt da sehr oft auf solche Feinheiten in den Dimensionen oder in anderen Charakteren an, daß selbst sehr eingehende Beschreibungen, die dann natürlich obendrein viel zu lang werden um noch übersichtlich zu sein, dennoch nicht das sagen können, was eine oder einige sorgfältige Zeichnungen mit einem Blick erkennen lassen.

Auch heute begnügen sich die meisten Botaniker auf systematischem Gebiete mit dem Vergleich von Worten. Anders wäre es nicht denkbar, daß z. B. Croizat[5] die „curved seeds" der Gattung Sonneratia als ganz belanglosen Gegensatz zu den Samen der (von ihm als verwandt angesprochenen) Kakteen erklärt, da ja auch ganz andere Gattungen „curved seeds" haben. Ihm ist also einerseits die Krümmung des Samens ohne Rücksicht auf alle anderen Merkmale des Samens eine „Einheit", eine Homologie, anderseits macht es ihm nichts aus, daß die Samen von Sonneratia nicht die entferntesten Beziehungen zu jenen der Cactaceae haben. Daß die Samen von Pereskia sacharosa fast nicht von denen mancher Phytolaccaarten zu unterscheiden sind, hat er offenbar nicht bemerkt.

Ich möchte dazu noch ein Beispiel anführen: Die „Ausläufer" der Zwiebel von Lilium canadense wurde von Duchartre[6] außerordentlich sorgfältig — jedoch ohne Abbildung — beschrieben. Dennoch wäre es unmöglich gewesen, aus dieser Beschreibung zu erkennen, daß in diesem Ausläufer genau dieselben Gesetzmäßigkeiten und Tendenzen wirksam geworden sind, die schon die Gestalt der Knolle von Gloriosa und Colchicum soboliferum und der Doppelzwiebel von Gagea Sect. Tribolbos bestimmen und die in direkter Weiterentwicklung zwangsläufig zu den eigenartigen, pseudomonopodialen Rhizomen von Alstroemeria führen. Diese Erkenntnis vermittelt aber auf den ersten Blick ein Vergleich der betreffenden Zeichnungen, die dem geschulten Beobachter das Gemeinsame dieser, nur scheinbar so sehr verschiedenen Grundachsenbildungen mit unübertrefflicher Klarheit hervortreten lassen.

Zweckmäßiger Arbeitsgang

Man kann dieses „Erkennen des Typus" durch einen zweckmäßigen Arbeitsgang noch sehr wesentlich fördern.

Es ist zwar klar, daß man Lebendmaterial stets sofort bearbeiten muß, wenn es sich bietet und dadurch einen etwas ungeordneten Arbeitsgang mit in Kauf nehmen muß. Diese Untersuchungsblätter werden aber ad acta gelegt, bis die betreffenden Organe im ganzen behandelt werden können. Sonst wird man stets ein und dasselbe Organ von allen zur Untersuchung bereits verfügbaren Arten in einer Untersuchungsreihe verarbeiten, bevor man sich einem anderen zuwendet. D. h. man arbeitet nicht in systematischer Reihenfolge, sondern in morphologischer. Dies hat einen doppelten Vorteil. Einesteils erfordern gewisse Untersuchungen eine ziemlich große Routine, die natürlich von selbst kommt, wenn man nacheinander eine größere Reihe ähnlicher Untersuchungen durchführt. Anderseits aber wird eben durch diese Reihenuntersuchungen der Blick für das Gemeinsame bzw. das Trennende

[5] Croizat, L., A study of the genus Lophophora Coulter Part VI. Desert Plant Life 17, 1945 p. 51.

[6] Duchartre, Observations sur le genre Lis, Journ. Soc. Centr. d'Horticulture de France 2. ser. tome V. 1871.

außerordentlich geschärft. Lücken, die durch noch fehlendes Material dabei unvermeidlich sein werden, will man nicht die ganze zeitraubende Arbeit der Materialbeschaffung restlos abschließen, bevor man überhaupt mit der eigentlichen Arbeit beginnt, dann später nachgetragen, wobei bereits die durchgeführte Untersuchungsreihe sehr deutlich erkennen läßt, welches Material besonders wichtig sein wird, und auf welches man unter Umständen würde verzichten können, da keine wesentlich neue Erkenntnis aus ihm zu erwarten ist.

Zwei weitere Grundsätze sollen den Arbeitsgang noch bestimmen. Man gehe immer vom Einfachen zum Komplizierten, von reichem Material zum spärlichen.

Das Wort „einfach" ist damit keineswegs mit „primitiv" im Sinne der alten Systematik zu verwechseln, schon darum nicht, weil die Systematik bisher sehr oft als „primitiv" angesprochen hat, was in Wahrheit hoch abgeleitet ist. „Einfach" ist also nur im bautypischen Sinne zu verstehen. Ob es wirklich auch „primitiv", also ursprünglich, ist, werden erst die Untersuchungen ergeben. Vorher ist es besser, skeptisch zu sein.

Auch hiefür ein Beispiel: Der Bau des Kakteen-Gynöceums, dessen Aufklärung dem ganzen Rätselraten um die Stellung der Familie im System ein Ende bereiten konnte, war nur darum so lange verkannt worden, weil man den Gefäßbündelverlauf nie beachtet hatte. Dieser wäre jedoch unmöglich richtig zu erkennen gewesen, hätte ich es versucht, ihn an solchen (wirklich sehr primitiven) Arten zu studieren, an denen das „Pericarpell" noch zahlreiche Schuppen und Areolen trägt, kurz noch aus zahlreichen Internodien besteht. Ebensowenig wäre er klar an solchen Arten aufzulösen gewesen, die infolge der Größe ihrer Blüten eine ungeheure Vermehrung der Gefäßbündel zeigen. Erst mußte an einfachen Verhältnissen, wie sie die an sich hochabgeleiteten Blüten von Zygocactus, Hariota, Rhipsalis zeigen, der Grundbauplan erkannt werden, dann ließ sich aus diesem auch der Bau an komplizierten Blütenverhältnissen klar ableiten.

Daß man mit den Arten beginnen soll, von denen reichliches — womöglich auch frisches oder fixiertes — Material vorliegt, müßte eigentlich selbstverständlich sein. Denn zunächst soll man, um den Grundbauplan genauestens kennenzulernen, besonders komplizierte Organe unbedingt öfters untersuchen, wobei verschiedene Arbeitsweisen angewandt werden, bis der Bearbeiter nicht die kleinste Kenntnislücke mehr hat.

Ist so der Bau des betreffenden Organes bis in die kleinsten Einzelheiten erkannt und klar, dann wird auch ein verkürzter Arbeitsgang, wie er bei spärlichem oder weniger gut erhaltenem Material allein möglich ist, dennoch ausreichen, um auch dieses vollkommen klar zu erfassen. Ganz zuletzt wird dann seltenes Material untersucht, das ja sehr schonend behandelt werden muß, weshalb eine so genaue Analyse sich oft nicht durchführen läßt. Durch die Verarbeitung aller anderer Arten und Gattungen ist aber bereits der morphologische Typus des betreffenden Organes dem Bearbeiter so klar, daß auch eine weniger tiefgehende Untersuchung genügt, den entwicklungsgeschichtlichen Zusammenhang zu erfassen.

Wenn früher gesagt wurde, die Reihenfolge der Untersuchungen geht nicht nach systematischen, sondern nach morphologischen Gesichtspunkten vor sich, so soll damit natürlich nicht gesagt sein, daß man die Untersuchungen in buntester Reihenfolge durchführt. Man wird vielmehr, auf Grund der phytographischen Vorarbeiten von vornherein eine gewisse Gruppenbildung durchführen, sobald man soviel Material beisammen hat, daß dies einen Sinn hat. Diese Gruppen können nun Gattungen sein, es kann aber auch von vornherein schon aus den phytographischen Vorarbeiten klar werden, daß innerhalb der Gattung verschiedene Entwicklungswege vorliegen, d. h. verschiedene Tendenzen realisiert werden können, was natürlich kleinere Einheiten als „Standard-Gruppen" erforderlich macht, während es andererseits auch mitunter möglich sein wird, mehrere Gattungen zu einer Untersuchungsgruppe zusammenzufassen. Hat man dann von jeder dieser Gruppen eine, eventuell bei großen Gruppen einige Arten analysiert, so ergibt sich bereits ein Rahmen, der die verbindenden Entwicklungsgänge von Gruppe zu Gruppe roh erkennen läßt und dann durch ergänzende Untersuchungen ausgefüllt wird.

B. Die Auswertung

Das Ergebnis all dieser Untersuchungen ist nun eine meist recht umfangreiche Sammlung von Analysenzeichnungen, die nun nach Arten und Gattungen geordnet, einen vollständigen Überblick über Bautypen und Entwicklungstendenzen innerhalb des untersuchten Formenkreises ermöglicht. Sie ist gewissermaßen eine bis ins Detail gehende bildliche Beschreibung aller untersuchten Arten. Um ganz sicher zu gehen, hat man im Verlaufe der Untersuchungen in die unter „phytographische Vorarbeiten" anempfohlene Beschreibungsübersicht alle eigenen Resultate kurz vermerkt und in dieser Übersicht damit alle Lücken, die die Literatur offengelassen hatte, geschlossen, alle Unklarheiten geklärt und alle Fehler ausgemerzt. Man sieht nun in dieser Tabelle auf den ersten Blick, wo etwa noch etwas der Klärung bedarf.

Progressionsreihen der einzelnen Organe

Nun kann man leicht darangehen, *Progressionsreihen* für jedes einzelne Organ zusammenzustellen und so die Dynamik der Entwicklung auszuarbeiten. Man könnte dies nun einfach in der Weise vornehmen, daß man die betreffenden Blätter aus der Analysenkartei nebeneinander legt und in einer Reihenfolge ordnet, die die allmähliche Veränderung des Organes schrittweise erkennen läßt. In manchen Fällen wird man sich auch tatsächlich damit begnügen und lediglich die Entwicklung und die Reihenfolge der Arten in Schlagworten notieren. Namentlich der bereits erfahrene Systematiker wird sich mit diesem Vorgang oft begnügen. Besonders da, wo eine stärkere Veränderung vor sich gegangen ist, wird man aber auf einem eigenen Blatt in mehr oder weniger vereinfachten Skizzen auch zeichnerisch festhalten, so daß man diese Entwicklungsreihe rasch und eindringlich überblicken kann, und versuchen, das Gemeinsame (also den „Morphologischen Typus") herauszuarbeiten, eventuell durch eine oder mehrere Schemata oder Diagramme zu fixieren. Natürlich wird es bei dieser Reihe gewöhnlich nicht erforderlich sein, jede Art zu skizzieren, sondern lediglich jeden der verschiedenen Bautypen (jede Progressionsstufe) festzuhalten. Die Frage „primitiv oder abgeleitet" wird dabei völlig außer acht gelassen. Man beginnt an irgend einem Punkt und, indem man nun versucht, die Entwicklungsschritte zu verfolgen, wird man nun schließlich ganz von selbst daraufkommen, was als „abgeleitet", was als „primitiv" zu betrachten ist. Doch das gehört schon zur eigentlichen phylogenetischen Gruppenbildung und wird dort zu behandeln sein.

Abweichende Stellung einzelner Arten oder Artengruppen

Bei dieser Zusammenstellung der Progressionsreihen, wird es nun manchmal vorkommen, daß irgend eine Artengruppe sich nicht in die Reihe einfügen läßt. Diese abweichende Stellung wird sich nur selten für alle Organe zeigen. Oft werden in dem einen oder anderen Punkt doch Übereinstimmungen festzustellen sein. Dennoch müssen wir eine solche Formengruppe als dem betreffenden Typus fremd und daher nicht näher verwandt ansprechen, wenn die abweichenden Verhältnisse sich auf wesentliche bautypische Fälle oder auf mehrere Organe erstrecken. Die dennoch gleichartigen, nicht abweichenden Eigenschaften sind aus der Einheit des Typus aller Angiospermen auch dann erklärlich, wenn tatsächlich gar keine Verwandtschaft besteht. Dies ist der Punkt, an dem die alte Systematik sehr oft (um nicht zu sagen regelmäßig) gescheitert ist. Ist die Abweichung nur in einem Punkt gegeben, so empfiehlt sich eine noch sorgfältigere Nachuntersuchung unter besonderer Berücksichtigung eben dieses einen Merkmales. Denn es kann, da man bei der ersten Analyse ja noch keine Vorstellung von der Bedeutung oder Bedeutungslosigkeit eines Merkmales hatte, doch leicht möglich sein, daß man gerade auf ein später als wichtig erkanntes Merkmal weniger geachtet hat. Zeigt es sich, daß bei völliger Übereinstimmung in den anderen Organen, gerade nur in *einem* eine wesentliche Abweichung auftritt, so kann es sich um das Auftreten einer neuen Tendenz, um einen Entwicklungssprung handeln, der, je nachdem, als ein Tendenzmerkmal auf die Verbindung mit anderen Gruppen hindeuten kann, oder als neues konstitutives Merkmal eine abzweigende Entwicklungslinie einleitet.

Einen solchen Entwicklungssprung — der allerdings doch durch ein Bindeglied mit der Ursprungsgruppe verbunden ist — bildet das Rhizom von Alstroemeria, das bei sonst fast völliger Übereinstimmung mit den neuweltlichen Liliumarten (das „unterständige Gynöceum" erweist sich als Pseudo-Epigynie!) in scheinbar schärfstem Gegensatz zu den Niederblattzwiebeln dieser steht.

Hier also erweist sich die dynamische Methode als der einzige Ausweg, der einesteils die Brücke zwischen gestaltlich Verschiedenem schlägt, anderseits aber typologisch Fremdes bedingungslos auszuscheiden imstande ist.

C. Die Bautypen

Diese Zusammenstellungen zeigen nun, daß innerhalb jedes echten Verwandtschaftskreises, d. h. jeder phylogenetischen Einheit, jedes Organ einem ganz bestimmten morphologischen Bautypus angehört, der für ihn charakteristisch ist. Dieser Bautypus ist charakterisiert durch einen Grundbauplan und ebenfalls charakteristische Entwicklungstendenzen. Da er aber auch für größere Einheiten gemeinsam sein kann, gewinnt er erst dann seine Bedeutung für die Einschätzung von Verwandtschaftsverhältnissen, wenn wir uns nicht auf *ein* Organ oder *einen* Organkomplex als Grundlage stützen, sondern auch den Bautypus der übrigen Organe oder Organkomplexe in unsere Betrachtung einbeziehen. Der berüchtigte Fehler mancher früheren Systematiker, eine Einteilung nur nach einem „Merkmal" durchzuführen, ist ein ganz charakteristischer Fehler, der aus der Außerachtlassung dieses Prinzipes hervorging und regelmäßig zu Fehleinteilungen führte.

Welche Bedeutung dieser Klarstellung des *Bautypus* z. B. bei *Infloreszenzen* zukommt, zeigt Schlittlers oben zitierte vorzügliche Abhandlung über die Blütenstände der Anthericineen, in der er, meinen bei den Lilioideen angewandten Ideen folgend, durch vorherige Analyse des Bautypus der Infloreszenzen, die außerordentlich verschieden gestalteten Blütenstände der Anthericineen klar aus einer Grundform ableiten konnte.

Daß Schlittler seinen Ausführungen eine Kritik der Blütenstände und eine Klärung der Begriffe „cymös" und „racemisch" und der verschiedenen „Rispen"-Formen voranschickt, muß ganz besonders hervorgehoben werden. Denn gerade, was die komplizierten Infloreszenzen anlangt, herrscht ein terminologisches Chaos, das man mit den Worten umschreiben möchte: „Und was man nicht beschreiben kann, spricht man als eine ‚Rispe' an!"

Für die Anthericineen hat Schlittler die Verhältnisse klarlegen können, aber — in wievielen Fällen der Bautypus der komplizierteren Infloreszenzen noch gänzlich ungeklärt ist, läßt sich bisher nicht absehen.

Von ganz außerordentlicher Bedeutung ist aber die Untersuchung des Bautypus des Gynöceums. Es sei daher auf diesen wichtigen Punkt hier näher eingegangen, da heute bereits eine große Anzahl von Untersuchungen vorliegen, die einen gewissen Überblick über eine große Anzahl von Möglichkeiten gewähren und so eine gewisse Ordnung in das bisherige terminologische Chaos zu bringen gestattet.

D. Die Bautypen des Gynöceums

Es war ursprünglich nicht meine Absicht, an dieser Stelle die Frage nach der *Blattnatur der Carpelle* anzuschneiden, da sie durch Troll[7] und vor allem durch die gründlichen und sorgfältigen Untersuchungen von Sprotte[8] endgültig in dem Sinne geklärt worden ist, daß an der Blattnatur der Carpelle kein Zweifel mehr sein kann. Da jedoch im systematischen Schrifttum des Auslandes noch in allerneuester Zeit (1945) wieder über diese Frage diskutiert worden ist, (offenbar in, durch den Krieg bedingter Unkenntnis von Sprottes Ausführungen) sehe ich mich veranlaßt, auch an dieser Stelle Trolls und Sprottes Ergebnisse so kurz als möglich zu wiederholen. Denn, wenn man den Carpellen Achsennatur beimißt, oder sie gar als „Organe sui generis" anspricht, so bekommen sie etwas Proteushaftes, unfaßbares, das naturgemäß sich außerhalb der Gesetzmäßigkeit stellen würde und damit systematisch mehr oder weniger wertlos würde, was in Wahrheit absolut nicht der Fall ist. Eben ihre Blattnatur bringt es mit sich, daß sie eine geradezu auffallende Gesetzmäßig-

---

[7] Troll, W., Die morphologische Natur der Carpelle, Chronica Botanica V. 1939, S. 38—41.

[8] Sprotte, K., Untersuchungen über Wachstum und Nervatur der Fruchtblätter, Bot. Archiv 40, 1940, S. 463—506.

keit durch alle Vielfalt der Erscheinungsformen beibehalten und daher im höchsten Grade von phylogenetischer Bedeutung sind.

a) **Beweise für die Blattnatur der Carpelle**

Im *grundtypischen Aufbau* besteht das *Blatt* aus folgenden drei Abschnitten:

Unterblatt (Blattgrund) — Stiel — Spreite.

Von diesen drei Abschnitten können infolge von Entwicklungshemmungen das Unterblatt und die Stielzone auch nicht in Erscheinung treten. Beim *Carpell* ist das Unterblatt — wenn überhaupt — stets nur andeutungsweise vorhanden. Dagegen ist die Stielzone, wenn sie auch meist gleichfalls unterdrückt ist, in einigen Fällen unverkennbar entwickelt. So besitzt das Carpell von Thalictrum aquilegifolium eine sehr gut entwickelte Stielzone. Bei Thalictrum flavum ist sie ebenfalls deutlich erkennbar, aber kurz. Interessant ist aber der Fall bei Eranthis hiemalis, wo die Stielzone zur Zeit der Anthese noch unscheinbar ist, später aber durch postflorale Streckung sehr auffallend wird. In den meisten Fällen allerdings bleibt die Stielzone latent und ist nur durch den Gefäßbündelverlauf erkennbar.

Der **Gefäßbündelverlauf** in der Stielzone folgt in Laubblättern dem trilakunären oder unilakunären Typus, d. h. an der Blattlücke entspringen drei oder ein breites Bündel, welch letzteres sich erst nachher teilt.

Wir finden daher in der Stielzone bifacialer (dorsiventraler) Laubblätter folgende Bündelanordnung:

Lateralis 1 — Dorsalmedianus — Lateralis 2.

Bei unifacialen Blättern, die dadurch gekennzeichnet sind, daß die Oberseite unterdrückt ist, geben die Lateralbündel noch je ein weiteres ab. Diese Bündel vereinigen sich zu einem Ventralmedianus, der nun invers steht, d. h. sein Xylem dem des Dorsalmedianus zuwendet. Wir könnten das also etwa so skizzieren:

Ventralmedianus

Lateralis 1 Lateralis 2

Dorsalmedianus

Diese Anordnung ist darum so wichtig, da die vollkommensten Carpelle sich als peltate (Schlauch-)Blätter erwiesen haben, also dem unifacialen Typus angehören. Tatsächlich finden wir die Nervatur der Stielzone der Carpelle genau gleich der von Laubblättern. Der einzige Unterschied ergibt sich aus dem Umstand, daß über den Carpellen keine weiteren Blattorgane und daher keine weiteren Gefäßbündel mehr existieren, die Blattlücke daher nach obenzu offen bleibt.

In der **Wachstumsverteilung** können wir bei Laubblättern unterscheiden:

Längenwachstum: a) Spitzenwachstum,
b) interkalare Streckung.

Breitenwachstum: a) Randwachstum,
b) Flächenwachstum.

Dickenwachstum.

Beim Längenwachstum ist die interkalare Streckung insbesondere bei Monocotylenblättern sehr auffallend, bei denen sie die „riemenförmige“ Gestalt verursacht. Von seltenen Ausnahmen abgesehen, ist das Längenwachstum der Blätter determiniert, d. h. es wird in einem bestimmten Längenverhältnis, der „kritischen Länge“ abgeschlossen. Das Breitenwachstum geht von subepidermalen Randzonen aus, doch kann dieses schließlich auch durch epidermales Randwachstum abgelöst werden. Das Dickenwachstum liegt hauptsächlich im axilen Bereiche, d. h. in der Stiel- und Mittelnervregion, ist aber auch im Bereiche der sogenannten „Vorläuferspitzen“ stark. Es wird durch ein Ventalmeristem herbeigeführt.

Die Untersuchungen von Sprotte ergaben nun, daß bei den Carpellen genau die gleichen Wachstumsvorgänge vorliegen. Ja, Sprotte konnte nachweisen, daß sogar die „kritische Länge“ der Carpelle im (relativ) gleichen Bereiche liegt, wie bei Laubblättern. In bezug auf das Randwachstum müssen wir bei peltaten Carpellen unterscheiden zwischen dem der Seitenränder, das besonders bei balgfrüchtigen Pflanzen sehr stark ist und dem der Querzone. Hält das Randwachstum der Querzone lange an, so kommt es zur Ausbildung typischer Schlauchblätter, wie sie in vollkommenster Form bei Potamogeton auftreten. Dauert es nur kurz, so kann die Querzone vollkommen unauffällig werden. Wir sprechen dann von einer „latenten Peltation“. Doch ist die latente Peltation stets am Vorhandensein „inverser Gefäßbündel“ im Bereiche der Stielzone, also am Vorhandensein eines Ventralmedianus, erkennbar.

In der eigenartigen „falschen Scheidewand“ der Carpelle von Mesembryanthemum sens. lat. haben wir offenbar eine ganz besonders auffallende Erscheinung des Dickenwachstums im Bereiche des Carpell-Mittelnervs (des Dorsalmedianus) vor uns. In neuester Zeit hat Croizat (l. c.) diese falsche Scheidewand, die er als „mediastine“ bezeichnet, als steriles Carpell angesprochen. Er hat nur reife Carpelle untersucht und daher nicht bemerken können, daß diese falschen Scheidewände nicht dem Vegetationskegel entspringen, sondern wie schon aus den vorzüglichen Zeichnungen Peyers unzweideutig zu erkennen ist, sich aus der Mittelnervregion der Carpellspreite erst im Laufe des Heranwachsens derselben allmählich gegen die zentrale Achsensäule vorschiebt, genau so, wie bei dickrippigen Laubblättern die Verstärkung der Mittelrippe erfolgt.

In der **Nervatur der Carpellspreite** ist ein Grundgerüst längsorientierter Stränge charakteristisch, welches durch querlaufende Kommissuren verbunden wird. Normal sind drei Längsbündel vorhanden: ein Dorsalmedianus und zwei Plazentarbündel, die gewöhnlich stärker sind als der Dorsalmedianus, was in Anbetracht ihrer Funktion selbstverständlich ist. Die Transversalnerven gehen von den Plazentarbündeln aus. Die Längsnerven werden frühzeitig entwickelt, während die übrigen sich erst im Verlaufe des Flächenwachstums ausbilden. Längsnervigkeit ist aber auch bei Laubblättern keineswegs selten. Besonders schön zeigt dies die Melastomacee Cyanophyllum magnificum, deren Blattspreiten von 5 Längsbündeln umschlossene Intercostalfelder zeigen, die von Transversalnerven zwischen den Längsbündeln durchzogen werden.

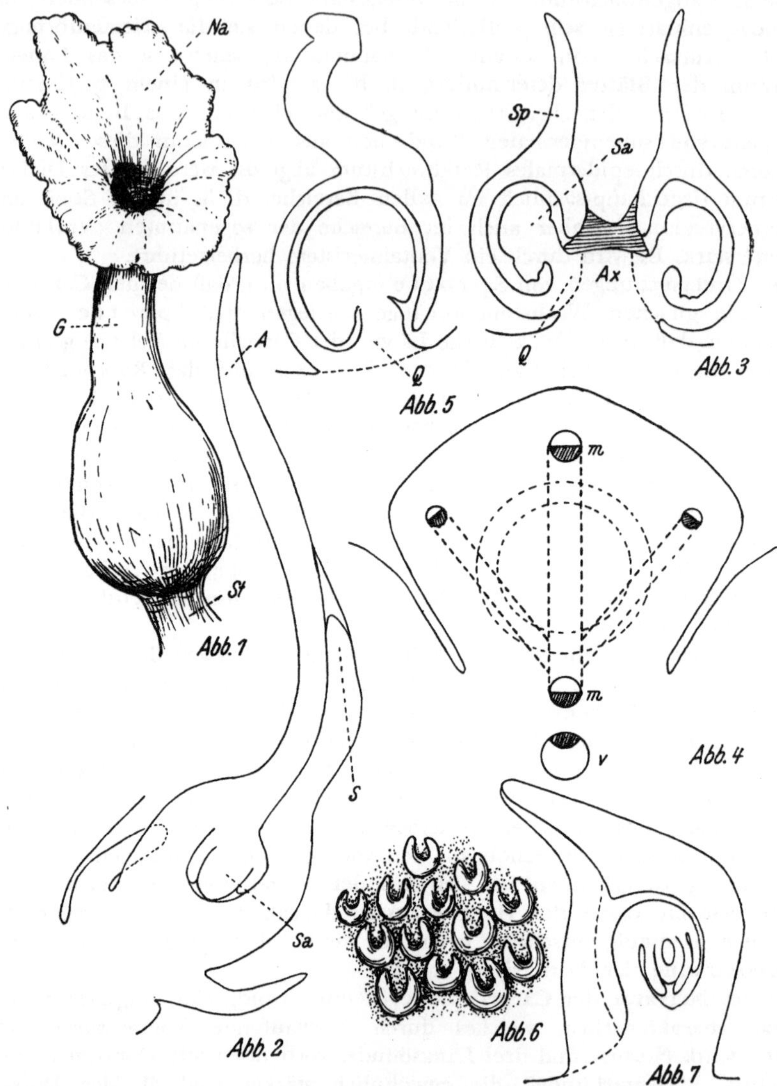

Abb. 1. Vollkommenes Schlauchblattcarpell von Zannichellia palustris. *G* — Griffel, *N* — Narbe, *St* — Stiel. (Nach E b e r.)

Abb. 2. Weibliche Blüte von Ceratophyllum demersum mit peltatem Carpell. *A* — Carpellspitze, *S* — Querzone, *Sa* — Samenanlage (laminal-median). (Nach T r o l l.)

Abb. 3. Längsschnitt durch das Gynöceum von Phytolacca esculenta als Beispiel für latente Peltation. Die Carpellspreiten sind Kapuzenförmig über die Samenanlagen *(Sa)* erweitert, die Querzone *(Q)*, der die Samenanlage marginal-median entspringt, ist mit dem Achsenkegel *(Ax)* kongenital verwachsen. Grenzlinie etwa

Somit zeigen die Carpelle in histogenetischer wie in morphologischer Hinsicht völlige Übereinstimmung mit Laubblättern, modifiziert nur durch die aus ihrer Stellung als letzte Blattorgane des Vegetationskegels und aus ihrer Funktion als Träger der Samenanlagen bedingten Abweichungen. An ihrer Blattnatur kann nach Sprottes Untersuchungen nicht mehr gezweifelt werden.

b) Die Carpellform

In der Carpellform können wir zwei Typen unterscheiden:

1. Das peltate Carpell und
2. das epeltate Carpell.

Das **peltate Carpell** ist charakterisiert:

a) durch eine unifaciale Stielzone, die allerdings oft unterdrückt ist,
b) durch den Zusammenschluß der Lateralbündel — wenigstens für eine kurze Strecke — zu einem Ventralmedianus und
c) in der Anlage, durch die Ausbildung einer Querzone, d. h. die Ränder der Carpellanlage laufen in der Mitte zusammen.

Wie schon oben erwähnt, hängt es nur von der Dauer des Randwachstumes der Querzone ab, ob das Carpell ausgeprägt schlauchförmig wird oder ob die Peltation latent bleibt, d. h. nur in der Anlage gegeben ist und später unterdrückt wird. Die höchste Vollendung findet das Schlauchblatt, wie schon oben erwähnt in den Potamogetonaceen (Abb. 1)[9], aber auch bei Cabomba und Nelumbium, während in Ceratophyllum (Abb. 2) eine Übergangsform gegeben ist[10]. Eine kurze Querzone zeigt Cimicifuga[11]. Ein ausgezeichnetes Beispiel latenter Peltation zeigte Schaeppi[12] in Phytolacca, wo nur der Gefäßbündelverlauf (und die Stellung der Samenanlage) die Peltation erkennen läßt, da die Querzone mit dem zentralen Achsenkegel

[9] Eber, E., Carpellbau und Plazentationsverhältnisse in der Reihe der Helobiae, Flora N. F. 27, 1934, 273 ff.

[10] Vergl.: Troll, W., Beitr. z. Morph. d. Gynäc. IV., Über das Gynäceum der Nymphaeaceae., Planta, 21, 1933. S. 447 ff.

[11] Troll, W., Beitr. z. Morph. d. Gyn. III., Über das Gynäceum von Nigella und einige anderer Heleboreen, Planta, 21, 1933, S. 266 ff.

[12] Schaeppi, H., Zur Morphologie des Gynöceums der Phytolaccaceen, Flora N. F. 31, 1936, S. 41 ff.

die gestrichelte Linie. Die Carpellöffnungen sind durch ein aus den Haaren gebildetes Pseudoparenchym (schraffiert) verschlossen. (Nach Schaeppi.)

Abb. 4. Gefäßbündelverlauf in einem Carpell von Phytolacca. *m* — Mediannerv (Dorsalmedianus), der zwei Lateralnerven abzweigt. *v* — Ventralmedianus. Die gestrichelten Kreise deuten die Lage von Carpellhöhle und Samenanlage an. (Nach Schaeppi.)

Abb. 5. Längsschnitt durch das peltate Carpell mit stark verkürzter Querzone von Rivina. (Nach Schaeppi.)

Abb. 6. Anlagen der epeltaten Carpelle von Echinodorus macrophyllus. (Nach Eber.)

Abb. 7. Medianer Längsschnitt durch das epeltate Carpell mit laminal-medianer Samenanlage von Echinodorus macrophyllus. (Nach Eber.)

kongenital verbunden ist (Abb. 3, 4). Bei der Gattung Rivina, die nur ein terminales Carpell besitzt, läßt sich jedoch die Peltation klar erkennen (Abb. 5).

Das **epeltate Carpell** scheint tatsächlich erheblich seltener zu sein. Es ist dadurch charakterisiert, daß seine Anlage hufeisenförmig ist (Abb. 6), d. h. die Ränder der Carpellanlage gehen nicht ineinander über, sondern verlaufen in den Vegetationsscheitel. Eine Querzone ist niemals, d. h. in keinem Entwicklungsstadium zu sehen. Später schließen sich die Carpellränder zur „Bauchnaht". Als Beispiel für epeltate Carpelle sei Echinodorus angeführt[13]. Auch Victoria und Euryale haben — im Gegensatz zu anderen Nymphaeaceae — infolge einer Entwicklungshemmung in sehr frühem Stadium, epeltate Carpelle[14].

c) Die Anordnung mehrerer Carpelle in der Blüte

Bereits oben wurde die gänzliche Unzulänglichkeit der alten terminologischen Ausdrücke: Apocarp, hemisyncarp und syncarp in morphologischer Hinsicht ausgeführt. Troll[15] hat in der Erkenntnis, daß zwischen dem von

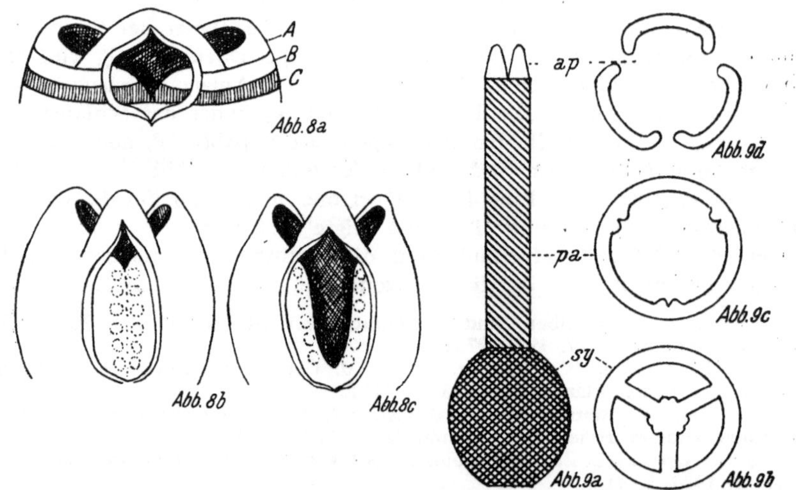

Abb. 8. a) Entwicklung des coenocarpen Gynöceum. Die (3) von vorneherein miteinander verbundenen Carpellenanlagen haben die „Carpellensohle", die Übergangszone *C* (schraffiert) und den Spreitenteil *B* gemeinsam. Nur die Carpellspitzen sind frei; b) Streckenwachstum in Zone *C* und *B* — syncarpes Gynöceum; c) Übergangszone *C* nicht weiter entwickelt, Streckung nur in Zone *B*, die fertil wird — paracarpes Gynöceum. (Nach Troll.)

Abb. 9. Bauschema des syncarpen Gynöceums. a) mit den, den einzelnen Abschnitten zugehörigen Querschnittbildern b)—d). *sy* — syncarper Abschnitt (Fruchtknoten), *pa* — paracarper Abschnitt (Griffel), *ap* — apocarper Abschnitt (Narbenregion). (Nach Troll.)

[13] Ebner, l. c.

[14] Troll IV. l. c.

[15] Troll W., Zur Auffassung des paracarpen Gynäceums und des coenocarpen Gynäceums überhaupt. Planta 6., 1928, S. 255 ff.

Griesebach so genannten paracarpen und syncarpen Gynöceum insoweit eine Beziehung besteht, daß jedes aus mehreren Fruchtblättern *wirklich* verwachsene (nicht etwa durch Beteiligung der Achse verbundenen Fruchtblättern!) Gynöceum aus einem syncarpen und einem paracarpen Abschnitt und einem apocarpen Endabschnitt besteht, für alle solchen Gynöceen den Ausdruck „coenocarp" geprägt. Zwischen paracarpem und syncarpem Gynöceum besteht also nur der Unterschied, daß in letzterem der syncarpe Abschnitt die Samenanlagen trägt, also zum Fruchtknoten wird, der paracarpe Abschnitt hingegen nur den Griffel bildet, während beim „paracarpen" Gynöceum der syncarpe Abschnitt unterdrückt (wohl aber gewöhnlich nachweisbar) ist und der paracarpe Abschnitt die Samenanlagen trägt (Abb. 8, 9). Hieraus ergibt sich folgende Übersicht der Anordnung mehrerer Carpelle:

Alle Fruchtblätter *frei* d. h. nicht *untereinander* verwachsen	Fruchtblätter *untereinander* verwachsen	
apocarp	*Coenocarp*	
	a) *syncarp* *mehr*fächerig, Plazenten zentralwinkelständig Abb. 9, 10	b) *paracarp* *ein*fächerig, Plazenten parietal oder freie Zentralplacenta Abb. 11

Die apocarpen Endabschnitte des coenocarpen Gynoeceums bilden die Narbenäste. Ist aber der ganze paracarpe Abschnitt in die Bildung des Fruchtknotens eingegangen, so übernehmen nur die freien Endabschnitte die Funktion des „Griffels" – in der alten Terminologie also „Fruchtknoten mit mehreren Griffeln" – und werden nach Hanf[16] morphologisch richtig überhaupt nicht als „Griffel" (Stylus), sondern als „Stylodien" zu bezeichnen sein (Abb. 11 b).

Es kann auch der Fall eintreten, daß sowohl der syncarpe als auch der paracarpe Abschnitt eines *coenocarpen* Gynöceums unterdrückt wird, wie dies bei Caylusea canescens der Fall ist. Wir sprechen dann von „Pseudoapocarpie". Sie ist von echter Apocarpie durch Nachweisbarkeit des paracarpen eventuell auch noch des syncarpen Abschnittes unterschieden (Abb. 12).

Der häufige Fall einer nur scheinbaren „Verwachsung" mehrerer an sich freier Karpelle durch Mitwirkung der Blütenachse ist als „Pseudocönocarpie" zu bezeichnen.

[16] Hanf, M., Vergl. u. entwicklungsgesch. Untersuchungen üb. d. Morphol. u. Anat. d. Griffel u. Griffeläste. Beih. Bot. Centralb. Abt. A. 54, 1935, S. 99 ff.

*) Während der Drucklegung dieses Buches erschien eine wichtige Arbeit von H. Baum: Baum, H., Der einheitliche Bauplan der Angiospermengynöceen, Österr. Bot. Zeitschr. 96, 1949, S. 64–82). H. Baum, stellt in dieser Arbeit auf Grund entwicklungsgeschichtlicher Untersuchungen fest, daß der, die Placenten tragende Teil des syncarpen Abschnittes (bei Troll) *sekundär* syncarp ist (postgenitale Verwachsungen!). Er ist daher nicht dem primär syncarpen Basalabschnitt, sondern dem, die Placenten tragenden Teil des paracarpen Gynöceums homolog.

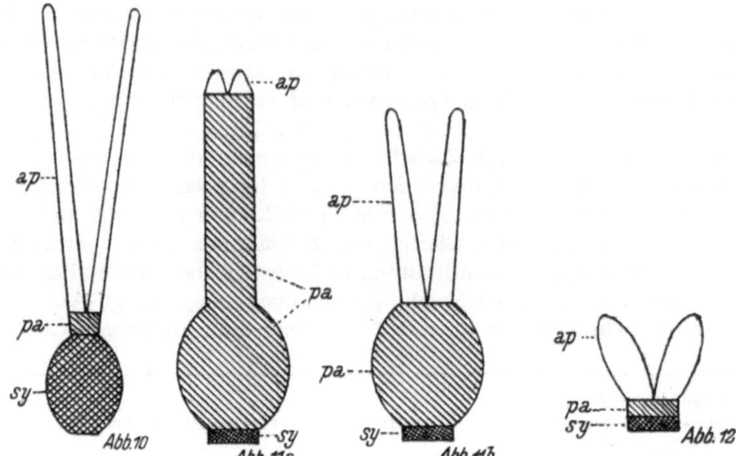

Abb. 10. Bauschema des synkarpen Gynöceums von Colchicum mit unterdrücktem paracarpen und gefördertem apocarpen Abschnitt, der zu Stylodien ausgebildet ist. (Nach T r o l l.)

Abb. 11. Bauschema des parakarpen Gynöceums; der syncarpe Abschnitt *(sy)* ist unterdrückt. — a) Bautypus von Viola. Der paracarpe Abschnitt bildet sowohl den Fruchtknoten als auch den Griffel, der apocarpe Abschnitt nur die Narbe. — b) Bautypus von Passiflora. Der paracarpe Abschnitt bildet nur den Fruchtknoten, die apokarpen Abschnitte Stylodien. (Nach T r o l l.)

Abb. 12. Pseudoapocarpes Gynöceum von Caylusea. Syncarper *(sy)* und paracarper *(pa)* Abschnitt sind unterdrückt. Fertil sind die apocarpen Abschnitte. (Nach T r o l l.)

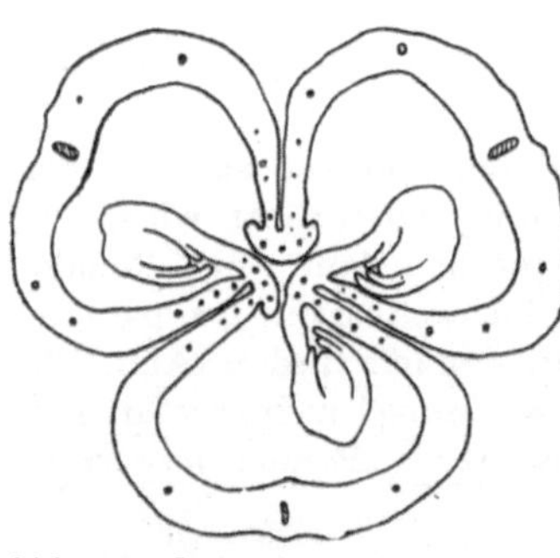

Abb. 13. Querschnitt durch das Ovar von Gloriosa superba mit marginal-lateraler Placentation. (Nach T r o l l.)

l) Die Plazentation

Auch in der Bezeichnung der Plazentationsverhältnisse können die alten terminologischen Bezeichnungen:

1. parietal, a) marginal, b) laminal,
2. zentralwinkelständig und
3. freie Zentralplazenta

den Anforderungen einer typologischen Unterscheidbarkeit nicht genügen.

Wir unterscheiden heute folgende Typen:

1. Marginal-lateral,
2. marginal-zentral (median),
3. laminal-lateral,
4. laminal-median,
5. freie Zentralplazenta.

Diese Typen müssen nun näher erläutert werden.

1. Marginal-lateral (Abb. 13). Die Plazenten stehen an den Rändern des Spreitenabschnittes der Karpelle, also längs der Bauchnaht, und zwar, wie

S p r o t t e[17] nachwies, eigentlich nicht wirklich randständig, sondern rand*nahe;* die Plazentarbündel liegen daher nicht unterhalb der Randzelle, sondern seitlich verschoben. Als Beispiel möge Colutea oder Actea dienen.

2. **Marginal-zentral** (Median). Die Plazenta liegt an der Querzone des peltaten Karpells. Vorzügliche Beispiele für diesen Typus liefern viele Centrospermae. Bei Tetragonia und Phytolacca (Abb. 14 a, b) ist nur eine Samenanlage entwickelt (bei latenter Peltation) hingegen werden bei Trianthema (Abb. 14 c, d) durch Verlängerung der Plazenta infolge längeren Randwachstumes der Querzone die Samenanlagen sekundär vermehrt. Bei Mesembryanthemum sens. lat. tritt ebenfalls die sekundäre Vermehrung der

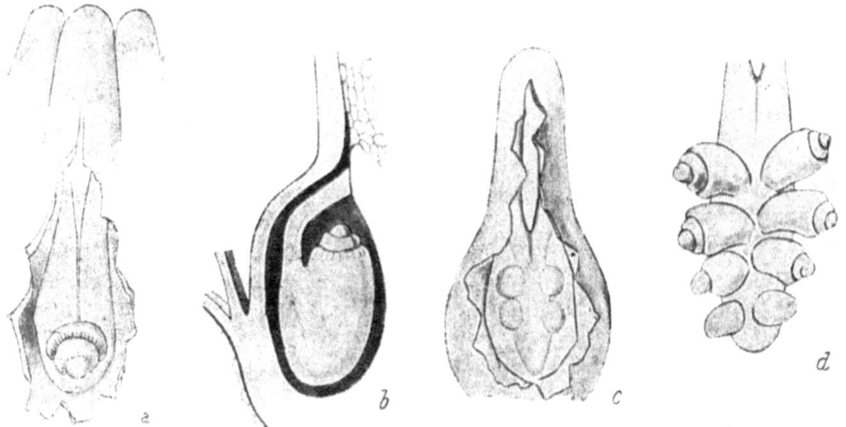

Abb. 14. Marginal-centrale Plazentation a) Entstehung der Samenanlage bei Phytolacca (Carpell rückwärts aufgeschnitten). (Nach P a y e r.) b) Aus der mit der Achsensäule hochgewachsenen Querzone von Tetragonia expansa. c)—d) Sekundäre Vermehrung der Samenanlagen bei ursprünglich marginal-centraler Anlage durch Verlängerung der Plazenta infolge Streckung der Querzone bei Trianthema. (Nach P e y e r.)

Samenanlagen ein, und zwar bei latenter Peltation. Infolge späterer Verschiebung der Karpellinsertion gerät hier bei vielen Arten die an sich centrale Placenta in eine *scheinbar partietale* Lage (Abb. 15). Bei den Cactaceen erfolgt diese Umkehr der Karpellinsertion jedoch in einem so frühen Entwicklungsstadium, daß eine zentrale Lage (ausgenommen bei den primitiven Pereskien (Abb. 16) im Verlaufe der Entwicklungsgeschichte nicht mehr wahrzunehmen ist. Sie ist nur mehr aus dem Gefäßbündelverlauf zu ersehen, der die Verlagerung der Stielzone und die an die Außenwand verlagerte Querzone (Ventralmedianus) erkennen läßt[18]. (Abb. 17, 18.)

Einen interessanten Übergang zwischen marginal-zentraler und marginallateraler Plazentation zeigt, wenigstens in frühen Entwicklungsstadien, Cle-

[17] S p r o t t e, l. c.

[18] B u x b a u m, F., Untersuchungen zur Morphologie der Kakteenblüte I. Das Gynöceum. Bot. Archiv 45, 1944, S. 190 ff.

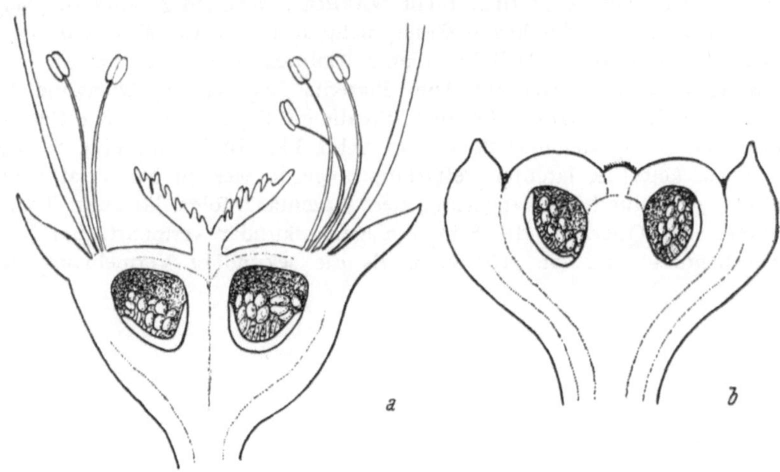

Abb. 15. Verlagerung der sekundär vermehrten Samenanlagen durch Verschiebung der Karpellinsertion bei Mesembryanthemum sens. lat. a) Vereinfachter Blütenlängsschnitt von Mesembryanthemum angustum. Samenanlagen zu basaler Lage verschoben. (Nach Wettstein.) b) Bei der Fruchtreife verlagert zu parietaler Lage in der jungen Frucht von Mesembryanthemum longum. (Nach Wettstein.)

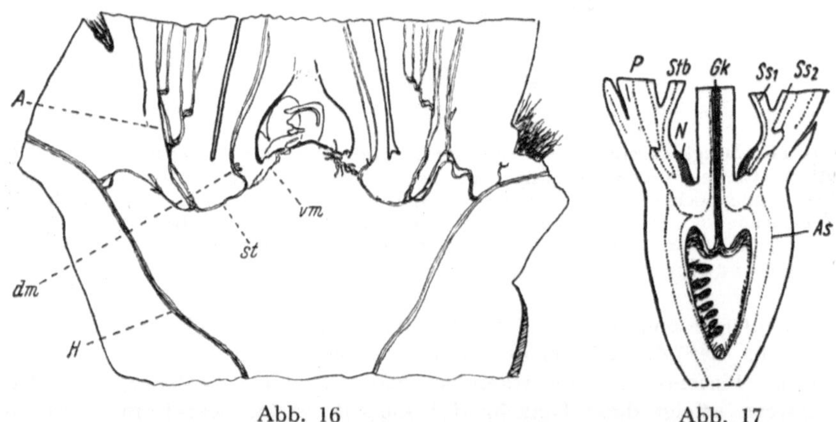

Abb. 16. Radialer Längsschnitt durch den Blütengrund von Pereskia aculeata. *st* — Gefäßbündel der (latenten) Stielzone, *dm* — Dorsalmedianus, *vm* — Ventralmedianus. *A* — Gefäßbündel des Andröceums, *H* — Hauptgefäßbündel. (Original Buxbaum.)

Abb. 17. Etwas schematisierter Längsschnitt durch das Gynöceum von Zygocactus. *Gk* — Griffelkanal, mit Pseudoparenchym erfüllt, *P* — Perianthröhre, (selten bei Kakteen!), *Stb* — „Staubblattröhre", *N* — Nektarium, *As* — Hauptgefäßstrang; dieser zweigt am oberen Gynöceumrand nach *unten:* Das Bündelsystem des Gynöceums ab, welches sich aus einer kurzen Stielzone in den in den Griffel verlaufenden Dorsalmedianus und den (abwärts) zu den Plazenten verlaufenden Ventralmedianus teilt. Nach *oben:* die Bündelsysteme der inneren Staubblattröhre (Ss_1) und der äußeren Stanima (Ss_2). (Original Buxbaum.)

matis (Abb. 19). Die erste Samenanlage (primäre Samenanlage) entsteht, wie bei den einsamigen Ranunculaceen an der Querzone, also marginal-zentral. Die Querzone stellt jedoch bald ihr Randwachstum ein, während der dorsale Spreitenteil und die Ränder der Bauchnaht sich noch stark verlängern. Dadurch wird die Placenta längs dieser Ränder gleichfalls verlängert und es entstehen sekundäre Samenanlagen, die nun marginal-lateral stehen.

3—4. Die **laminale Plazentation** ist dadurch gekennzeichnet, daß eine eigentliche Placenta nicht ausgebildet wird, sondern die Samenanlagen entspringen einzeln auf der Oberseite der Fruchtblätter beiderseits der Mediannerven (**laminal-lateral**, Abb. 20, 21), wie z. B. bei Butomus in mehreren, bei Valisneria nur in zwei Reihen, oder es wird nur eine Samenanlage ausgebildet, die dann ober dem Medianus entspringt (**laminal-median**, Abb. 3, 7), wie bei den Potamogetonaceen[19].

5. **Die freie Zentralplacenta** (Abb. 22) entsteht wie die marginal-zentrale Plazentation an peltaten

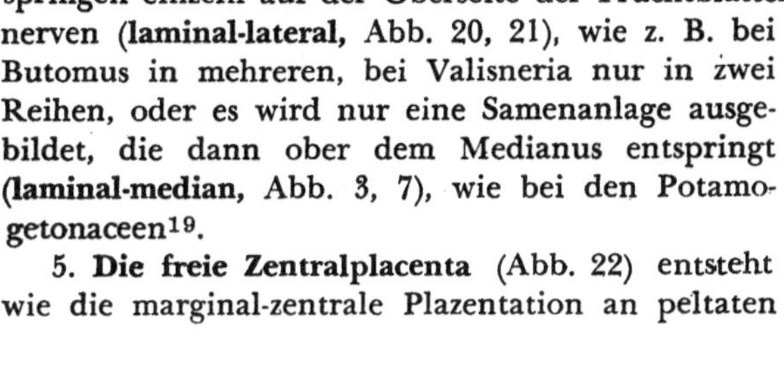

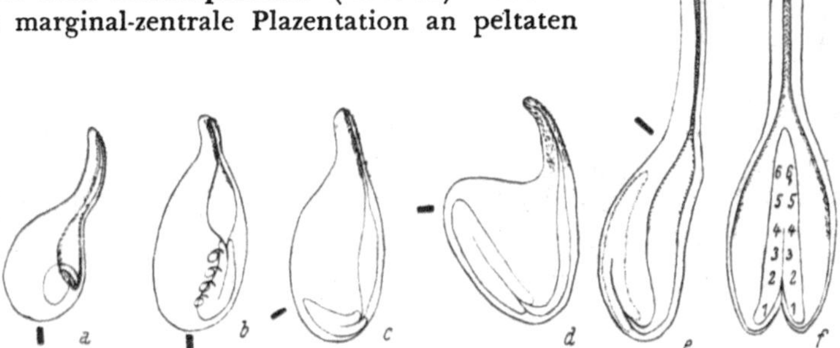

Abb. 18. Erläuterung zur Verlagerung der (sekundär verlängerten) marginal-zentralen Placenta durch Verschiebung der Stielzone der Carpelle (angedeutet durch einen schwarzen Strich) a) einfache marginal-zentrale Samenanlage (Typus Phytolacca und Tetragonia), b) verlängerte Placenta (Typus Trianthema), c) beginnende Verlängerung (Typus Mesembryanthemum-Übergangsform, d) Stielzone nach oben verschoben, Carpellöffnung ausgezogen, Placenta in parietale Lage verschoben mit inverser Reihenfolge der Samenlagen, e)—f) Seiten- und Vorderansicht des Cacteen-Typus: Totale Verlagerung der Stielzone und daher der der Placenta. Das Carpell klafft in seiner ganzen Lage. Die benachbarten Carpellränder treten miteinander in Verbindung. (Original B u x b a u m.)

Karpellen, und zwar, wie S c h a e p p i[20] nachweist, unter Mitwirkung einer zentralen Achsensäule. Sie ist z. B. für die Primulaceen charakteristisch. Charakterisiert ist sie durch inverse Gefäßbündel der Placenta, woraus sich ihre Ableitung aus der Querzone peltater Karpelle ergibt. Damit gewinnt dieser Typus vollkommen homologen Bau der Karpelle mit dem Ophioglossaceen-Blatt.

---

[19] Vergl.: T r o l l, W., Beitr. z. Morph. d. Gynäc. I. Planta 14, 1931, S. 1 ff.; II. Planta 17. 1932, S. 453 ff. und E b e r, E., l. c.

[20] S c h a e p p i, H., Vergl. Morph. Unters. am Gynoeceum d. Primulaceen, Zeitschr. f. d. gesamte Naturwissensch. 1937, S. 239 ff.

Einen Übergang zu ihr ohne Beteiligung der Achse bildet der ringförmige Plazentarwall bei Dionaea.

Die zentrale Insertion einer einzigen Samenanlage z. B. bei den Chenopodiaceen ergibt sich aus der marginal-zentralen Plazentation eines latent

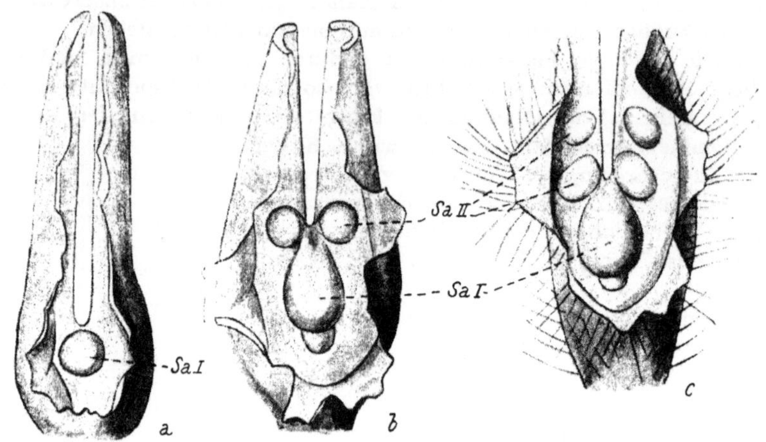

Abb. 19. Übergang von der marginal-centralen (medianen) zur marginal-lateralen Placentation bei Clematis. a) junges Carpell, am Rücken geöffnet. Nur die Primäre Samenanlage *(Sa I)* ist marginal-zentral (Median) angelegt, b) und c) ältere Carpelle, infolge Streckung der Carpellspreite oberhalb der Querzone entstehen in marginal-lateraler Lage sekundäre Samenanlagen *(Sa II)*. (Nach Payer.)

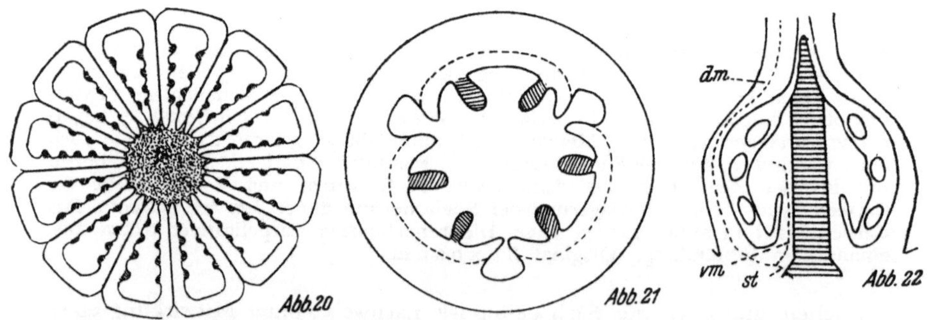

Abb. 20. Laminal-laterale Placentation im Querschnittschema des Gynöums von Limnocharis. Pseudocoenocarpie durch Mitwirkung eines Achsenkegels (punktierte Fläche). Samenanlagen schraffiert. (Nach Troll.)

Abb. 21 Laminal-laterale Placentation im Querschnittschema von Vallisneria gigantea. Pseudocoenocarpie infolge Epigynie. Die (theoretische) Begrenzung der Carpelle gegen das Achsengewebe ist strichliert angedeutet. (Nach Troll.)

Abb. 22. Freie Zentralplacenta bei Primula schematisiert). Die Querzonen werden unter Mitwirkung einer Achsensäule (schraffiert) zur Zentralplacenta. *st* — Gefäßbündel der Stielzone, *vm* — Ventralmedianus, *dm* — Dorsalmedianus. (Nach Schaeppi.)

peltaten Karpells bei gleichzeitiger Sterilität des oder der übrigen Karpelle eines coenocarpen Fruchtknotens. Sie ist also als eine reduktive Progression aus einem ursprünglich mehrsamigen Gynoeceum abzuleiten.

e) Die Beteiligung der Achse am Aufbau des Gynöceums. Die Beteiligung der Achse am Aufbau der Blüte ist von außerordentlicher Bedeutung für die Systematik, so daß ihre Außerachtlassung zweifellos mindestens in vielen Fällen zu falschen Gruppierungen Anlaß gegeben hat. Sie wird daher nicht nur in ihrer typologischen Mannigfaltigkeit im Rahmen des Bauplanes des Gynöceums zu betrachten sein, sondern es wird im anschließenden Kapitel auch noch ihre diagrammatische Darstellung gesondert behandelt werden.

Am Aufbau des Gynöceums kann sich die Achse auf grundsätzlich dreierlei Weise beteiligen:

1. als zentraler Achsenkegel,
2. als Achsenberindung des Gynöceums (Epigynie),
3. als Achsenberindung *und* Achsenkegel.

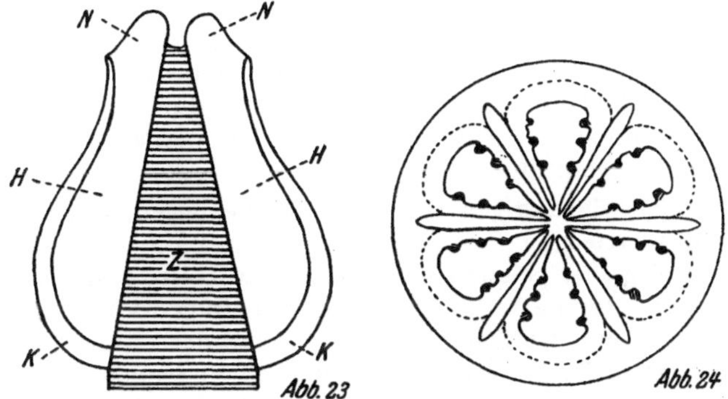

Abb. 23. Mitwirkung eines Achsenkegels (Z — schraffiert) im Gynöceum von Limnocharis. *K* — Carpelle, *N* — Narben, freie Endteile der Carpelle, *H* — Carpellhöhle. (Nach Troll.)

Abb. 24. Pseudocoenocarpie durch Mitwirkung des Achsenbechers bei Ottelia. Grenzlinie der Carpelle gegen das Achsengewege strichliert. (Nach Troll.)

Als **zentraler Achsenkegel bei coenocarpem Gynöceum** bewirkt die Achse bei geringerer Entwicklung latente Peltation, wie wir sie bei Phytolacca vorfinden[21] (Abb. 3). Eine auffallendere Bildung verursacht er in der oben angeführten freien Zentralplazenta[22]. Schaeppi hat nachgewiesen, daß die „sterile Spitze der freien Zentralplazenta" nichts anderes ist, als eben das freie Achsenende (Abb. 22). Daß im Normalfalle nur mehr die inversen Plazentarbündel in dieser Achsensäule vorhanden sind, ist leicht aus dem Umstand zu erklären, daß über den Karpellen keine weiteren Blattorgane ausgebildet werden, weshalb die Blattlücken nach Abzweigung der Karpellbündel offen bleiben. Es kommt jedoch gerade bei Primulaceen mitunter zur „Durchwachsung" der Blüte, d. h. die Achse verlängert sich durch die Blüte

[21] Schaeppi, 1936, l. c.
[22] Schaeppi, 1937, l. c.

hindurch und trägt dann erst noch eine zweite Blüte. In diesem Falle ist innerhalb des Kreises inverser Gefäßbündel noch ein normaler Gefäßbündelring vorhanden.

Während diese Fälle vorwiegend von theoretischem Interesse in bezug auf das Gynöceum sind, verändert die **Beteiligung des Achsenkegels bei apocarpem Gynöceum** den Habitus des Gynöceums so wesentlich, daß es in der Terminologie mit einer gänzlich irreführenden Bezeichnung benannt wird und dadurch einen ganz anderen morphologischen Typus vortäuscht, als jener dem das Gynöceum angehört.

Durch Einwachsen der Achsensäule zwischen die Karpelle eines (echt) apocarpen Gynöceums werden nämlich die Karpelle scheinbar vereinigt, d. h. ein syncarpes Gynöceum vorgetäuscht. Wir bezeichnen so einen Fall als *„Pseudocoenocarpie"*. Sie wurde von Troll[23] nachgewiesen für Limnocharis (Abb. 20, 23) und Aquilegia[24] und von Eber[25] für Damasonium*.

Pseudocoenocarpie kann ebenso bei apocarpem Gynöceum **durch Achsenberindung** hervorgerufen werden. Als Beispiel dieser Art sei Ottelia angeführt[26] (Abb. 24). Hier liegt also eine ganz besondere Form des unterständigen Fruchtknotens vor (Epigynie bei Apocarpie), während z. B. bei Gladiolus ein syncarpes Gynöceum durch die Achsenberindung unterständig wird (Epigynie bei Coenocarpie). Ausführlich behandelt werden die Erscheinungen der echten Epigynie durch Leinfellner[27].

Einen besonders eigenartigen Fall der Epigynie zeigen, was Leinfellner nicht beobachtete, die Cactaceae. Hier beginnt sich der Achsenbecher schon vor der Anlage der peltaten Karpelle zu entwickeln, so daß deren Stielzone an den oberen Rand einer kraterartigen Vertiefung des Vegetationskegels zu stehen kommt, und die Querzone sich entlang der „Krater"-wand nach unten zu entwickelt. Die Plazentation wird dadurch *pseudoparietal,* da sie, dem morphologischen Typus nach, marginal-median liegt[28] (Abb. 18).

Achsenkegel und Berindung konnte bisher von Troll[29] bei apocarpem Gynöceum für Nymphaeaceen und von mir[30] bei coenocarpem Gynöceum für Aizoaceen nachgewiesen werden.

---

[23] Troll II. l. c.

[24] Troll III. cl. c.

[25] Eber, l. c.

[26] Troll, l. c., 1931.

[27] Leinfellner, W., Über den unterständigen Fruchtknoten und einige Bemerkungen über den Bauplan des verwachsenblättrigen Gynöceums an sich. Bot. Archiv 42, 1941, S. 1 ff.

[28] Buxbaum, l. c., 1944.

[29] Troll, W., Beitr. z. Morph. d. Gynöc. IV. Über das Gynöceum der Nymphaeaceae, Planta 21, 1933, S. 447 ff.

[30] Buxbaum, l. c., 1944 und Buxbaum, F., Zur Klärung der systematischen Stellung der Aizoaceae und Cataceae, Sukkulentenkunde II; Jahrb. d. Schweiz. Kakteen-Gesellschaft, 1948.

*) Troll nimmt auch für Nigella Beteiligung der Achse an einem an sich apocarpen Gynöceum an. Dies wird jedoch neuestens von H. Baum, l. c. entschieden bestritten, da diese Annahme weder ontogenetisch noch histologisch beweisbar ist.

Bei Nelumbium wächst die Blütenachse über das Andröceum zu einem auf der Spitze stehenden Kegel aus, in dem die einzeln stehenden Karpelle in Höhlungen sitzen. Bei Nymphaea, Victoria usw. sind die Karpelle rings um den Achsenkegel — der eigentlich an der Organbildung nicht beteiligt ist — in einem Kranz angeordnet und werden von einem Achsenbecher zu einem pseudocoenocarpen Gynöceum vereinigt (Abb. 25).

Den interessantesten Fall bildet aber Nuphar, wo der Achsenbecher sich erst innerhalb des Andröceums so vollständig über die an sich apocarpen Carpiden entwickelt, daß nicht nur syncarpes Gynöceum, sondern trotz der Berindung durch den Achsenbecher ein oberständiger Fruchtknoten (**„Pseudohypogynie"**) vorgetäuscht wird (Abb. 26).

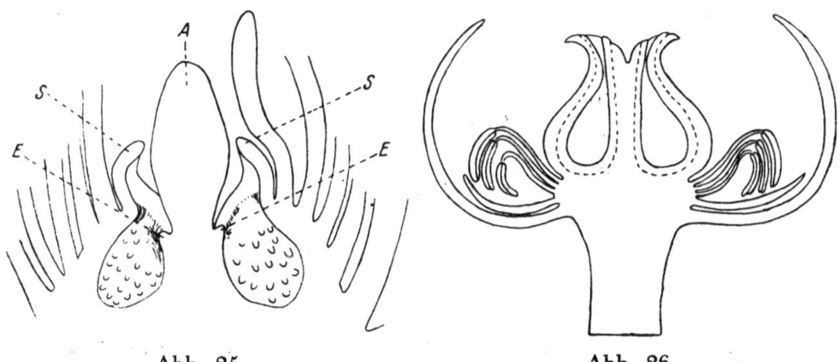

Abb. 25 Abb. 26

Abb. 25. Mitwirkung von Achsenkegel und Achsenberindung am Aufbau des Gynöceums von Nymphaea alba. *A* — freies Ende des zentralen Achsenkegels, *S* — Spitzen der Carpelle, *E* — Rand der Querzone der (peltaten) Carpelle. (Nach Troll.)

Abb. 26. Beteiligung von Achsenkegel und Achsenberindung am Gynöceum (Pseudohypogynie) im schematisierten Längsschnitt durch die Blüte von Nuphar luteum. Die Grenzen der peltaten Carpelle gegen das Achsengewebe ist strichliert. (Original Buxbaum.)

Bei den Aizoaceen verursacht die stark entwickelte Achsensäule latente Peltation bei Tetragonia, bei der der Achsenbecher noch schwächer entwickelt ist. Bei Mesembryanthemum s. lat. bewirkt das spätere Wachstum des Achsenbechers in vielen Fällen die Verlagerung der marginal-medianen (zentralen) Plazentation auf die basale und schließlich an die Außenwand des Ovariums (Abb. 27).

Ein interessantes Gegenstück zu diesen Fällen konnte ich bei Alstroemeria (Abb. 45) nachweisen. Diese Gattung wurde bisher zu den Amaryllidaceae-Hypoxioideae gestellt, da sie „unterständigen" Fruchtknoten besitzen soll. Ich konnte jedoch nachweisen, daß es sich bei ihr um eine **„Pseudoepigynie"** handelt. Das Gynöceum ist hier in Wirklichkeit nicht von einem Achsenbecher berindet, sondern von den Tepalen, deren Mittelrippen die Frucht wie sechs Krallen umfassen, aus denen sich die Kapsel leicht herauslöst.

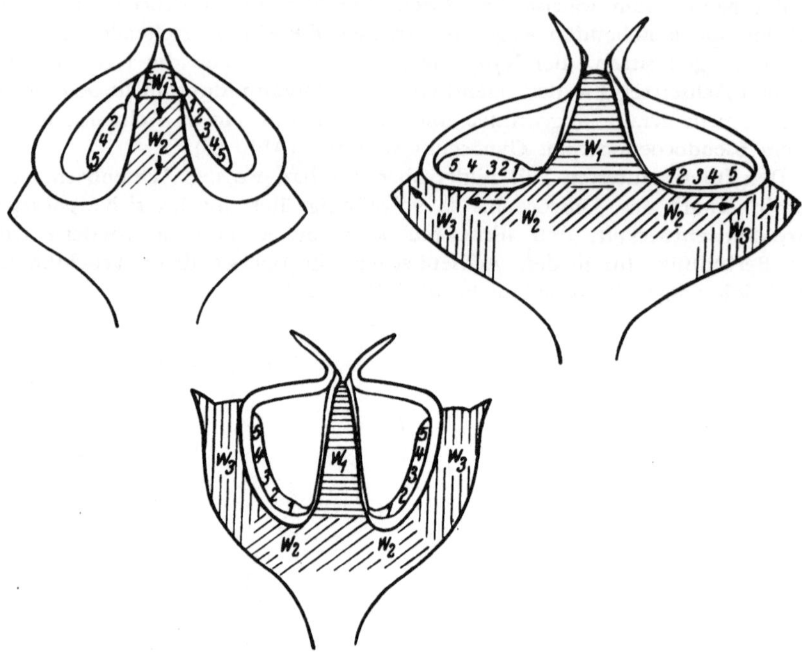

Abb. 27. Schemata zur Erläuterung der Verschiebung der Carpelle durch Wachstum des Wachstum des Achsengewebes bei Mesembryanthemum s. lat. W_1, W_2, W_3 = erste, zweite, dritte Wachstumszone der Achse. Die Ziffern *1–5* geben die Entstehungsfolge der Samenanlagen an. (Original **Buxbaum**.)

f) Pseudomonomerie

Eckardt[31] hat diese Erscheinung eingehend untersucht. Sie stellt eine von der Systematik bisher stets verkannte Reduktionserscheinung des Gynöceums dar. Es handelt sich hier um Gynöceen, die scheinbar nur aus einem Karpell bestehen, in Wirklichkeit aber coenocarp sind und aus zwei bis mehreren Karpellen gebildet werden, deren Gestalt aber meist von einem einzigen bestimmt wird, während die anderen infolge Reduktion ihm gegenüber zurücktreten. Diese Erscheinung ist im gesamten Bereiche der Angiospermen verbreitet. Bei den Urticales konnte z. B. die schrittweise Reduktion des zweiten Karpells sehr schön nachgewiesen werden, wodurch diese Reihe sich als hoch abgeleitet erweist – während sie bisher als „primitiv" angesehen und *von ihr* die Centrospermae abgeleitet wurden (Abb. 28).

Bei den Centrospermae finden wir aber eine deutliche Vorstufe der Pseudomonomerie, indem z. B. bei den Chenopodiaceen und Amaranthaceen, aber auch bei Caryophyllaceen einsamige coenocarpe Gynöceen vorkommen, die aus mehreren peltaten Karpellen gebildet werden. Es ist also nur ein

[31] Eckardt, T., Untersuchungen über Morphologie, Entwicklungsgesch., und systematische Bedeutung des pseudomonomeren Gynöceums. Nova Acta Leop. N. F. 5. 1937, Nr. 26.

Karpell fertil das oder die anderen steril, was bereits unstreitig als reduktive Progression aufgefaßt werden muß.

Diese kurze Zusammenfassung der wichtigsten Bautypen des Gynöceums kann natürlich nicht ausreichen, ein klares Bild über die verschiedenen Möglichkeiten zu geben. Sie kann auch nicht die Methoden dieser morphologischen Analysen geben. Sie hatte vielmehr nur die Aufgabe, auf die vielen von der modernen Morphologie aufgedeckten Erscheinungen hinzuweisen. Wer sich mit Systemfragen der höheren Kategorien beschäftigt, wird unbedingt die hier angeführten Abhandlungen eingehend studieren müssen.

E. *Die neue Diagrammatik der Blüte*

Mängel der bisherigen Diagrammatik

Wenn im vorhergegangenen Kapitel die oft sehr wesentliche Beteiligung der Blütenachse an dem Aufbau des Gynöceums gezeigt werden konnte, so muß dazu noch betont werden, daß sie ja nicht nur im Gynöceumbau formgebend in Erscheinung tritt, sondern im Gesamtbau der Blüte eine wesentliche, bisher kaum entsprechend gewürdigte Rolle zu spielen vermag. Gerade in den Gestaltungsverhältnissen der Blütenachse treten auch mannigfache Entwicklungstendenzen, bald als Tendenzmerkmale, bald als konservative Merkmale in Erscheinung, die für die Aufklärung phyletischer Zusammenhänge sehr wesentlich ins Gewicht fallen. Beispiele dieser Art konnte ich bei den Centrospermen kurz zeigen, wo sich zwei Entwicklungstendenzen, die Tendenz zur Bildung einer Achsensäule und die Tendenz zur Bildung eines Achsenbechers (Receptaculum) bald getrennt, bald kombiniert verfolgen lassen, wobei im letzteren Falle noch eine Tendenz zur Beteiligung mehrerer Hochblattinternodien am Blütenaufbau gelegentlich (Trianthema) oder konservativ (Cactaceae) nachweisen läßt.

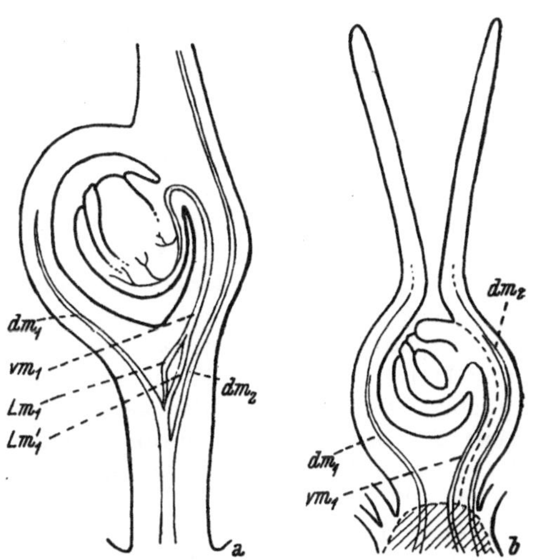

Abb. 28. Pseudomonomerie. a) Bei Broussonetia. dm_1 — Dorsalmedianus des fertilen ersten Carpells, Lm_1 und Lm'_1 — die zunächst freien lateral-marginalen Bündel von Carpell I, die sich zum Ventralmedianus (vm_1) vereinigen. dm_2 — Dorsalmedianus des reduzierten Carpells 2. (Nach Eckardt) — b) bei Cannabis (schematisch). dm_1 — Dorsalmedianus, vm_1 — Ventralmedianus des fertilen Carpells 1. dm_2 — Dorsalmedianus des reduzierten Carpells 2. Grenzlinie zwischen Carpell 1 und Carpell 2 gestrichelt, Achse schraffiert. (Nach Eckardt.)

Es ist mir daher eigentlich kaum verständlich, daß die Systematik im starren Festhalten an der Eichlerschen Diagrammatik der Blüte es noch kaum je versucht hat, diesen so wichtigen Faktor in das Blütendiagramm einzubeziehen.

Ich habe daher schon früher die Anregung gegeben, die Blütenachse in das Blütendiagramm einzubeziehen[32] und diese neue Diagrammatik dann konsequent für die verschiedenen von mir analysierten Kakteenblüten angewandt[33] mit dem Erfolg, daß sich aus dieser neuen Diagrammatik außerordentlich klare Entwicklungsreihen herauslesen lassen. Gerade bei den Cactaceen liegen nun allerdings ganz besondere Verhältnisse vor, da hier die Achsenröhre aus mehreren bis sehr vielen Internodien aufgebaut ist, und daher mußte hier ein ganz besonderer Weg eingeschlagen werden, der sich aber, wie gesagt, ausgezeichnet bewährt hat. Das bekannte und in allen Lehr- und Handbüchern immer wieder abgedruckte Eichlersche Opuntiendiagramm erfüllt hingegen seine Aufgabe, Klarheit in Entwicklungsfragen zu geben, in keiner Weise.

Besonders wichtig wird aber die Darstellung der Blütenachse in jenen Fällen, in denen sie als Receptaculum auftritt und noch mehr in jenen, in denen sie Pseudocoenocarpie verursacht.

Ein weiterer schwerer Mangel der bisherigen Diagrammatik liegt darin, daß es nicht möglich ist, im Diagramm zu unterscheiden, ob ein Perianth seiner morphologischen Natur nach dem Sepalkreis (Sepalcorolle) oder dem Staminalkreis (Staminalcorolle) homolog ist. Wie wichtig diese Unterscheidung aber ist, zeigt schon der Vergleich verschiedener Centrospermendiagramme der bisherigen Ausführungsart. Bei Mesembryanthemum sens lat. sind die zahlreichen „Petalen“ bekanntlich umgewandelte Stamina, bei den Cactaceen alle Perianthorgane einschließlich der „Röhrenschuppen“ metamorphosierte Hochblätter (Sepalcorolle). In der gegenwärtigen diagrammatischen Darstellung kommt dies aber nicht zum Ausdruck, weshalb eine „Ähnlichkeit“ der Diagramme zustande kommt, die morphologisch falsch ist. Wenn zwischen Sepalen und Petalen überhaupt unterschieden wurde, so geschah dies bisher in der Regel so, daß der äußere Kreis („Sepalen“) vom inneren Kreis („Petalen“) unterschieden wurde (wenn ihre Ausbildung verschieden ist). Im einkreisigen Perianth aber wurde die Darstellungsart angewandt, die für die Petalen gebräuchlich ist. Z. B. sind in der Übersicht der Centrospermendiagramme in Wettsteins Handbuch der systematischen Botanik die Sepalen bei Corrigiola und Viscaria weiß, die Petalen schwarz dargestellt. Bei dem einkreisigen Perianth von Paronychia und Scleranthus aber ist dieses schwarz, also in der Farbe der Petalen gezeichnet. Dadurch sieht es so aus, als ob zu dem einfachen Perianth dieser Gattungen bei den zweikreisigen Gattungen ein zweiter Kreis (von außen!) hinzugetreten wäre, während in Wirklichkeit die staminalen Perianthblätter der zwei-

[32] Buxbaum, F., Das Diagramm der Kakteenblüte, „Cactaceae“, Jahrbuch der D. Kakt. Ges. 1938.

[33] Buxbaum, F., Blütenmorphologische Einzeluntersuchungen „Cactaceae“, Jahrbuch der D. Kakt. Ges. Zygocactus 1938, Pereskia sacharosa 1940, Brasiliopuntia brasiliensis 1940, Nopalxochia-Chiapasia-Disocactus 1941, Weberocereus tunilla 1941.

kreisigen Formen durch Reduktion verlorengegangen und das Perianth der einkreisigen Peronychia und Scleranthus daher homolog ist dem Sepalkreis von Viscaria usw.

In einigen Fällen hat man allerdings schon bisher versucht, die verschiedenen Diskusbildungen in das Diagramm einzubeziehen, aber stets ohne ihre morphologische Natur zu deklarieren. Damit ist aber ebenfalls wenig getan. Freilich sind gerade die Fragen der Homologie der Perianthteile wie auch die nach der Natur der Diskusausbildung mit den bisherigen Methoden der Terminologie meist nicht zu lösen, sondern erfordern eine sehr genaue morphologische Analyse, die sich auch auf die Entwicklungsgeschichte stützen muß. Das ist wohl auch der Grund, warum sie in der Diagrammatik bisher unbeantwortet geblieben sind. Man könnte daher die bisherige Diagrammatik geradezu als eine „bildgewordene Terminologie" bezeichnen.

Die Forderung, die wir an die Diagrammatik stellen müssen, geht also dahin, daß das Diagramm nicht nur die gegenseitigen Lageverhältnisse darstellen muß, sondern darüber hinaus auch, soweit als es diagrammatisch darstellbar ist, auch die morphologische Natur. Mit anderen Worten, das Diagramm muß *auch morphologisch* richtig sein.

Um nun die Möglichkeit, auch solche Tatsachen im Diagramm darzustellen, zu erläutern, seien einige solcher „kritischer" Fälle hier dargestellt und erläutert.

Erläuterung der Diagramme

Bevor auf die Erläuterung der Diagramme eingegangen wird, möchte ich bemerken, daß die dargestellten Diagramme mit Ausnahme der Centrospermendiagramme und jenes von Alstroemeria, die auf eigenen Untersuchungen beruhen, der Literatur entnommen und nur auf Grund unserer heutigen Kenntnisse nach meinen neuen Gesichtspunkten abgeändert sind. Es wird die Größe der Abbildungen auffallen, die im Gegensatz zu der sonst üblichen Miniaturdarstellung steht. Es ist aber klar, daß um die morphologischen Feinheiten darzustellen, ein zu kleines Abbildungsformat sinnlos wäre. Dies wird sich aus der Erläuterung ergeben.

In allen Darstellungen wurden folgende Kennzeichen angewandt: Blütenachse schwarz, Carpelle weiß, Stamina weiß (Ausnahme: primäre Stamina bei Mesembryanthemum schraffiert!) Petalen (Staminal-Petalen) weiß, Sepalen schwarz. Auf die Darstellung der Abstammungsachse, Bracteen und Bracteolen wurde verzichtet.

Diagramm 1. Pirus. Ist ein wohlbekanntes Beispiel. Es zeigt, wie ein an sich apocarpes, aus 5 Karpellen bestehendes Gynöceum durch Versenkung in die Blütenachse zum „unterständigen Fruchtknoten" wird. Die weiß gehaltenen Karpelle liegen zur Gänze in das Achsengewebe eingebettet.

Diagramm 2. Zeigt die Pseudocoenocarpie bei Aquilegia. Die 5 Karpelle sind durch zwischen ihnen hochgewachsenes Achsengewebe verbunden. Man erkennt hier auch die Zugehörigkeit der gespornten Honigblätter zum Staminalkreis, den sie unmittelbar fortsetzen.

Diagramm 3. Primula. Die Blütenachse tritt hier nur (als schwarzes Zentrum) in der Central placenta in Erscheinung.

Diagramm 4. Herniaria. Hier liegt das aus 2 Karpellen bestehende Gynöceum, von dessen Karpellen nur *eines* fertil ist, in einem Achsenbecher, ohne mit ihm verwachsen zu sein. Der Achsenbecher ist als ein schwarzer Ring um das Gynöceum dargestellt. An seinem einwärts vorgezogenen oberen Rand stehen die Staub-

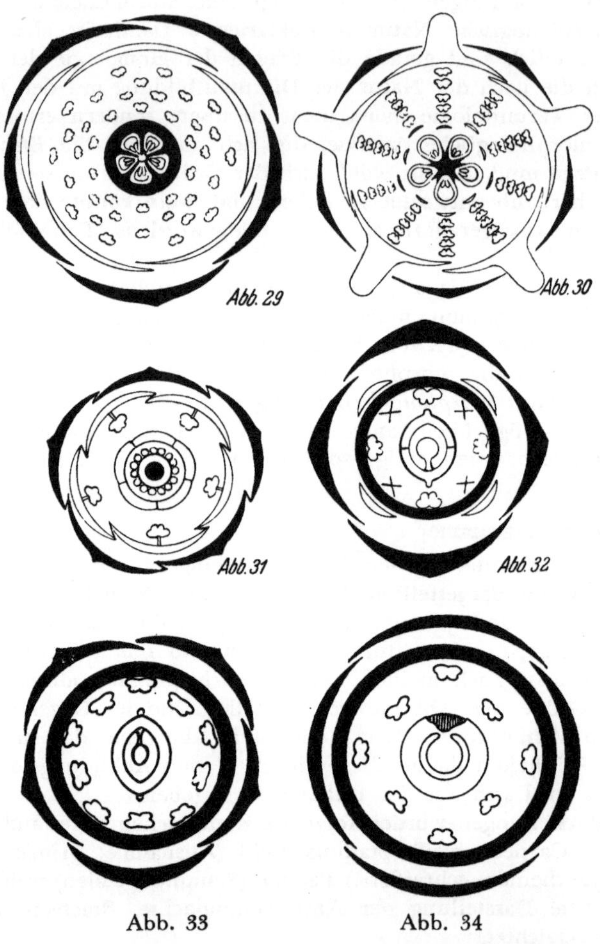

Abb. 33 Abb. 34

Abb. 29. Diagramm 1. Pirus.
Abb. 30. Diagramm 2. Aquilegia.
Abb. 31. Diagramm 3. Primula.
Abb. 32. Diagramm 4. Herniaria.
Abb. 33. Diagramm 5. Scleranthus.
Abb. 34. Diagramm 6. Daphne.

blätter, die daher an den Innenrand des Ringes gesetzt sind. Ebenfalls am Rand des Achsenbechers entspringen die stark reduzierten Petalen, die, wie T r o l l nachgewiesen hat, dem Staminalkreis angehören, d. h. durch Umwandlung von Staminalanlagen entstehen. Der augenfällige Teil der Blütenhülle wird hier von den Sepalen gebildet. Die Staubblattzahl ist stark reduziert. Die fehlenden Staubblätter sind durch „×" angedeutet.

Diagramm 5. Scleranthus ist noch im Vergleich zu Diagramm 4 besonders interessant. Grundsätzlich liegt hier der gleiche Blütenbau wie bei Herniaria vor, bei welch letzteren der bei den Caryophyllaceen überwiegende fünfzahlige Aufbau durch Meiomerie auf die Vierzahl reduziert ist. Das Gynöceum weist den gleichen Bau auf und liegt ebenfalls in einem Achsenbecher. Es fehlen hier aber die Petalen vollständig, dafür sind 2 Staubblattkreise ausgebildet. Man könnte demnach meinen, der hier mit dem episepalen Kreis alternierende Staubblattkreis wäre den Petalen von Herniaria homolog. Das ist aber nicht der Fall, wie Troll durch Vergleich mit dem Stellaria-Diagramm und auf Grund entwicklungsgeschichtlicher Untersuchungen festgestellt hat. Der Ausfall des epipetalen Kreises ist nämlich durch die für die Centrospermen so charakteristische Förderung der Kelchblattsektoren hervorgerufen, die auch die Erscheinung der Obdiplostemonie hervorruft. Bei Herniaria fehlt also der epipetale Staubblattkreis. Bei Scleranthus ist er zwar ausgebildet, dafür aber fehlen die Petalen.

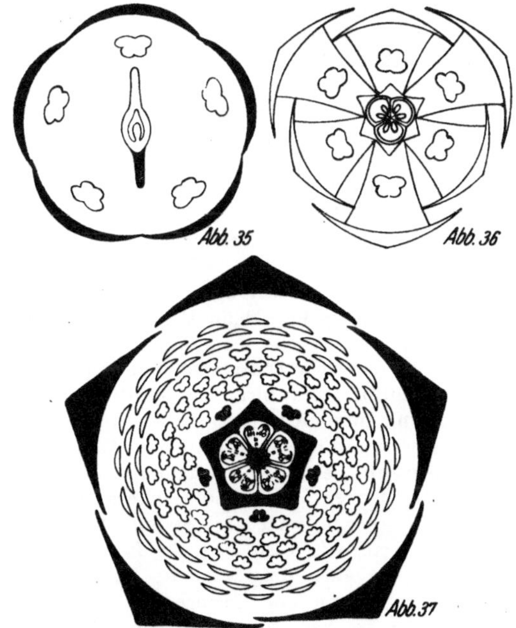

Abb. 35. Diagramm 7. Ulmus.
Abb. 36. Diagramm 8. Alstroemeria.
Abb. 37. Diagramm 9. Mesembryanthemum s. lat. Primäre Staubblätter schraffiert.

Diagramm 6. Daphne. Dieses Diagramm erinnert durch Ausbildung eines Receptaculums und das Fehlen der Petalen an das von Scleranthus. Da die Stamina aber nicht am Rande des Receptaculums stehen, sondern an dessen Innenwand entspringen, sind sie nicht an den Rand des, das Receptaculum darstellenden Ringes gestellt, sondern in Abstand. Beachtenswert ist hier das Gynöceum. Dieses ist nach Eckardt (l. c.) pseudomonomer auf binärer Grundlage. Das heißt, es sind 2 Karpelle angelegt, von denen das abaxiale aber auf seinen Dorsalmedianus mit einem schmalen Gewebsstreifen reduziert ist. Dieses ist im Diagramm schraffiert. Die einzige Samenanlage liegt nach Eckardt genau median in eigenartiger Stellung an der abaxialen Wand (in den Diagrammen der Literatur stets verkehrt!).

Diagramm 7. Ulmus. Auch hier liegt Pseudomonomerie vor. Das reduzierte Karpell bildet nur die eine Flügelkante und das dazugehörige (etwas kürzere) Stylodium. Ob hier nur eine Verwachsung der Sepalen vorliegt, oder ein Achsenbecher, ist noch nicht entschieden. Daher wurde darauf nicht Rücksicht genommen.

Diagramm 8. Alstroemeria. Hier liegt, wie oben ausgeführt wurde, Pseudoepigynie vor, d. h. das Gynöceum ist *nicht* in einen Achsenbecher versenkt, sondern der Basalteil der Tepalen ist samt den Staubblättern an den Fruchtknoten angewachsen. Dieses Diagramm leitet sich also vom normalen Liliaceen-Diagramm ab. Die Verwachsung der Tepalen mit dem Ovar ist so angedeutet, daß — ähnlich wie bei der Versenkung in einem Achsenbecher — das Ovar in einen geschlossenen Ring (der hier auffallend kantig ist) eingeschlossen ist; dieser ist aber, da er kein Achsengebilde, sondern die Basis der Tepalen ist, weiß gehalten. Die den einzelnen Tepalen entsprechenden Kanten sind mit den Tepalen durch punktierte Linien verbunden, wodurch auch die Einbeziehung der Filamentbasen in das gemeinsame Gebilde sich ergibt. Um das Verständnis zu erleichtern, wird unter den Längsschnittdarstellungen auch dieser Fall dargestellt werden.

Diagramm 9. Mesembryanthemum spec. Ein Fall mit echter Epigynie. Das Gynöceum ist von einem Achsenbecher berindet, der durch die herablaufenden Basen der Sepalen kantig ist. Überdies bildet die Achse aber einen zentralen Kegel, wenn er auch bei Mesembryanthemum s. lat. nicht so stark ausgebildet ist, wie bei Tetragonia. Die falschen Dissepimente, die die Fächer des coenocarpen Ovars halbieren, sind strichliert. Entwicklungsgeschichtlich sind es nicht, wie z. B. Croizat meint, „sterile Karpelle", denn sie entspringen nicht dem Vegetationskegel, sondern sie sind, wie bereits erwähnt, Bildungen des Dickenwachstums des Ventralmeristemes unter dem Dorsalmedianus der Karpellspreite. Ebenfalls nur entwicklungsgeschichtlich und nicht an adulten Blüten erkennbar, ist die Tatsache, daß die Stamina hier nicht acyclisch angeordnet sind, sondern von fünf mit den Karpellanlagen alternierenden primären Staubblättern (schraffiert) ausgehend, sich nach außen hin sekundär vermehren in der Stellung, die das Diagramm erkennen läßt. Die letzten Staminalanlagen werden dann zu dem meist mehrreihigen Petalenkranz (hier oft auch als „Staminodien" angesprochen, was meines Erachtens sinnlos ist, wenn wir nicht auch die Petalen der Caryophyllaceen als Staminodien ansprechen, die auch umgewandelte Stamina sind).

Diagramme 10 bis 13 stellen verschiedene Cactaceen dar. Die verwickelten Verhältnisse der Cactaceenblüten machen für diese Familie eine ganz besondere Diagrammatik erforderlich, sie soll an den vier hier wiedergegebenen Diagrammen genau erläutert werden. Die Diagrammatik der Cactaceen wird dadurch kompliziert, daß der Achsenbecher nicht nur den Fruchtknoten einschließt, sondern sich noch, meist sehr erheblich, darüber hinaus zu einem Receptaculum verlängert. Da an dieser Bildung mehr oder weniger zahlreiche Internodien beteiligt sind, ist die Röhre von mehr oder weniger zahlreichen Schuppenblättern bedeckt, die oft in ihren Achseln Areolen (Seitenkurzsprosse mit metamorphosierten Blättern, den „Stacheln" und Borsten) tragen und erst gegen das Ende der „Röhre" allmählich in die „Petalen" übergehen, die hier also sepaler Natur sind. Da nun oft die Schuppen der ovarialen Region (bisher fälschlich „Ovarium" benannt; von mir wurde der Ausdruck „Pericarpell" eingeführt) andere Achselprodukte tragen, als die der „Röhre" und dieser Unterschied wesentlich zur Gattungstrennung ist, war es notwendig, die Diagramme so zu gestalten, daß diese Unterscheidung möglich ist. Wie dies erreicht wurde, werden die nachstehenden Diagramme, die vier grundsätzlich verschiedene Blütenformen darstellen, zeigen. Für ihre Deutung müssen einige Grundsätze vorausgeschickt werden. Im Gegensatze zu anderen Diagrammen hat es sich notwendig gezeigt, das Diagramm mit einem Grundkreis zu begrenzen, sofern die Blüte nicht, wie etwa bei Pterocactus, einfach direkt in den Sproß übergeht. Dieser Grundkreis bezeichnet also das untere Ende des als „Blüte“ zu bezeichnenden Kurzsprosses. Die Grenze zwischen dem Pericarpell und

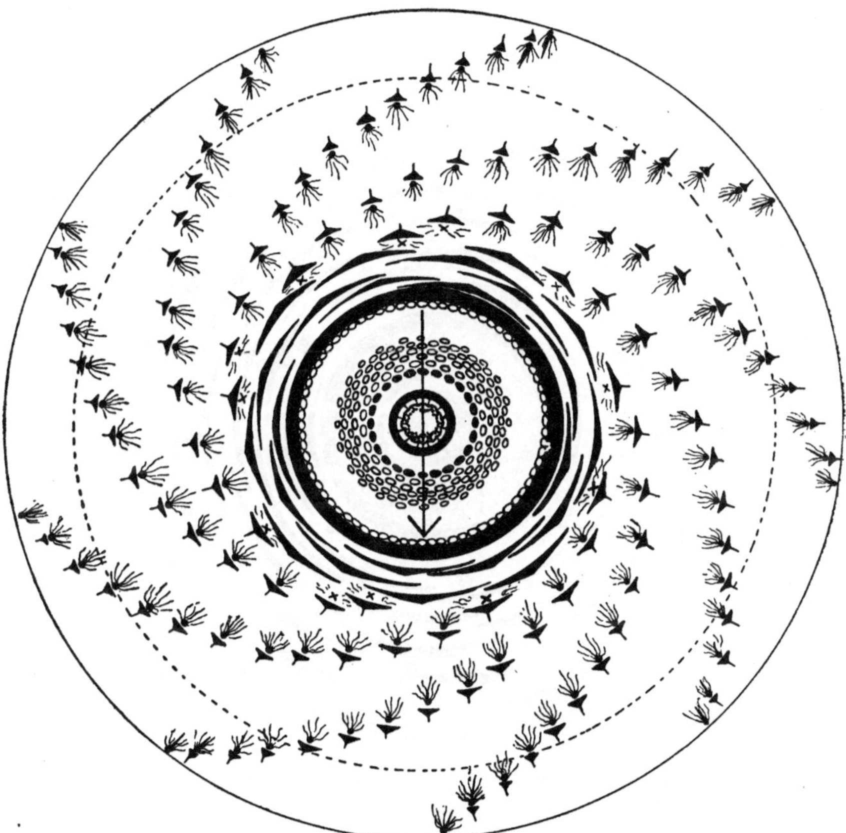

Abb. 38. Diagramm 10. Echinopsis oxygona. Primäres Staubblattkreis schraffiert, Darstellung der Staubblätter vereinfacht.

der „Blütenröhre“, also dem Receptaculum, die äußerlich oft, aber nicht immer hervortritt, wird durch einen dem Grundkreis parallelen strichlierten Kreis angedeutet, das Receptaculum selbst — entsprechend dem Achsenbecher, etwa bei Daphne, als ein dicker Kreis, dessen Dicke auch gleich die verschiedene Wanddicke des Receptaculums andeutet. Da die Staubblätter innerhalb des Receptaculums stehen, liegen ihre Symbole ebenfalls innerhalb des, das Receptaculum andeutenden Kreises. Die Unterständigkeit des Fruchtknotens wird wieder durch entsprechende Verdickung angedeutet, die eventuelle Kanten des Pericarpells wiedergibt. Die Schuppenblätter der Röhre werden gestaltlich nachgedeutet und ihr Übergang in das Perianth durch entsprechende Umgestaltung deutlich gemacht. Die Areolen sind, entsprechend ihrer Kurzsproßnatur, als Punkte angedeutet, Wolle, Borsten oder Stacheln entsprechend symbolisiert.

Diagramm 10. Echinopsis oxygona. Pericarpell und fast die ganze Röhre sind mit Areolen tragenden, mukronaten kleinen Schuppen gleichmäßig bedeckt, die in 9 Schrägzeilen stehen. Die obersten, bereits in das Perianth überleitenden Schuppen tragen zwar noch Wolle in den Achseln, aber keine Areolen. Dies ist durch „X“ angedeutet. Die Staubblätter stehen einesteils in geringem Abstand vom Röhrengrund beginnend (durch entsprechenden Abstand von Gynöceum im Diagramm angedeutet) gleichmäßig längs etwa der halben Röhre verteilt. Nach einem

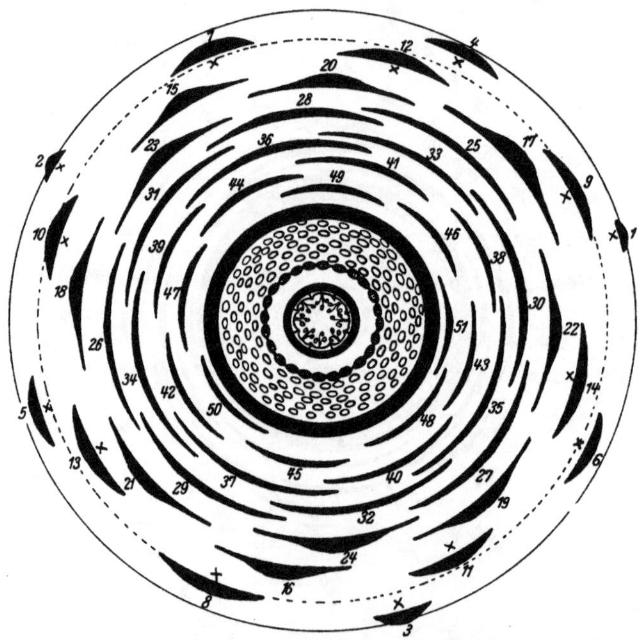

Abb. 39. Diagramm 11. Gymnocalycium Quehlianum. Androeceum wie bei Diagramm 10.

staubblattfreien Zwischenraum trägt erst der Rand des Receptaculums noch einen Staubblattkranz, der im Diagramm dicht an den Receptaculumkreis gerückt erscheint. Griffel und Andröceum zeigen eine gewisse, wohl schwerkraftbedingte zygomorphe Lagerung, die im Diagramm durch einen, nur im Receptaculum liegenden Pfeil gekennzeichnet ist.

Diagramm 11. Gymnocalycium Quehlianum. Alle Schuppen, sowohl des Pericarpells als der Röhre sind breit, der Übergang in das „Perianth“ sehr allmählich. Areolen oder sonstige Achselprodukte fehlen in allen Schuppenachseln. Das Andröceum beginnt mit einem vom Grunde der Röhre etwas entfernten untereinander verbundenen Staubblattkranz und erstreckt sich von da gleichmäßig bis

zum Schlund. In diesem Diagramm sind zum besseren Verständnis die Schuppen und Perianthblätter ihrer Blattstellungsfolge nach numeriert.

Diagramm 12. Zygocactus hybr. Das Pericarpell trägt keinerlei Blattorgane. Es ist aber (nicht immer) von den herablaufenden Basen der untersten Blätter des Perianths kantig. Die Blüte baut sich nach der 2/5-Stellung auf, die untersten Blattorgane sind nur schmäler und dicker, aber schon petaloid, alle ohne Achselprodukt. Die obersten Perianthblätter sind hier (eine seltene Ausnahme bei den Cactaceen!) zu einer echten Perianthröhre verbunden, was durch Verbindungslinien angedeutet ist, auch hier beginnt das Andröceum mit einem unteren Staubblattring. Der das ganze Diagramm durchziehende Pfeil gibt die Zygomorphie an, die beiden seitlich vom Diagramm stehenden, die Abflachungsrichtung des die Blüte tragenden Sproßgliedes.

Diagramm 13. Rhipsalis Houlletiana. Diese hochabgeleitete Blüte besitzt kein Receptaculum. Das Pericarpell trägt nur eine kleine Schuppe, alle anderen Blütenorgane sind gleich am Pericarpellrand inseriert, petaloid und ohne Achselprodukt. Die Staubblattzahl ist sehr stark reduziert.

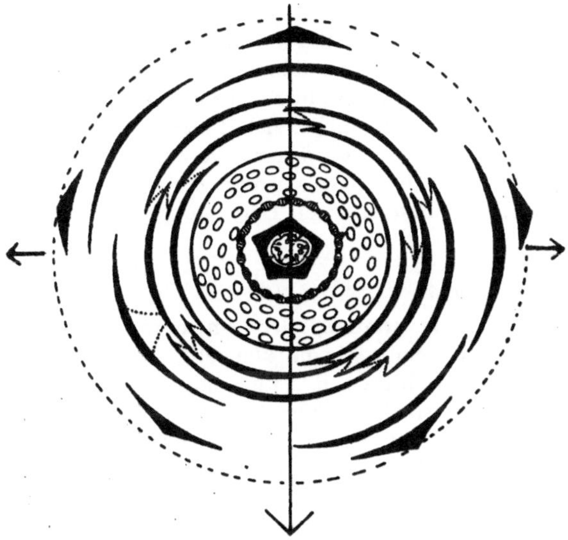

Abb. 40

Abb. 41

Abb. 40. Diagramm 12. Zygocactus. Androeceum wie bei Diagramm 10.

Abb. 41. Diagramm. 13. Rhipsalis Houlletiana. Primärstaubblätter nicht gekennzeichnet.

Ich glaube, die angeführten Beispiele dürften genügen, um zu zeigen, wie man auch in komplizierteren Fällen die Blütendiagramme so gestalten kann, daß sie auch morphologisch richtig sind.

Es kann nicht bezweifelt werden, daß speziell dem Bearbeiter höherer Kategorien eine Übersicht über die vorkommenden Blütenverhältnisse in solchen Diagrammen sehr nützlich sein wird, da er durch sie imstande ist, Progressionsreihen festzustellen.

Anderseits muß zugegeben werden, daß es für die systematische Arbeit sehr wichtige Lageverhältnisse, z. B. gerade in bezug auf die Beteiligung der Blütenachse, gibt, die sich im Diagramm nicht darstellen lassen. Ich weise diesbezüglich nur auf das Vorhandensein eines Gynophors hin, der sich im Querschnittdiagramm in keiner Weise darstellen läßt.

Hier füllt eine andere Art der Schemazeichnung die Lücke aus, die sich ebenfalls schon sehr bewährt hat, und nicht nur die Lageverhältnisse in vertikaler Richtung zeigt, sondern auch noch darüber hinaus einen Überblick über die Blütengestalt vermittelt, nämlich das Längsschnittschema.

Das Längsschnittschema

Man wird vielleicht einwenden, daß das Längsschnitt*bild,* wie es ja allgemein gebräuchlich ist, mehr sagen kann, als das Längsschnitt*schema.* Das ist aber nur zum Teil richtig. Tatsächlich vermag ein *gutes* Längsschnittbild bis zu einem gewissen Grade oft die aufgeschnittene wirkliche Blüte zu ersetzen. Aber wie selten findet man in der Literatur wirklich klare und vor allen Dingen *richtige* Längsschnittbilder. Gerade da, wo kompliziertere Verhältnisse, z. B. sehr zahlreiche Staubblätter vorhanden sind, wird leider allzuoft die schwierige Zeichnung durch mehr oder weniger „künstlerische" Darstellung so unklar, daß nicht viel Einzelheiten mehr herauszulesen sind. Dieser Fehler wird durch das Schema vermieden. Es hat aber gegenüber dem Längsschnittbild noch andere Vorteile, die es im Verein mit dem Diagramm zu der meines Erachtens klarsten Darstellung der Blütenverhältnisse machen.

Längsschnittbild und Längsschnittschema

Es muß ein Punkt vorausgeschickt werden, der einen wesentlichen Unterschied zwischen Schnittbild und Schnittschema klarstellt.

Da in den Zahlenverhältnissen der Blüten die ungerade Zahl weitaus überwiegt, werden in Längsschnittbildern die beiden Seiten ungleich, d. h. wenn auf einer Seite ein Sepalum halbiert ist, so fällt der Schnitt auf der anderen Seite zwischen zwei Sepalen, dafür halbiert er dort ein Petalum. Bei mehrkreisiger Anordnung der Stamina wird vom Schnittbild auf einer Seite der episepale, auf der anderen der epipetale Kreis getroffen. Diese Ungleichheit ist sogar manchmal mit schuld an gewissen Unklarheiten der Abbildung (was allerdings vermeidbar wäre!). Im Schnittschema hat es sich hingegen als zweckmäßig erwiesen, auf diese Lageverhältnisse keine Rücksicht zu nehmen (sie sind ja ohnehin aus dem Diagramm zu erkennen, das das Schnittschema ergänzen soll!) sondern die Darstellung so zu wählen, daß auf beiden Seiten sowohl Sepalum als Petalum durchschnitten erscheint. Das heißt, es wird der Längsschnitt gewissermaßen doppelt geführt und in eine Ebene projiziert. Diese Darstellung hat einmal den Vorteil, auch die Blütengestalt zu zeigen, anderseits aber zeigt sie die gegenseitige vertikale Anordnung der Organkreise deutlicher als die „korrekte" Wiedergabe eines Längsschnittes.

Die Vorteile des Schemas liegen nun darin, daß es ermöglicht, durch Ausführung der Organe in den gleichen Farben (bzw. Schraffierungen) wie im Diagramm, die Unterscheidung von homologen und analogen Organen auch im Schnitt zu vermitteln. Insbesondere wird dabei die Beteiligung der Blütenachse sehr deutlich zu machen sein. Ferner ermöglicht das Schnittschema auch den (schematischen) Verlauf der Gefäßbündel bei komplizierten Verhältnissen darzustellen, was sich z. B. bei den Cactaceen als äußerst wichtig erwiesen hat.

Aber noch ein gewaltiger Vorteil darf nicht vergessen werden. Das Schnittbild erfordert, besonders bei etwas komplizierteren Verhältnissen, stets sehr große zeichnerische Fähigkeiten, um klar zu sein. Dementsprechend sind oft die gegebenen „Zeichnungen" von Längsschnitten in der Literatur sehr, aber schon sehr unbefriedigend. Um ein klares, richtiges Schnittschema zu zeichnen, sind aber nicht mehr zeichnerische Fähigkeiten erforderlich, als man von einem Botaniker auf jeden Fall ohnedies verlangen muß. Denn im einfachsten Falle kann es sogar als ein Linienschema ausgeführt sein, wie z. B. Schlittler[34] sie in ausgezeichneter Klarheit für die Progressionsreihe der Pericladienentstehung gegeben hat.

Auch für das Schnittschema seien hier einige Beispiele dargestellt.

Erläuterung der Längsschnittschemata

Schnittschema 1. Scleranthus. In diesem Schema ist eine sehr wichtige Einzelheit zu erkennen, die das Diagramm nicht, oder doch nur sehr unvollkommen darzustellen vermag. Der Achsenbecher, in den das Gynöceum eingesenkt (aber nicht verwachsen!) ist, springt in einer Kante nach innen vor, die am Innenrand die Staubblätter trägt. Diese vorspringende Kante ist nun ein sehr wichtiges Tendenzmerkmal, welches im Bereiche der Centrospermae wiederholt in verschiedener Weise auftritt und terminologisch meist als „Filamente an der Basis verwachsen" bezeichnet wird.

Schnittschema 2. Tetragonia. Auch diese gleichzeitige Ausbildung eines Achsenbechers und einer, hier sehr stark entwickelten Achsensäule wird durch das Diagramm allein zu unklar charakterisiert.

Schnittschema 3. Nymphaea. Die außerordentlich eigenartige Achsenbildung, die das Gynöceum direkt „berindet", obwohl es oberständig zu sein scheint, ist ebenfalls diagrammatisch nicht darstellbar. Bei Nuphar entwickelt sich diese Berindung zu typischer „Pseudohypogynie".

Schnittschema 4. Alstroemeria. Hier liegt, wie schon oben erwähnt, Pseudoepigynie vor. Die Basen der Tepalen berinden das Ovarium, während die Blütenachse selbst schwach entwickelt bleibt.

Schnittschema 5. Aylostera. Zeigt nun eine andere Ausführungsart. Hier wird nicht die Achsenröhre durch Kontrastfärbung hervorgehoben, sondern in dieser Ausführungsart wird der Gefäßbündelverlauf eingezeichnet. Und zwar: ——— das Hauptbündel mit den Blattspursträngen, —.—.—. Bündel des Andröceums, ... Stielzone der Karpelle, —..—..—..— Dorsalmedianus, und – – – – Ventralmedianus.

Schemareihe 6 zeigt eine noch weiter vereinfachte Darstellungsform, wie sie Schlittler (L. c. 1943) zur Darstellung der Progressionsreihe, die vom Auftreten eines Gynophors bis zur Ausbildung eines typischen Pericladiums (terminologisch „gegliederter Blütenstiel"!) bei den Anthericinae führt.

Solche Schemareihen, die sich unter Vernachlässigung aller anderer Merkmale nur auf die Progression eines Merkmales beziehen, können

---

[34] Schlittler, J., Die Blütenabgliederung und die Perikladien bei den Vertretern des Anthericum-Typus sowie ihre Bedeutung für die Systematik, Ber. d. Zürich. Bot. Gesellsch. 1943, S. 491 ff.

natürlich nicht Aufschluß über den ganzen Blütenbau geben. Sie sind aber hervorragend eben zur Fixierung von Progressionsreihen geeignet und können daher für alle ähnlichen Fälle dringend empfohlen werden.

Mit den Progressionsreihen wird sich nun der nächste Abschnitt zu beschäftigen haben.

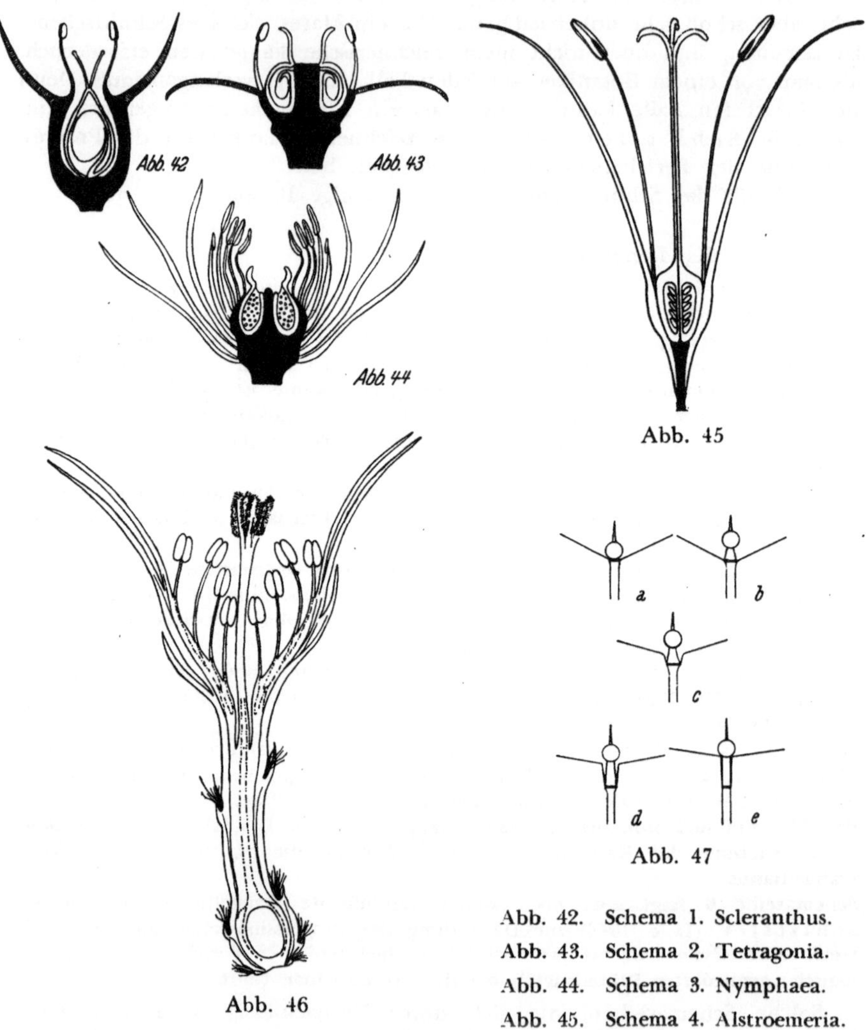

Abb. 42. Schema 1. Scleranthus.

Abb. 43. Schema 2. Tetragonia.

Abb. 44. Schema 3. Nymphaea.

Abb. 45. Schema 4. Alstroemeria.

Abb. 46. Schema 5. Aylostera, mit Eintragung des Nervaturverlaufes.

Abb. 47. Schema 6. Vereinfachte Schemata zur Darstellung einer Progression (Perikladienbildung). (Nach Schlitter.) a) Dianella spec., b) Dianella javanica, c) Dianella spec., d) Chlorophytum andongense, e) Arthropodium cirrhatum.

Drittes Kapitel

Entwicklungstendenzen, Tendenzmerkmale und ihre Auswertung

1. Progressionsreihen

Die morphologische Analyse wird nun zunächst eine ungeordnete Fülle von Untersuchungsergebnissen liefern, da die Untersuchungen ja nicht in „systematischer" Reihenfolge, sondern nach den Materialgegebenheiten erfolgten. Aus diesen Ergebnissen wird aber bereits ein gewisser Überblick gewonnen sein, der gewisse Eigentümlichkeiten (nicht Merkmale!) und gewisse Entwicklungstendenzen hervortreten läßt. Wir werden dabei, wie schon im Kapitel „Progressionen" hervorgehoben wurde, drei Gruppen von Entwicklungstendenzen unterscheiden müssen:

a) Allgemein den Angiospermen eigene Tendenzen.

b) Speziell der behandelten Familie (Reihe) eigene Tendenzen.

c) Konvergente Tendenzen einzelner Gruppen innerhalb der Familie (Reihe).

Eine scharfe Abgrenzung der einzelnen Gruppen wird allerdings wenigstens zunächst kaum möglich sein; es wird sich aber zeigen, daß in der Gruppe b) und c) nicht so sehr spezifische Einzelmerkmale ins Gewicht fallen, sondern ganz charakteristische Kombinationen. Dies gilt ganz besonders für die Gattungen, die infolgedessen eben sehr oft konvergente Entwicklungsfolgen erkennen lassen.

Reihenskizzen der einzelnen Organe

Um nun die Entwicklungstendenzen herauszuarbeiten, werden, wie schon oben erwähnt, für die einzelnen Organe skizzenhafte Reihen herausgearbeitet. Wo man dabei beginnt, ist genau genommen ganz gleichgültig; man wird zweckmäßig irgend einen sehr klaren Fall als Ausgangspunkt wählen. Wesentlich ist nur ein Grundsatz: Keine Sprünge machen, sondern Schritt für Schritt stets dort ansetzen, wo ein klarer „Entwicklungsschritt" erkannt ist! Wir müssen uns stets die Frage vorlegen: „Wie kann sich hier die Progression fortsetzen?" Wenn wir dabei von kleinen Einheiten ausgehen, also z. B. innerhalb einer Gattung zunächst die Entwicklungsschritte verfolgen (sofern die Gattung nicht sehr einheitlich ist) so werden bereits Entwicklungstendenzen erkennbar werden, die man über die Gattung hinaus verfolgen kann. Es werden auf diese Weise also Gruppen entstehen, die in sich geschlossen, von einander mehr oder weniger getrennt zu sein scheinen — oder wirklich getrennt sind.

Eine Tatsache wird uns dabei auffallen: Es wird sich zeigen, daß in bezug auf ein Organ die kontinuierliche Progression sich über weitere Grenzen verfolgen läßt, in bezug auf ein anderes aber schon nach kürzerer Entwicklungsfolge kein klarer Anschluß mehr möglich ist. Wir kommen auf diesen Punkt unten noch zurück.

Aus diesen, teils zusammenhängenden, teils isolierten Gruppen werden wir nun aber im Laufe der Bearbeitung alle Entwicklungstendenzen erkennen, die der bearbeiteten Kategorie zu eigen sind. Es wird sich also vor unserem geistigen Auge aus dem Grundbauplan und den Entwicklungstendenzen der generelle Typus herausbilden.

Ein sehr hübsches Beispiel einer solchen Übergangsreihe, die zum Verständnis einer bis dahin mißdeuteten Erscheinung führte, ist die eben als Beispiel äußerst vereinfachter Schnittschemata gezeigte Progressionsreihe Schlittlers. Schlittler zeigte damit, wie sich in schrittweiser Vervollkommnung eine Entwicklungstendenz weiterentwickelt und ein sehr charakteristisches neues Merkmal auftreten läßt.

In der Verallgemeinerung tut Schlittler aber etwas, vor dem man sich grundsätzlich hüten muß. Er nimmt nämlich an, — wenn er sich auch vorsichtig genug ausdrückt — daß eine Verwachsung des Perianthes, wie er sie beim Gynophor nachweisen konnte, auch in anderen Fällen mit dem Fruchtknoten stattfände und so die Unterständigkeit des Fruchtknotens von Amaryllis aus der engen Röhre von Hemerocallis entstanden sein könnte usw. In einem Falle hat er zufällig das Richtige erraten. Bei Alstroemeria liegt tatsächlich, wie ich oben zeigte, und in einer noch unveröffentlichten Arbeit über die Alstroemerioideae noch ausführen werde, eine Blüte des Lilium-Typus mit Pseudoepigynie vor. Es besteht aber nach den bisherigen Untersuchungen, namentlich Leinfellners[1], an Agave und an Gladiolus keine Veranlassung, im Bereiche der Liliiflorae allgemein das Fehlen einer echten Epigynie, d. h. der Verwachsung der Karpelle mit einem Achsenbecher anzunehmen. Es wird also erst Aufgabe weiterer Untersuchungen sein, die, in Anbetracht der Umstände bei Alstroemeria ganz besonders sorgfältig auszuführen sein werden, bevor man die von Schlittler für möglich gehaltenen Verbindungen in dieser Weise wird aufstellen oder verwerfen können.

Gerade dieser Gedankensprung, der ja nur als eine Anregung zu näheren Untersuchungen zu werten war, zeigt uns aber sehr deutlich, daß es nicht zulässig ist, Verallgemeinerungen vorzunehmen, die eine weiter entfernt verwandte Gruppe betreffen. Einmal ist, solange nicht genaue (eigene) Untersuchungen die typologische Einheit erwiesen, und damit die Wahrscheinlichkeit enger Verwandtschaft ergeben haben, gerade in solchen „kritischen" Gruppen, wie es eben die Liliiflorae sind, sehr vorsichtig mit Literaturangaben über Verwandtschaft umzugehen. Weiters aber, und das gilt allgemein, soll man alles vermeiden, was in dieser Beziehung als eine Art „Vorurteil" aufzufassen wäre, denn es kann zu leicht den Gang der Untersuchungen beeinflussen. Auch der objektivste Forscher ist doch in gewissem Sinne „subjektiv", wenn es sich nämlich um die Deutung eines Befundes handelt, der an sich mehrdeutig ist. In solchen Fällen kann dann eine solche vorgefaßte Meinung eine Fehldeutung verursachen. Und das soll unbedingt vermieden werden! Zu viele Fehlerquellen hat z. B. schon die vorgefaßte Meinung der „Primitivität" gewisser einfacher Formen ergeben, als daß man in seinen Schlüssen weiter gehen dürfte, als es der klare morphologische Tatbestand erlaubt. Wenn wir dies auf Schlittlers

[1] Leinfellner, l. c., 1941.

Annahme beziehen wollen, so müssen wir sagen: Wir müssen der Annahme echter Epigynie mit genau der gleichen unbefangenen Skepsis gegenüberstehen, wie der Annahme einer Pseudoepigynie. Beide sind möglich, keine ist wahrscheinlicher als die andere.

Gegensätzliche Entwicklungstendenzen

Bei dieser Zusammenstellung von Progressionsreihen wird es sehr häufig festzustellen sein, daß innerhalb eines Verwandtschaftskreises -- auch wenn er durch andere Merkmale bereits als unzweifelhaft angesehen werden muß — zwei, oder selbst mehrere, ausgesprochen gegensätzliche Entwicklungstendenzen auftreten.

Ein Beispiel dieser Art ist die Entwicklung tagblühender und nachtblühender Zweige bei Cactaceen, auf die schon im Kapitel „Progression" als Beispiel einer Progressionsverzweigung hingewiesen wurde.

Ein anderes sehr schönes Beispiel, welches auch von den heutigen Systemen ganz anders aufgefaßt wird, bildet die Entwicklung der Caryophyllaceae, bei denen einesteils eine vervollkommende Progression zu hochspezialisierten, ansehnlichen Blüten mit vermehrter Samenzahl der Silenoideae, anderseits eine Reduktionsreihe bis zum Verlust der Corolle und Einsamigkeit führt.

Waren dies Beispiele innerhalb ein und derselben Familie, so können wir auch entgegengesetzte Tendenzen in größeren Einheiten deutlich erkennen, die mitunter sehr wichtige Hinweise auf Verwandtschaftsverhältnisse aufdecken. So zeigen z. B. die Centrospermae zwei grundsätzlich verschiedene Wege zur Bildung eines ansehnlichen Perianths. Ausgehend von einem mehr oder minder unscheinbaren einkreisigen Sepal-perianth (Phylolaccaceae-Phytolacceae) leitet ein Weg zur Vervollkommnung dieses, wie z. B. in den ansehnlichen Blüten der Nyctaginaceae und, unter Hinzuziehung weiterer Hochblätter (was ja auch, freilich in ganz anderer Weise, bei der Nyctaginacee Bougainvillea angedeutet erscheint) zu den ansehnlichen Blüten der Cactaceae. Der zweite Weg, am bekanntesten bei den höheren Aizoaceen, führt zur Bildung ansehnlicher Blüten durch korollinische Ausbildung der äußersten Stamina. Diese Tendenz führt auch bei den Caryophyllaceen zu hochentwickelten Blüten. Es kann hier nicht näher auf diese Verhältnisse eingegangen werden, da ja hier nur ein Beispiel entgegengesetzter Tendenzen aufgezeigt werden sollte. Es mag aber auf den interessanten Umstand hingewiesen werden, daß — wie oben erwähnt — infolge einer reduktiven Progression innerhalb der Caryophyllaceen diese staminale Corolle wieder verlorengehen kann, und wieder — nun allerdings *sekundär* — einkreisige Blüten entstehen können. Dieser Weg wird zwar in den heutigen Systemen anders aufgefaßt (in Verwechslung von Primitivität und Reduktion) aber zumindest bei Silene otites wird doch die Reduktion von allen anerkannt.

Abbrechen einer Progressionsreihe

Oft wird es vorkommen, daß in zahlreichen Progressionsreihen übereinstimmend eine Weiterentwicklung festgestellt werden kann, nur in der einen oder anderen bricht die Progression ab; es liegen da Verhältnisse vor, die anscheinend absolut nicht mit den übrigen Befunden in Einklang zu bringen sind. Solche Fälle bedürfen stets der Nachprüfung durch eine äußerst sorgfältige Analyse.

Auch diesen Fall wird ein sehr instruktives Beispiel besser beleuchten als eine wortreiche Erklärung. Obwohl ich aus allen wesentlichen Merkmalen einen engen

Zusammenhang der Gattung Alstroemeria mit den amerikanischen Lilien der Lilium Sect. Pseudomartagon sicherstellen konnte, schien ein Umstand doch sehr entschieden gegen diese Verwandschaft zu sprechen: Die Antheren. Während bei Lilium die Antheren dorsifix („am Rücken des Connektivs angeheftet") sind und daher bei Anthese quer zum Filament stehen, bleiben sie bei Alstroemeria aufrecht und scheinen an der Basis angeheftet zu sein. Das wäre typologisch gesehen ein so wesentlicher Unterschied, daß wohl an eine Konvergenz, nicht aber an eine Progression Lilium—Alstroemeria gedacht werden könnte. Die eingehende Analyse ergab nun folgende Tatsachen: Die Anheftungsstelle der Lilium-Antheren liegt etwa am unteren Drittel, d. h. die Thecae ragen um ein Drittel ihrer Gesamtlänge über den Ansatz der Filamente heraus. Bei der Anthese stellen sich die Antheren daher mehr oder weniger quer zum Filament ein, da das Filament sehr dünn endet. In der Knospenlage jedoch liegt dieser dünne Endteil des Filaments zwischen den unteren Partien der Thecae eingebettet und wird von ihnen fest umschlossen. Eine genaue Untersuchung der Anheftungsverhältnisse der Antheren bei Alstroemeria ergibt nun, daß auch hier die Thecae um ein Viertel bis ein Drittel ihrer Länge über die eigentliche Anheftungsstelle des, hier ebenfalls sehr feinen Filamentendes hinausragen. Sie zeigen also noch während der Anthese haargenau das gleiche Bild, wie die Lilium-Antheren in der Knospenlage. Während aber bei Lilium die Antherenhälften bei der Anthese sich unten von einander lösen und die Anthere daher die Querlage einnehmen kann, verwachsen sie bei Alstroemeria, so daß der feine Teil des Filaments dauernd in einer engen Röhre eingeschlossen bleibt und die Antheren daher auch in der Anthese aufrecht stehen. Es liegt also genau der gleiche Typus vor wie bei Lilium, die Verwachsung der Antherenhälften stellt aber gegenüber Lilium eine Progression vor, was vollkommen mit allen anderen Befunden übereinstimmt.

Nicht immer allerdings ist eine solche „Klippe" so schön aus rein typologischen Befunden zu überwinden. Oft liegt tatsächlich ein neuer morphologischer Typus vor, der, selbst bei sonstiger Übereinstimmung, zu schweren Bedenken Anlaß gibt, wenn auch der Übergang vom einen zum anderen Typus theoretisch erklärt werden kann.

Heranziehung geographischer Indizien

In solchen Fällen hat es sich in der Praxis hervorragend bewährt, geographische Indizien heranzuziehen. Dies kann in zweierlei Hinsicht geschehen.

Klimagrenzen

Einmal können Klimagrenzen einen „Umbau" des Typus notwendig machen oder doch fördern. Der Übergang in ein anderes Klimagebiet kann zweifellos auch einen gewaltigen Einfluß auf die Mutationsbereitschaft haben. Es kann also durch die geänderte Klimalage der neue Typus gegenüber dem alten Vorteile zeigen und so die theoretisch mögliche Umwandlung an Wahrscheinlichkeit sehr gewinnen.

Berührungszonen und Übergangsformen

Aber auch in anderer Hinsicht kann die arealgeographische Untersuchung die Brücke schlagen helfen. In der Berührungszone der beiden

Formengruppen (z. B. Gattungen) können nämlich Übergangsformen zu finden sein. Man wird also vor allem alle Species der beiden Gruppen, die in der Berührungszone (oft auch nur eine Annäherungszone!) vorkommen, genauestens zu untersuchen haben, darüber hinaus aber auch möglichst viele Individuen dieser Arten, da auch in Einzelindividuen Übergangsbildungen — z. B. als lokale Mutationen — auftreten können.

Das klassische Beispiel dieser Art wurde bereits im I. Teil dieses Buches angeführt, es ist dies die erfolgreiche Suche nach einer Übergangsform von der Iphigenia-Knolle zur Gagea-Zwiebel. Ein zweites, ähnlich schönes Beispiel bietet die ehemalige Merendera abyssinica, die von Stefanoff als Androcymbium erkannt wurde und sich als Bindeglied — arealmäßig und habituell — zwischen Androcymbium und Colchicum erweist.

Auf die Auswertung geographischer Indizien wird unten noch genauer einzugehen sein.

War nun hier schon von Merkmalen die Rede, die eine Progression abzubrechen scheinen, so muß noch auf eine andere Erscheinung ganz besonders aufmerksam gemacht werden. Bei der morphologischen Analyse werden nämlich auch in anderer Weise Merkmale aufgedeckt werden, die ohne Zusammenhang zu sein scheinen oder es auch wirklich sind. Wir können diesbezüglich zwei verschiedene Arten solcher Progressionssprünge unterscheiden, die, an sich verschieden, beide von gleicher Bedeutung in der systematischen Auswertung sind.

Die erste Gruppe sind solche Merkmale, die zwar plötzlich ohne Zusammenhang auftreten, aber nicht nur in einem Zweige der Entwicklung, sondern sich auf gleicher Entwicklungshöhe mehrmals wiederholen. Sie sind also gewissermaßen ein Ausdruck einer bestimmten Entwicklungshöhe, in der eine bestimmte Entwicklungstendenz immer wieder in ähnlicher Weise in Erscheinung tritt. Das sind jene Merkmale und Merkmalskomplexe, die sehr leicht dazu führen, Querverbindungen zu ziehen und dadurch absolut falsche systematische Einteilungen vorzunehmen. Darum ist ihre Erkennung von so außerordentlicher Bedeutung. Solche Fälle erfordern äußerste Sorgfalt in der Analyse aller anderen Progressionen, die unter allen Umständen schrittweise verfolgt werden müssen. Dabei wird sich meist herausstellen, daß unter „gleicher Entwicklungshöhe" kein absolutes Maß zu verstehen ist.

So tritt z. B. die Erscheinung des paracarpen, einsamigen Gynöceums bei den Centrospermen an mehreren Ästen auf, bei den Caryophyllaceen, bei den Amaranthaceen und Chenopodiaceen und bei den Nyctaginaceen. Sie kehrt aber auch wieder in den Plumbaginaceen, die, eine parallele Entwicklungsstufe zu den mehrsamig gebliebenen Primulaceen, sich nach der allgemeinen heutigen Ansicht von den Caryophyllaceen ableiten lassen. Es kann also keinen Zweifel unterliegen, daß die verschiedenen einsamig gewordenen Gruppen in bezug auf die Gesamtorganisation nicht gleichwertig an Entwicklungshöhe sind.

Übrigens muß, im weiteren Umfange gesehen, auch die Epigynie und die Sympetalie ähnlich aufgefaßt werden. Nur sind diese beiden Erscheinungen so weit im Angiospermenbereiche verbreitet, daß sie bei Behandlung einzelner Kategorien nicht als „unzusammenhängend" sondern als einfache Progressionen zu erkennen sind.

2. Tendenzmerkmale

Die zweite Gruppe bilden die Tendenzmerkmale. Sie sind in der phylogenetischen Forschung so oft und so maßgeblich von Bedeutung, daß ich die Definition der Tendenzmerkmale, die ich seinerzeit gab, hier wörtlich wiederhole.

Definition des Tendenzmerkmales

Tendenzmerkmale sind solche Merkmale, die zusammenhanglos bei verschiedenen Arten einer phylogenetischen Einheit auftreten, ohne als Anpassungsmerkmale gedeutet werden zu können und dadurch eine Entwicklungstendenz anzeigen, die allenfalls in einzelnen Zweigen der Einheit endgültig zur Ausbildung gelangen können, wodurch aus dem Tendenzmerkmal ein konservatives Merkmal wird.

Über diese Definition hinaus ist kaum viel zu sagen. Die Idee der Tendenzmerkmale wurde ja auch bereits von Schlittler aufgegriffen und erfolgreich angewandt. Das Auffallende an den Tendenzmerkmalen ist ihr sprunghaftes Auftreten, das tatsächlich jeden Zusammenhang missen läßt und daher Progressionsreihen ein jähes Ende zu bereiten vermag. Aber sie setzen sich gewöhnlich auch nicht weiter fort; nur manchmal treten sie — an ganz anderer Stelle — als konservatives Merkmal auf, das dann mehr oder weniger in Progression weiter ausgebaut werden kann.

Auch hiefür seien einige Beispiele angeführt. Die interessante Aizoaceengattung Trianthema hat ganz zusammenhanglos eine eigenartige Ausbildung des Samenstranges. Der Funiculus verbreitert sich in zwei Flügeln, die sich dicht um die Samenanlage legen und ein diese gänzlich einhüllendes „drittes Integument" bilden. Ganz genau dasselbe Merkmal finden wir erst wieder bei den Cactaceen, wo es die so überaus charakteristischen Samen der Opuntioideen — nun also als konservatives Merkmal — bildet (Abb. 48, 49).

Mannigfaltigkeit des habituellen Erscheinungsbildes eines Tendenzmerkmales

Die gleiche Gattung, die im übrigen weder habituell noch im Gesamtbau des Gynöceums auch nur die geringste Ähnlichkeit mit den Cactaceen aufweist, zeigt aber gleich noch ein zweites Tendenzmerkmal, welches bei den Cactaceen konservativ auftritt. Zu dem, wie bei allen primitiven Aizoaceen einfachen, aus Sepalen gebildeten Perianth treten auf den Achsenbecher der Blütenachse noch weitere Hochblätter, die gewissermaßen das Perianth von außen her mehrkreisig machen, und sogar noch Seitenachsen — aus der Blüte! — hervorbringen. Wir müssen diese in die Blüte eingebauten Hochblätter, die sogar Perianthcharakter haben, also als ein Tendenzmerkmal erkennen, das als die Vorstufe der Perianthausbildung der Cactaceen zu werten ist und einen ebenso wesentlichen Beweis für die Centrospermennatur, also für die typologische Einheit der Cactaceen mit der ganzen Centrospermenreihe, bildet, wie das „dritte Integument" bei Trianthema und den Opuntioideen. Die Seitenachsen aus der Blüte treffen wir ja auch bei Pereskia und zahlreichen Opuntioideen.

Dieses Tendenzmerkmal, das eigentlich darin besteht, daß weitere Blattorgane in die florale Region einbezogen werden, können wir aber auch —

freilich nicht in so auffallender Weise – bei anderen Centrospermen wiederfinden. So z. B. gehören die, die Blüten an Augenfälligkeit noch bei weitem übertreffenden, leuchtend violett gefärbten Hochblätter der Nyctaginacee Bougainvillea ebenso hieher, wie der „Scheinkelch“ bei Mirabilis, wie die lebhaft gefärbten blütennahen Hochblätter vieler Amaranthaceen, die zur Fruchtverbreitung dienenden bleibenden Hochblätter vieler Chenopodiaceen und Caryophyllaceen und die sterilen Hochblatthüllen bei Dianthus u. a. Caryophyllaceen.

Wir sehen also, daß das habituelle Erscheinungsbild eines Tendenzmerkmales recht verschiedene Gestalt annehmen kann, und sich daher dem

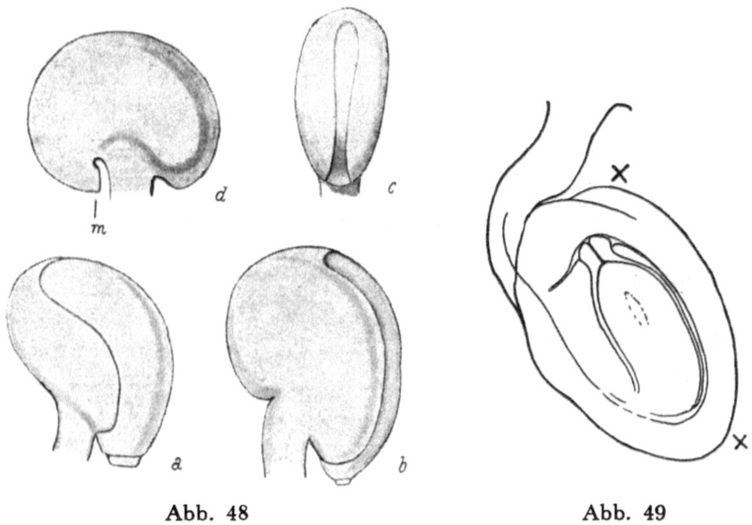

Abb. 48 Abb. 49

Abb. 48. Entstehung des „dritten Integuments“ oder Arillusmantels aus seitlichen Flügeln des Funikulus bei Trianthema. (Nach Payer.)

Abb. 49. Samenanlage von Brasiliopuntia brasiliensis (durchsichtig gemacht). Der Samenmantel geht in der gleichen Weise wie bei Trianthema aus seitlichen Flügeln des Funiculus hervor. Dieser ist aber spiralig um die Samenanlage gerollt, daher entspringen die Flügel außen bei × ×. (Original Buxbaum.)

Auge zunächst verbirgt. Erst die typologische Analyse, die nicht den Habitus, sondern die Gesetzmäßigkeiten herausarbeitet, erkennt sie deutlich, erkennt dadurch, daß sie ein Ausdruck gewisser gemeinsamer Gesetzmäßigkeiten sind, auch ihre volle Bedeutung.

Daraus ergibt sich aber auch ihre Auswertung in der dynamischen Systematik.

Die morphologische Analyse deckt also in den Tendenzmerkmalen gemeinsame Gesetzmäßigkeiten auf, die trotz habitueller größter Verschiedenheiten, Zusammenhänge erkennen lassen, die sonst verborgen geblieben wären. Die Tendenzmerkmale können dadurch besonders da einen Fingerzeig geben und daher zum Wegweiser werden, wo in den gegenwärtigen Systemen eine falsche Einteilung vorliegt. So konnte ich die entwicklungsgeschichtlichen Zusammenhänge von den Wurmbeoideae über Gagea zu den Lilioideae (in meinem, gegenüber den früheren Systemen sehr wesentlich veränderten Umfange) und — bisher noch unveröffentlicht — zu den Alstroemerieae, also nach dem alten System über sehr verschiedene „Verwandtschaften" dadurch finden, daß mir die Grundachse ein immer wiederkehrendes Tendenzmerkmal bot, das die weiteren Untersuchungen in die betreffende Richtung lenkte.

3. Mängel im Material

Wie bereits im Abschnitt über die Materialbeschaffung erwähnt wurde, wird es leider nicht immer möglich sein, so vollständiges Material zu erlangen, als es für den Idealfall gefordert wurde. Ganz besonders Keimungs- und Erstarkungsstadien werden sehr oft nicht zu beschaffen sein, ferner solche Objekte, die der Präparation Schwierigkeiten entgegenstellen, wie z. B. Früchte und dergleichen. Manche Objekte wieder werden beim Pressen stark deformiert, (z. B. Compositenköpfchen, zarte Blüten usw.) oder sie können ihrer Größe oder Dicke wegen nur in Teilstücken präpariert werden.

Wieder anderes Material ist so selten, daß es nur in wenigen, oft nur in einer einzigen Sammlung vorhanden ist. Das alles sind Hindernisse, die oft sehr große Schwierigkeiten bereiten, da sie Kenntnislücken offen lassen, die oft entscheidend sein können. Glücklicherweise allerdings können sie manchmal überbrückt werden, sei es, daß die bereits ermittelten Tatsachen ausreichen, um ein klares Bild der Entwicklung zu gewinnen, daß also keine entscheidenden neuen Tatsachen zu erwarten sind, sei es, daß man ausreichend gutes Abbildungsmaterial oder verläßliche Literaturangaben zur Schließung der Lücken heranziehen kann.

Selbstverständlich soll man nichts unversucht lassen, eine solche Materiallücke zu schließen. Zum Teil kann das gelingen, wenn man sich an Institute oder dergleichen der Heimatländer wendet. Bei Pflanzen, die nur von einer oder wenigen Sammelexpeditionen gesammelt wurden, muß man aus der Literatur zu ermitteln suchen (was nicht immer leicht ist), wo die betreffenden Sammlungen verwahrt sind und kann mitunter auf diese Weise wenigstens Materialbruchstücke bekommen.

Große Lücken läßt begreiflicherweise die Embryologie und Cytologie offen. Es ist leider aber in der Regel nicht möglich erst diese Untersuchungen eigens nachzuholen, weil von den Gattungen, von denen keine embryologischen Daten in der Literatur aufzufinden sind, meist auch kein Lebendmaterial im nötigen Umfange beschafft werden kann, ganz abgesehen davon, daß embryologische Untersuchungen ein Spezialgebiet sind, in das man gründlich eingearbeitet sein muß, um richtige Resultate zu bekommen.

So werden wir die ideale Vollständigkeit praktisch niemals erreichen können. Sie ist aber praktisch auch durchaus nicht erforderlich. Eines ist nur notwendig: Man muß den morphologischen Typus der bearbeiteten Gruppen vollständig erkannt haben, d. h. sowohl seinen Grundbauplan als auch auftretende Entwicklungstendenzen. Hat das Material so große Lücken, daß dieses unbedingt notwendige Ziel nicht erreicht werden kann, so ist es unmöglich, die Bearbeitung fortzusetzen. Dann muß selbstverständlich zunächst weiter Material gesammelt werden, bis ausreichende Klarheit über den Typus gewonnen werden kann. Mitunter wird man aber Teilbearbeitungen bereits durchführen können, die sich mit weiterer Materialbeschaffung allmählich verbinden lassen. Formenkreise, deren Typus nicht durch eigene Untersuchungen oder vielseitige Literaturangaben, insbesondere Abbildungen, in den maßgeblichen Punkten bekannt sind, läßt man am besten offen.

Die Erkenntnis des morphologischen Typus wird nun manchmal leichter, d. h. schon mit wenigen Untersuchungen erreicht werden, manchmal aber wieder erst nach sehr eingehenden und weit ausgreifenden Untersuchungen. Das ist zum Teil eine Übungs- und Erfahrungssache. Der Anfänger wird also nicht gleich große Gruppen mit großer Mannigfaltigkeit in Angriff nehmen, sondern sich mit einfacheren Problemen, z. B. der inneren Gliederung von Gattungen befassen, bis sein Blick für typologische Untersuchungen schwieriger Formenkreise hinreichend geschärft ist.

Überbrückung von Kenntnislücken

Wie können nun Kenntnislücken überbrückt werden? Dies ist eine überaus wichtige Frage, da sie immer auftreten wird.

Sie wird vielleicht am besten erklärt durch folgenden Vergleich. Es ist ein sehr wesentlicher Unterschied, ob wir eine Beschreibung z. B. einer Art lesen, die uns gänzlich unbekannt ist, oder die — gleich genaue, oder besser gesagt meist ungenaue — einer Art, die wir kennen. Denn die Sprache namentlich der „Diagnosen“ läßt niemals eine plastische Vorstellung zu, die Kenntnis der betreffenden Form aber — oder auch nur nahe verwandter Formen — läßt dennoch, durch automatisches Ergänzen bzw. Erläutern der unklaren Ausdrucksform, die Beschreibung „lebendig“ werden.

Überbrückung durch Kenntnis der Gesetzmäßigkeiten. Die „dynamische Methode“

Dies ist nun auch der Weg, der es uns sehr oft erlaubt, Lücken der eigenen Beobachtung zu überbrücken. Haben wir nämlich einmal den morphologischen Typus eines Formenkreises voll erfaßt, so sind wir in der Lage, die in der Literatur gegebenen Beschreibungen, Diagnosen usw. so zu verstehen, wie wenn wir die betreffende Form kennen würden, d. h. zu erkennen, wie sie sich in die bereits bekannten Entwicklungslinien einpaßt, bzw. ob sie sich vielleicht nicht einfügt. Im letzteren Falle ist es nun allerdings notwendig, eigene Untersuchungen durchzuführen, d. h. Material zu beschaffen oder diese Form ausdrücklich aus der Bearbeitung auszuschließen. Paßt die Form aber in die betreffende Entwicklungslinie, d. h. erkennen wir sie als dem betreffenden morphologischen Typus zugehörig, so wird die Überbrückung der Lücke eben durch die dynamische Methode, d. h. durch die an jedem Punkt gestellte Frage: „Welche Weiterentwicklung ist hier möglich?" meist mit mehr oder weniger großer Wahrscheinlichkeit geschlossen werden können, wenn die Literaturangaben nicht allzu spärlich sind.

Was nun die Embryologie, Chemismus, die Keimungsgeschichte und ähnliche meist nicht zur Verfügung stehende Einzelheiten betrifft, so werden diese naturgemäß niemals entscheidend zu verwenden sein, wohl aber aus den anderen Untersuchungen gewonnenen Erkenntnissen einen höheren Wahrscheinlichkeitsgrad verleihen können. Man wird sie daher zur Beweisführung tunlichst heranziehen, kann ihnen jedoch nur das Gewicht einer Bestätigung der gefundenen Resultate beimessen. Anders allerdings, wenn sie gegen diese zu zeugen scheinen. Dann selbstverständlich müssen die Untersuchungen wiederholt werden, um aufzudecken, ob irgendwo ein Fehlurteil steckt, aber man wird z. B. bei embryologischen Angaben auch gut tun, *diese* nachzuprüfen, ob nicht der Fehler auf der anderen Seite liegt.

Eines muß uns bei Materialmängeln aber immer bewußt bleiben: Je vollkommener das Material, d. h. je vollständiger die eigenen Untersuchungen sind, um so genauer werden die phylogenetischen Zusammenhänge ermittelt werden können, um so größer die Verläßlichkeit und Unantastbarkeit der gewonnenen Resultate. Mit lückenhaftem Material wird man wohl oft in groben Zügen die Zusammenhänge theoretisch skizzieren können, aber man wird nicht klare, fehlerlose Entwicklungslinien ausarbeiten können.

Behandlung einer systematischen Einzelfrage mit unvollständigem Material

Ein Sonderfall muß aber noch besonders hervorgehoben werden. Es ist nicht immer das Ziel einer systematischen Arbeit, einen ganzen Stammbaum auszuarbeiten, d. h. die Phylogenie einer Formengruppe vollständig auszuarbeiten. Man ist vielmehr sehr oft nur vor die Aufgabe gestellt, einen ganz bestimmten Fall zu klären, d. h. Möglichkeit oder Unmöglichkeit eines angenommenen phyletischen Zusammenhanges zu überprüfen. Arbeiten mit dieser Zielsetzung sind mit einem ungeheuer viel geringeren Aufwand an Material und vor allem oft mit viel weniger eingehenden Untersuchungen zu lösen. Voraussetzung ist selbstverständlich auch hier die genaue Kenntnis des morphologischen Typus der fraglichen Formen. Doch ist es — insbesondere im negativen Falle — sehr oft möglich, nach wenigen Untersuchungen die Wesensverschiedenheit des Typus der einen Gruppe mit dem der vermuteten Verwandten festzustellen.

Ein überaus instruktives Beispiel dieser Art, wo eine einzige Untersuchung schon die Wesensverschiedenheit „ähnlicher" Formen erweisen konnte, sei hier angeführt.

C r o i z a t (l. c.) hat auf Grund der unbestreitbar vorhandenen „Ähnlichkeit" im Habitus der Blüte eine Verwandtschaft zwischen den Cactaceae und den Punicaceen angenommen. Abgesehen davon, daß diese Annahme schon 1903 von

Hallier[2] aufgegriffen und in den Bereich der konvergenten Entwicklung verwiesen worden war, konnte allein die Untersuchung der Entwicklungsgeschichte des Andröceums bereits die typologische Unähnlichkeit bei habitueller Ähnlichkeit erweisen. Während bei den Cactaceae zunächst ein primärer Staubblattkranz dicht an den Karpellenanlagen ausgebildet wird und erst infolge der Streckung des zwischen den primären Staubblattanlagen und den innersten Perianthanlagen von *innen nach außen*, bzw. bei der Röhrenstreckung von unten nach oben — also in verkehrter Reihenfolge weitere Staubblattanlagen *sekundär* ausgebildet werden, was vollkommen den Verhältnissen bei den Aizoaceen entspricht, entwickeln sich die Stamina bei den Punicaceae in der *normalen* Reihenfolge, also in der Receptaculum-Röhre *zentripetal*. Bei den Cactaceen mit Receptaculumröhre, die Croizat zum Vergleiche mit Punica bzw. Sonneratia heranzieht, sind also die *untersten* Staubblätter die *primären* und damit *ältesten*, bei den Punicaceen hingegen die *obersten*. Man kann daher bei den Cactaceen im eigentlichen Sinne des Wortes von primären (d. h. als Urtypus angelegten) und sekundären (d. h. durch nachträgliche Verlängerung des Zwischenraumes nachgebildeten) Staubblättern sprechen, während bei den Punicaceen alle Staubblätter in der normalen, allen Blattanlagen am Vegetationskegel zukommenden Reihenfolge, ausgebildet werden, die zum Schlusse mit der Anlage der Karpelle (manchmal in mehreren „Wirteln") endet; hier sind also alle Anlagen gleichwertig „primär". Diese Tatsachen zeigen also klar, daß die habituelle Ähnlichkeit der Blütenlängsschnitte morphologisch zwei ganz verschiedenen Typen angehört, eine phyletische Verbindung daher nicht bestehen kann.

Während hier also der negative Beweis schon durch eine einzige, allerdings sehr schwerwiegende Tatsache erbracht werden konnte (es gibt freilich noch weitere Argumente, die hier nicht mehr angeführt wurden), erfordern ähnliche Fälle, in denen die ersten Untersuchungen positive oder indifferente Ergebnisse zeitigten, eine Fortführung der Analyse, wenigstens über alle typologisch wichtigsten Punkte und damit einen Untersuchungsgang, der sich bereits jenem zur Erstellung einer ganzen Entwicklungslinie an Umfang sehr nähert. Er wird nur in solchen Punkten offen bleiben dürfen, die man von vornherein als indifferent bezeichnen kann, d. h. solchen, die mehr oder weniger weit verbreitete Progressionen betreffen und daher für den Typus der untersuchten Gruppe wenig charakteristisch (spezifisch) sind.

So mußten z. B. meine Untersuchungen, die schließlich zur Abtrennung der Alstroemerieae von den Amaryllidaceae und zum Anschluß an die Liliaceae-Lilioideae führten, alle Teile der Blüte, die Grundachse, die Verzweigungsverhältnisse, die Blattinnervierung und die Samenform typologisch erfassen und sich darüber hinaus auf geographische und klimatologische Befunde stützen.

Solche Arbeiten mit beschränktem Zielbereich sind aber darum nicht weniger wichtig. Im Gegenteil, wie eben diese beiden angeführten Beispiele zeigen, dienen sie einesteils dazu, Fehlmeinungen aus der Kalkulation auszuscheiden, wodurch der Umfang späterer, detaillierter Arbeiten sehr vermindert wird, und anderseits von der alten Systematik „festgefügte Blöcke" zu sprengen und von dieser Bresche aus neue Gruppierungen vorzubereiten.

[2] Hallier, H., Über die Verwandtschaftsverhältnisse bei Englers Rosalen, Parietalen, Myrtifloren und in anderen Ordnungen der Dicotylen., Abh. a. d. Gebiete d. Naturwissensch. Hamburg. XVIII, 1903, S. 92.

Viertes Kapitel

Auswertung der geographischen, klimatologischen und geologischen Tatsachen

Zweck der geographischen, klimatologischen und geologischen Erhebungen

Der Zweck und Sinn der geographischen, klimatologischen und geologischen Erhebungen liegt darin, daß sie einesteils eine Überprüfung morphologisch gewonnener Entwicklungslinien auf Fehler bzw. auch auf ihre geographische und geologische Möglichkeit gestatten, anderseits aber auch ganz besonders die Entstehungsgebiete und Mannigfaltigkeitszentren erkennen lassen, d. h. jene Gebiete, in denen der Übergang von einem Typus zu einem anderen vermutet werden kann und jene, in denen dieser neue morphologische Typus im Existenzoptimum ist und daher seine stärkste Entfaltung erfahren hat. Sie dienen endlich dazu, Standortsverhältnisse und Wanderungswege in Zusammenhang mit Klimalage und Klimaveränderung zu ermitteln und Disjunktionen nicht nur festzustellen, sondern auch in ihrer Ursache zu erforschen.

Die kartographische Arealaufnahme

Im Gegensatz zu den geographischen Vorarbeiten, die nur einen ganz rohen Überblick zu vermitteln hatten, soll daher eine möglichst genaue Arealaufnahme aller Arten und Gattungen vorgenommen werden. Dies ist keineswegs so einfach als es auf den ersten Blick erscheint. Selbst in dem floristisch so gründlich bearbeiteten Europa kommt es sehr oft vor, daß man die Abgrenzung der Verbreitungsgebiete nur sehr annäherungsweise erreichen kann. Interessanterweise ist dies sogar um so schwieriger, je weiter eine Art verbreitet ist, da bei seltenen Arten gewöhnlich sehr genaue Angaben über die Grenzstandorte vorliegen. Aber selbst sehr genaue Angaben können falsch sein. So fand ich z. B. den Crocus vernus Wulf. sens. strict. noch auf der Stubalpe, also erheblich weiter nördlich als seine Nordgrenze nach den Literaturangaben liegen sollte. Allerdings, so genau müssen die Arealgrenzen nur in der Artsystematik ermittelt werden. Für die hier allein in Betracht gezogene Systematik der höheren Kategorien genügen schon weitere Abgrenzungen, wenn auch genauere oft sehr erwünscht wären. Aber selbst solche weitere Grenzziehungen sind oft nicht aus der Literatur zu entnehmen. Man bedenke nur, was z. B. die Angabe „Chile" für klimatische Verschiedenheiten in sich birgt!

Es ist leider ein ganz seltener Ausnahmsfall, wenn man aus der Literatur so hervorragende arealgeographische Angaben entnehmen kann, wie sie z. B. Backeberg[1] in genauen Arealkarten auf Grund eigener Forschungs-

---

[1] Backeberg, C., Verbreitung und Vorkommen der Kakteen, „Cactaceae", Jahrbuch der D. Kakt. Ges. 1943/44.

[2] Stefanoff, B., Monographie der Gattung Colchicum, Sofia 1926.

reisen für die Cactaceen, oder Stefanoff[2] für die Arten der Gattung Colchicum gegeben hat. In den weitaus meisten Fällen wird es notwendig sein, sich die Arealkarten selbst nach der Literatur zusammenzustellen. Sind die Literaturangaben zu ungenau, aber einigermaßen umfangreiches Herbarmaterial vorhanden, so kann man aus der Eintragung der Standorte des Hebarmateriales sich noch ein ungefähres Bild über das Verbreitungsgebiet machen. Sehr wichtig für die Beurteilung von Arealdisjunktionen, möglichen Wanderungswegen, aber auch der morphologischen Befunde sind die an Herbarexemplaren oder in der Literatur gegebenen Angaben über die ökologischen Standortsbedingungen, die — gesondert oder als Legende — auf den Arealkarten eingetragen werden.

Von größeren Gattungen empfiehlt es sich eine eigene Gattungskarte anzulegen, kleine oder gar monotype Gattungen können zu mehreren auf einer Karte vereinigt werden. Hat man aber in einer höheren Kategorie mehrere artenreiche Gattungen, so empfiehlt es sich, auf einer gesonderten Karte die Gattungsareale allein, ohne Berücksichtigung der Arten einzutragen, um eine klare Übersicht zu bekommen. In allen Fällen ist es zweckmäßig als Unterlage in genau gleicher Größe vervielfältigte Karten auf möglichst durchscheinendem Papier zu verwenden, damit man durch Übereinanderlegen Überschneidungen und Ausschließungen bequem und klar beobachten kann. Eine im gleichen Format gehaltene ökologische (Vegetations-)Karte gibt oft außerordentlich schöne Aufschlüsse, ebenso eine im gleichen Format gehaltene stratigraphische Karte, die Zusammenhänge von Artenverteilung und Höhenlage, zusammenfallen von Progressionsübergängen mit Klimaübergängen usw. sehr klar hervortreten läßt. Notwendig ist so eine Ergänzung natürlich nicht. Leider sind brauchbare Vegetationskarten selten. Sehr gut fand ich die betreffenden Nebenkarten im großen Mayerschen Handatlas.

Lage des Mannigfaltigkeitszentrums — tabellarische Festlegung

Die so angelegten Karten der Artareale geben nun einen sehr instruktiven Aufschluß über die Lage des Mannigfaltigkeitszentrums der Gattung die sich textlich sehr hübsch durch eine von Maw[3] angewandte tabellarische Übersicht darstellen läßt.

Diese Übersicht Maws für die Gattung Crocus sei daher hier als Beispiel wiedergegeben (S. 200).

Wir sehen hier also in geographischer Länge und Breite das Hauptzentrum hervortreten, von dem aus ein Abklingen der Artenzahlen nach den Randgebieten deutlich erkennbar wird. Voraussetzung für diese Art der Auswertung ist selbstverständlich eine gleichmäßige Artabgrenzung, d. h. ein für alle Arten einheitlich gefaßter Artbegriff, was bei Gattungen mit europäischem und weitreichendem außereuropäischem Areal durchaus nicht immer gewährleistet ist. In solchen Fällen empfiehlt es sich, für die europäischen Formen nur den Begriff der „Gesamtart" im Sinne von Ascherson und Graebner heranzuziehen.

[3] Maw, The Genus Crocus, London 1886.

I.

Nördliche Breite	Artenzahl
50°	1
48°	7
46°	9
44°	17
42°	21
40°	30
38°	22
36°	13
34°	6
32°	1

II.

Geogr. Länge n. Greenwich	Artenzahl	
10– 5 w	0– 6	
		Spanien und Nordafrika
5– 0 w	5– 1	
0– 5 ö	1– 3	
5–10 ö	1– 5	
10–15 ö	4– 7	Italien
15–20 ö	7–10	
20–25 ö	8–19	
		Griechenland, Ägäische Inseln
25–30 ö	18–15	
30–35 ö	17–13	Kleinasien
35–40 ö	14– 7	Syrien
40–45 ö	10– 6	
45–50 ö	6– 3	
		Kaukasus und Persien
50–55 ö	3– 1	

Geographische Merkmalsprogressionen

Es ist nun außerordentlich instruktiv und gibt eine weitgehende Kontrolle der morphologischen Progressionslinien, wenn man die morphologischen Befunde mit der kartographischen Aufnahme vergleicht. Sehr oft ergeben sich da bereits gewisse „geographische“ Progressionen.

Der Begriff „geographische Progression“ muß hier nun auch noch umrissen werden.

Der Begriff der geographischen Merkmalsprogression wurde namentlich in der Ornithologie vielfach (durch Hartart, Niethammer, Stegmann und Reinig) für die geographisch fortschreitenden Größenveränderungen angewandt. Es handelt sich in diesen Fällen, wie man annimmt, um eine Folge der multiplen Allelie. D. h. es sind mehrere Gene am Zustandekommen des Merkmales beteiligt, die einander ergänzen und das Merkmal verstärken, wenn gleichgerichtete, die sie abschwächen, wenn gegensätzlich gerichtete Allele zusammentreffen. Durch den vom Mannigfaltigkeitszentrum nach den Randzonen des Areals hin eintretenden Allelschwund kommen solche Merkmalsprogressionen zustande. Es sind dies also Fälle, die für die **Artsystematik** (Kategorien unterhalb der Art) von Wichtigkeit sind.

Bei der Bearbeitung **höherer Kategorien** werden solche geographische Progressionen hauptsächlich da von Bedeutung sein, wo es sich um Arten mit Riesenarealen handelt.

Eine ganz andere Form geographischer Progressionen ergibt sich, wenn wir die von Art zu Art schreitende Progressionen aller Eigenschaften im Bereiche der Gattung und die von Gattung zu Gattung fortschreitende Entwicklung innerhalb der höheren Kategorien geographisch verfolgen. Es ergeben sich aus diesen Vergleichen oft sehr klare Reihen, die eine vorzügliche Kontrolle der Entwicklungslinien ermöglichen.

Geographische Kontrolle der morphologischen Entwicklungslinien

Sie sind aber von ganz besonderer Bedeutung in jenen Fällen, in denen die morphologische Progressionsreihe eine Unterbrechung infolge des Hinzutretens wesentlicher neuer Typuscharaktere nicht ohne weiteres eine Verbindung von einer Gattung zur anderen gestatten. Durch den Vergleich der Arealkarten ergeben sich Überschneidungszonen oder wenigstens Annäherungszonen zwischen den in Frage kommenden Gattungen. Die in diesen Zonen vorkommenden Arten der beiden Gattungen werden nun diejenigen sein, die auch die größte morphologische Annäherung erwarten lassen. Die geographischen Verhältnisse werden hier also eine zielstrebige Auswahl der Untersuchungsobjekte ermöglichen, die die Wahrscheinlichkeit des Erfolges wesentlich vergrößert. Es wird sich dann oft aus diesen Untersuchungen das Entstehungsgebiet der höheren Formen ergeben, wenn auch deren Mannigfaltigkeitszentrum ganz wo anders liegt.

Von Bedeutung wird diese geographische Kontrolle der morphologischen Entwicklungslinien auch sehr oft sein, wenn es innerhalb einer Entwicklungslinie nicht ohne weiteres klar ist, ob eine Form als primitiv oder reduziert anzusehen ist, d. h. wo es gilt innerhalb einer Entwicklungslinie die Richtung der Progression festzustellen.

Aus dieser geographischen Untermauerung der morphologischen Befunde ergeben sich nun oft außerordentlich klare Erkenntnisse über die Wanderungswege eines Entwicklungsastes, die nun allerdings auch klimatologisch-geologische und zum Teil auch ökologische Erwägungen einbeziehen müssen.

Die **klimatologischen Untersuchungen** machen oft das Entstehungsgebiet einer neuen Form verständlich, indem klimatische Übergangsgebiete oft den Anstoß zur Gestaltumbildung geben und so große Entwicklungssprünge erst verständlich machen. Auch über die Herkunft eines weiter verbreiteten Formenkreises können klimatologisch-ökologische Erwägungen oft einigen Aufschluß geben.

So konnte ich an zahlreichen Beispielen feststellen, daß Formenkreise, deren Ursprungszentrum im westlichen Mittelmeergebiet liegt, in Mitteleuropa nasse Standorte bewohnen, solche ostmediterranen Ursprunges hingegen trockene. Das schönste Beispiel dieser Art ist das Verhalten von Galanthus und Leucoium in Mitteleuropa. Galanthus ist, wie die Lage des Mannigfaltigkeitszentrums ergibt, ostmediterran und liebt trockenere bis mesophile Standorte, während die Vertreter des westmediterranen Leucoium extrem nasse Standorte bewohnen, oft direkt im Wasser stehen.

Klimadiagramm und Vegetationsrhythmus

Auch in anderer Hinsicht können klimatologische Vergleiche interessante Aufschlüsse geben. Auch dafür ein interessantes Beispiel: Sowohl die amerikanischen Lilium-Arten aus der Gruppe um Lilium canadense, als auch Alstroemeria die sich nach meinen Untersuchungen als direkter Abkömmling dieser Liliumgruppe erwiesen haben, blühen im Juni, Juli und August, obwohl Lilium die Nordhalbkugel, Alstroemeria die Südhalbkugel bewohnt. Der Rhythmus der Vegetationsfolge ist also trotz der umgekehrten

Jahreszeitenfolge erhalten geblieben, wenn man davon absieht, daß Alstroemeria praktisch immergrün ist, d. h. nie ganz einzieht.

Ein Vergleich der jahreszeitlichen Niederschlagsverteilung im Lebensraum von Lilium canadense und Alstroemeria gibt folgendes Bild:

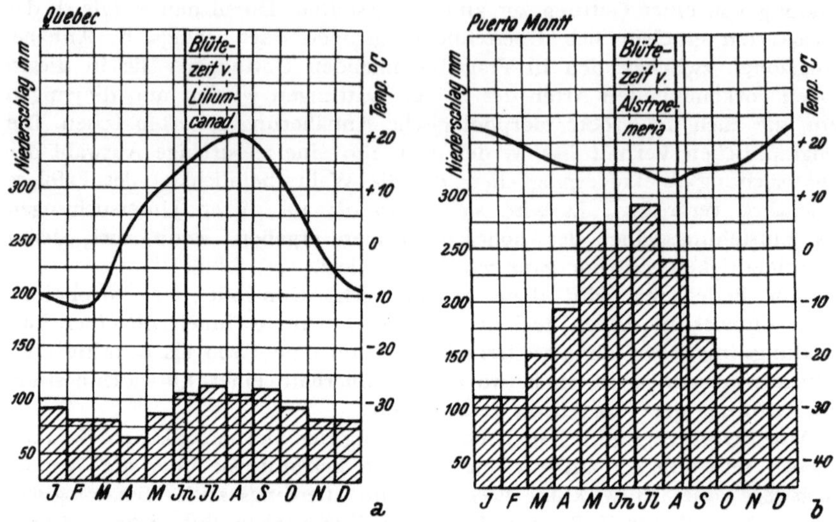

Schema 6. Klimadiagramme und Blütezeit.

Quebec, Canada, Lilium canadense und Puerto Montt, Chile, Alstroemeria. Klimadiagramme nach „Handbuch der Geographischen Wissenschaften".

Dieser Vergleich der Klimadiagramme mit dem Vegetationsrhythmus zeigt die interessante Tatsache, daß Lilium canadense im wärmsten, Alstroemeria aurantiaca hingegen im kältesten Monat blüht. Bei beiden ist die Blütezeit aber im niederschlagreichsten Monat gelegen.

Geologische Tatsachen und Wanderungswege

Es ist ferner wichtig, bei der Feststellung der Wanderungswege auch *geologische Tatsachen* — so weit diese überhaupt zur Verfügung stehen — in Betracht zu ziehen. Nur eine Progression, die geographisch und geologisch überhaupt möglich ist, darf auch als richtig angesehen werden. Daß dieser Grundsatz durchaus nicht immer befolgt wird, beweist in neuester Zeit Croizat (l. c.) mit seiner Verbindung der Cactaceae mit den Sonneratiaceen und Punicaceen. Ganz abgesehen davon, daß diese Annahme morphologisch unhaltbar ist, ist sie auch geographisch völlig unhaltbar. Die Sonneratiaceen sind rein tropisch-altweltlich und die Punicaceen sind ebenfalls altweltlich mit einem Areal, dessen Zentrum etwa in Vorderasien liegen dürfte. Wie kann es nun geographisch und geologisch begründet werden, daß eine typisch neuweltliche Familie sich von einer dieser beiden Familien ableiten lassen soll? Weder die Wegenersche Theorie der Kontinentalverschiebung noch die ältere Annahme eines zusammenhängenden

Gondwanaland-Kontinentes der Südhalbkugel könnten bei dieser gegenseitigen Lage der Areale eine Verbindung zwischen diesen Familien logisch begründen.

Einen sehr interessanten Versuch, die geographischen Tatsachen geologisch und paläoklimatologisch auf Grund der Pol- und Klimaschwankungen zu erklären und so zur Grundlage phyletischer Forschungen zu machen, stellt Backebergs Arbeit[4] über die Cactaceenverbreitung dar. Hier wird versucht, die nachweisbaren Wanderungen auf Grund der Klimaverlagerungen in den letzten Erdperioden zu erklären. Dieser Versuch ist um so interessanter, als diese Erwägungen auch das Auftreten der Alstroemerieae, als unmittelbaren Abkömmlingen einer nordamerikanischen Liliumgruppe in Zentral- und Südamerika mit dem Mannigfaltigkeitszentrum in der Südamerikanischen Kordillere verständlich macht.

Ein anderes Beispiel für die Bedeutung geologisch-paläoklimatologischer Erkenntnisse für das Verständnis der Arealverhältnisse gibt Stokes[5] in seiner Untersuchung über die heutige Verteilung der Arten der Gattung Lilium als Folge der glacialen und postglacialen Klimaänderungen. Er nimmt eine präglaciale nördlich circumpolare Verbreitung der Gattung an. Die glaciale Eisbarriere der ost-westverlaufenden Gebirge Europas und Zentralasiens habe in diesem Bereiche die Gattung bis auf wenige Arten vernichtet, während in den Bereichen der nord-südverlaufenden Gebirge (Nordamerika und Ostasien) ein Ausweichen möglich war und nicht nur die ursprüngliche Artenzahl mehr oder weniger erhalten bleiben konnte, sondern überdies infolge der schwankenden Arealverschiebungen noch ein Impuls zur Neubildung von Arten dazukam und den Artenreichtum dieser Gebiete verursachte.

Fünftes Kapitel

Die Synthese

1. Ergebnisse der analytischen Arbeiten

Das Ergebnis der bisher behandelten analytischen Arbeiten läßt sich in folgenden Punkten zusammenfassen:

1. Kenntnis des Grundbauplanes des bearbeiteten Formenkreises,
2. Kenntnis aller, diesem morphologischen Typus innewohnenden Entwicklungstendenzen,
3. Kenntnis der Areale und der möglichen Wanderungswege,
4. Zusammenschluß von typologisch einheitlichen Gruppen innerhalb des gesamten Bearbeitungskreises.

Der morphologische Typus der bearbeiteten Kategorie

Die Punkte 1 und 2 geben miteinander das was wir eingangs als den „morphologischen Typus" oder kurz den „Typus" der bearbeiteten Kate-

[4] Backeberg, C., Zur Geschichte der Kakteen im Verlaufe des amerikanischen Kontinentbildes. „Cactaceae", Jahrbuch der D. Kakt. Ges. 1943.

[5] Stokes, F., Environment of Lilies in Nature. Lily Yearbook 1933, Confr. Nbr. 119.

gorie genannt haben. Daß ich sie hier getrennt anführe, hat seinen Grund darin, daß der Grundbauplan ein für alle in die Kategorie gehörigen Formen gleichbleibender Faktor ist, während die Entwicklungstendenzen ihn in jeder der untergeordneten Kategorien in anderer, aber gesetzmäßiger Weise abwandeln. Die Entwicklungstendenzen sind also gewissermaßen die Wegweiser, die, ausgehend von der gemeinsamen Basis des Grundbauplanes, die möglichen Wege der Entwicklung, d. h. der Progressionen, weisen, und damit die Äste des Stammbaumes hervortreten lassen.

Die Bedeutung von Punkt 3, wurde schon oben ausgeführt, auf sie wird aber nochmals im Rahmen der Synthese des Stammbaumes der ganzen Kategorie einzugehen sein.

Zusammenschluß typologisch einheitlicher Gruppen

Besonders wichtig aber ist nun die Tatsache von Punkt 4, daß sich dem Bearbeiter durch die morphologische Totalanalyse sozusagen von selbst eng zusammengehörige natürliche Gruppen von Arten und Gattungen zusammenschließen.

Man wende hier nicht ein, daß solche Zusammenschlüsse von Arten zu Gattungen und von Gattungen zu einer höheren Kategorie ja bereits gegeben sind, bevor die ganze Bearbeitung begonnen wurde. Denn erstens sind die gegebenen Zusammenschlüsse sehr häufig falsch, anderseits sind in den bisherigen Systemen oft Formen, die sich bei der Totalanalyse als eng zusammengehörig erweisen, weit getrennt.

Beispiele mögen diese Tatsache erhärten: Die Gattungen Fritillaria und Lilium in ihrer Fassung in Engler-Prantl sind heterogene Gattungen, deren Arten zwar verwandt sind, aber verschiedenen Entwicklungslinien eines Hauptastes angehören, wie schon oben ausgeführt wurde. Die heute noch von den Amerikanern benutzten Gattungen Cephalocereus, Pilocereus, Opuntia u. a. sind ebenfalls polyphyletisch in dem Sinne, daß sie zwar einem gemeinsamen Hauptast des Stammbaumes angehören, jedoch aus Gliedern sehr verschiedener Auszweigungen dieses Hauptastes zusammengesetzt und daher als polyphyletische Sammelgattungen zu bezeichnen sind.

Anderseits bilden Gagea, Lloydia und Giraldiella eine absolute Einheit, die ich als Lilioideae-Lloydieae zusammenfaßte, während im früheren System Lloydia zu den Lilioideae, Gagea und die eng an Tricholloydia anschließende Giraldielle zu den Allioideae gezogen wurden.

Zygocactus, Epiphyllanthus, Schlumbergera und Epiphyllopsis bilden mit den Rhipsaliden eine vollkommene Einheit, die durch Übergänge vollkommen mit Rhipsalis verbunden ist, wird aber noch heute von den amerikanischen Botanikern nicht zu den Rhipsalidanae sondern zu den Epiphyllanae, die mit den Rhipsalidanae keinerlei Verbindung haben, gezählt[1].

Es muß dabei nun ganz besonders betont werden, daß diese Gruppenbildung unter allen Umständen auf einer morphologischen *Total*analyse beruhen muß. Man käme natürlich auch dann zu einer Gruppenbildung, wenn man sich auf *ein* Merkmal stützen würde. Die alte Systematik hat

[1] Brieflich von mir auf diesen Fehler aufmerksam gemacht, hat mir Taylor-Marshall (brieflich) zugegeben, daß er die Richtigkeit meiner Kritik einsieht und die Umstellung dieser Gattungen zu den Rhipsalidanae vornehmen wird.

dies ja leider oft selbst bei großen Gruppen getan und damit unzählige Fehler gemacht. Ich weise hier nur etwa auf die „Familien" der Liliaceae und Amaryllidaceae die aus der bloßen Unterscheidung Hypogynie-Epigynie konstruiert wurden und daher total falsche „Verwandtschaften" vortäuschen. Wollte man, um ein anderes Beispiel zu wählen, bei den Cactaceae alle Formen mit zygomorphen Blüten zu einer Gruppe vereinigen, so käme eine Querverbindung hochabgeleiteter Gattungen zustande, die phyletisch nichts miteinander zu tun haben. Nun wird es wohl kaum einem Botaniker einfallen, diese Zusammenfassung ernstlich zu erwägen. Denn man erkennt die Zygomorphie heute allgemein als eine gestalttypische Erscheinung an, die als extreme „Anpassungsform" — richtig müßte man sagen „Entwicklungsstufe" — sich polyphyletisch immer wiederholt.

Es sei aber auch ein Beispiel genannt, bei dem ein Merkmal zu einer falschen Gruppierung führen könnte, dem man in der alten Systematik allgemein hohe Bedeutung beimaß: der Unterschied septicide — lokulicide Kapsel. Die Liliaceen-Unterfamilie Wurmbeoideae F. Buxb. zerfällt in 6 klar getrennte Tribus, von denen drei septicide, eine lokulicide und die zwei primitivsten teils lokulicide, teils septicide Kapseln haben. Die Verwendung dieses einen Merkmales würde also in diesen beiden letzteren Tribus eng verwandte Gattungen auseinanderreißen, aber auch die beiden, einem Stammbaumast angehörigen Tribus Iphigenieae (loculicid) und Glorioseae (septicid) von einander trennen, die *nur* durch die Kapsel verschieden sind. Die Tatsache, daß in dieser Unterfamilie der Übergang von Hemisyncarpie zur Syncarpie stattfindet, macht diese Verschiedenheit der Kapsel bei dynamischer Betrachtung vollständig begreiflich.

2. Die Wertigkeit der Merkmale

Diese beiden letzteren Beispiele beweisen nun die Notwendigkeit, sich Gedanken über die Wertigkeit der Merkmale zu machen, bevor an eine Gruppenbildung geschritten werden kann.

Diese Frage ist nun überaus schwierig zu beantworten, da sie absolut kein Schema verträgt, wie eben das obige Beispiel schon zur Genüge beweist.

Wir wollen von einem völlig klarliegenden Fall ausgehen. Ein solcher ist die oben ausgeführte Erscheinung der „Phänokopien", Hier handelt es sich um Merkmale, die bei manchen Biotypen erblich gebunden sind, in anderen Fällen aber in den Bereich der adaptiven Variationen fallen können, also umweltbedingt sind. Es ist völlig klar, daß Merkmale dieser Art phylogenetisch sehr geringwertig sind. Hieher gehören z. B. Färbung und Farbstoffverteilung, habituelle Wuchsformen, Verschiedenheiten in den Dimensionen, aber auch in den Dimensionsverhältnissen. Hieher kann in bestimmten Fällen aber auch apopetalie (Silene) und selbst Meiomerie fallen (Thesium!).

Das Gemeinsame dieser geringwertigen Merkmale liegt darin, daß es sich durchwegs um solche Merkmale handelt, deren Ausbildung in einem ontogenetisch späten Zeitpunkt fällt. Daß dies auch bei der Meiomerie der Fall sein kann, beweist das Verhalten von Thesium pratense und Th. alpinum, wo je nach der Lage in der Infloreszenz (Ernährungsbedingungen!) unter den sonst fünfzähligen Blüten auch vierzählige, bzw. bei Th. alpinum unter sonst vierzähligen auch fünfzählige auftreten können. Hier ist also zwar die Meiomerie (Vierzähligkeit) wohl schon bei der ersten Entwicklung der Knospe vorgebildet, sie ist aber ernährungsbedingt. Ähnlich verhält es sich bei der fakultativen Apopetalie verschiedener Stellaria-Arten.

Selbst Sympetalie kann in manchen Fällen unter diese Merkmale fallen. Stefanoff[2] stellt z. B. fest, daß manche frühere Merendera-Arten bis auf die freien Tepalen identisch mit am gleichen Standort wachsenden Colchicum-Arten sind, z. B. Merendera hissarica und Colchicum luteum ssp. Alberti aus Turkestan. Stefanoff zieht daher die alte Gattung Merendera vollkommen ein. Überlegen wir die morphologischen Ursachen der Sympetalie, so erscheint diese manchmal geringe Wertigkeit der Sympetalie durchaus verständlich. Die Ursache der Sympetalie liegt in der Streckung des Basalteiles der Petalen, unter der Voraussetzung, daß deren Anlagen entweder durch Verbreiterung ihrer Basis oder infolge Verkleinerung des Blütenbodens im Unterblattbereiche zusammenfließen. Da nun die enorme Verlängerung der Tepalen von Colchicum erst zu einem Zeitpunkt erfolgt, in dem die Lamina (die Perigonabschnitte) schon fertig ausdifferenziert sind, kann sie nur in der Basalregion erfolgen. Die Sympetalie ist hier also ebenfalls in einem ontogenetisch späten Zeitpunkt begründet.

Wir können diese Erwägungen also in den Grundsatz zusammenfassen:

A. Merkmale, deren Ausbildung in einem späten Zeitpunkt der Ontogenie begründet ist, sind phylogenetisch geringwertig.

Dieser Satz kann nun auch umgekehrt werden, d. h. wir finden, daß

B. ein Merkmal um so höher zu werten ist, je früher in der Ontogenie des betreffenden Organes es begründet ist.

Dies ist ganz klar, wenn man überlegt, daß die Ontogenese zunächst tief im Typus, und zwar im Grundbauplan verankerten Gesetzen folgt und daher bei verwandten Formen zunächst weitestgehend einheitlich vor sich geht. Erst allmählich treten Abänderungen der Entwicklungsvorgänge hinzu, die schließlich zu Verschiedenheit führen.

Somit können wir aber diese Tatsache noch erweitern, denn das hier Gesagte gilt ja nicht nur für die Ontogenie eines bestimmten Organes oder Organkomplexes, sondern auch für die Entwicklung des Individuums als Ganzes. Daher gilt auch der Satz:

C. Als hochwertige Merkmale sind auch jene Wuchsverhältnisse zu rechnen, die bereits in der inneren Organisation der Jugendform begründet sind.

Allen „äußeren" Merkmalen kommt nun ein größerer oder geringerer Auslesewert zu, d. h., sie enthalten einen größeren oder kleineren, positiven oder negativen Selektionsfaktor. Anderen Merkmalen hingegen kann weder ein positiver noch ein negativer Selektionswert zugesprochen werden; sie sind rein stammesgeschichtlich begründet. Hieher gehören verschiedene der sogenannten „inneren" Merkmale, das sind vor allem die embryologischen Merkmale und gewisse — wenn auch durchaus nicht alle — anatomischen Merkmale. Da diese keinerlei Auslesewert besitzen, sind sie weitestgehend

[2] Stefanoff, Monographie der Gattung Colchicum, Sofia 1926.

konservativ und bleiben daher oft für große stammesgeschichtliche Einheiten unverändert. Daher könnte ihnen innerhalb eines bestimmten Formenkreises eine große Wertigkeit beigemessen werden. Diese wird aber sehr stark durch den Umstand eingeschränkt, daß die Gesetzmäßigkeiten ihrer Progressionen oft dem gesamten Angiospermenbereich zukommen, also im gesamten Angiospermenbereich gleichgerichtete und gleichartige Progressionen auftreten können, wodurch der Bereich der möglichen Konvergenzen außerordentlich groß wird.

Wir können diese Überlegungen also in dem Satz zusammenfassen:

D. Merkmale der inneren Organisation ohne Auslesewert sind hoch zu werten, wenn sie

a) nur bestimmten Stammbaumästen der Angiospermen zukommen oder

b) in bestimmten, nicht allgemein vorkommenden Kombinationen auftreten.

Dieser letztere Fall mag, da er vielleicht nicht ohne weiteres verständlich ist, durch ein Beispiel erläutert werden. Schnarf[3] gibt für die Centrospermae zu denen er auch die — damals allerdings embryologisch wenig erforschten — Cactaceae zählt, folgendes „embryologisches Diagramm": 1. Kein amöboides Antherentapetum. 2. Pollen (meist) dreikernig. 3. Samenanlage krassinuzellat, bitegmisch. 4. Meist *eine* Embryosackmutterzelle. 5. Kleine, schnell degenerierende Antipoden und 6. nukleares Endosperm. 1933 schreibt er hiezu wörtlich: „Die Merkmale, die sich zu diesem „embryologischen Diagramm" vereinigen, sind jedes für sich weit verbreitet, aber der Umstand, daß sie sich hier in der dargestellten Weise kombinieren, rechtfertigt gewiß die Meinung, daß die Embryologie der Centrospermen gut gekennzeichnet und einheitlich ist." Dennoch könnten diese Merkmale noch keineswegs ausreichen, um in einer so strittigen Frage, wie die Stellung der Cactaceen es ist, mit größerer Beweiskraft eingesetzt zu werden. Mauritzon[4] zog daher noch weitere spezielle Charaktere hinzu, die in Kombination mit dem Schnarfschen embryologischen Diagramm die Beweiskraft der embryologischen Tatsachen sehr verstärken. Es sind dies 1. mehrschichtige Nucellusepidermis, 2. die Micropyle wird nur vom inneren Integument gebildet, 3. bei der Bildung der Tetraden ist die Teilung der oberen Dyadenzelle verspätet und in dieser findet keine Wandbildung statt. Diese bei Cactaceen festgestellten speziellen Charaktere treten allgemein oder fallweise bei 8 von den 9 Centrospermenfamilien Wettsteins auf. Wenn nun auch diese Merkmale jedes für sich, ebenfalls weiter verbreitet sind, ist ihr Zusammentreffen in allen Centrospermenfamilien und den Cactaceen unbedingt sehr hoch zu werten.

Zu den „inneren Organisationsmerkmalen" kann man oft auch die primäre Nervatur von Laub- und Blütenblättern rechnen. Diese wird aber, namentlich bei Petalen durch Vergrößerung derselben oft sekundär sehr stark abgewandelt, so daß bei diesem Merkmal sehr große Sorgfalt am Platze ist.

Aus dem Umstande, daß innere Organisationsmerkmale an Wertigkeit stark verlieren, wenn sie weit verbreitet sind, ist logisch auch zu folgern, daß auch andere, also habituelle Merkmale durch weite Verbreitung geringwertig

---

[3] Schnarf, K., Vergleichende Embryologie der Angiospermen. Berlin 1931 und Schnarf, K., Die Bedeutung der embryologischen Forschung für das natürliche System der Pflanzen, Biologia Generalis 9, 1933.

[4] Mauritzon, J., Ein Beitrag zur Embryologie der Phytolaccaceae und Cactaceae, Bot. Notiser 1934, S. 111 ff.

werden. Häufig sind solche weitverbreitete habituelle Merkmale den inneren Organisationsmerkmalen tatsächlich auch in dem Punkte ähnlich, daß sie einen geringen oder selbst gar keinen Selektionswert besitzen.

Daher gilt für habituelle Merkmale der Satz:

E. Die Wertigkeit eines Merkmales ist um so größer, je seltener es
a) im Bereiche der Angiospermen
b) innerhalb eines bestimmten Formenkreises auftritt.

Aus diesen vorstehenden Ausführungen geht sehr deutlich hervor, daß die Bewertung der einzelnen Merkmale tatsächlich, wie eingangs betont, absolut kein Schema verträgt. Man kann aber noch eine weitere Tatsache erkennen. Die Bewertung eines Merkmales kann überhaupt nicht nach statischen Gesichtspunkten erfolgen. Nur der dynamische Verfolg der Entwicklungstendenzen läßt uns die Bedeutung und daher die Wertigkeit eines Merkmales erkennen. Denn erst im Verlaufe einer Progressionsreihe wird das Hinzutreten eines neuen Merkmales, also das Sichtbarwerden einer neuen Gesetzmäßigkeit richtig eingeschätzt werden können. Es ist daher tatsächlich Erfahrung dazu notwendig, und zwar systematische Erfahrung im allgemeinen und überdies Erfahrung, d. h. tiefe Kenntnis des Typus, innerhalb des bearbeiteten Formenkreises. Hier bewährt sich am besten jene Fähigkeit des wahren Systematikers, die in so hervorragendem Maße Carl Linné zu eigen war, und die man auch als „systematisches Taktgefühl" bezeichnet hat.

3. Die Phylogenetische Gruppenbildung

Nach dieser Einführung kehren wir zur Zusammenfassung von einheitlichen Gruppen zurück.

Es wurde schon am Eingang des Abschnittes über die Synthese betont, daß die Bildung von natürlichen Gruppen nur auf Grund einer morphologischen Totalanalyse erfolgen kann. Dieser fast automatische Zusammenschluß kleinerer Einheiten erfolgt nämlich in der Regel auf Grund einer Reihe von Merkmalen, die erst durch ihre Kombination der Einheit ihr charakteristisches Gepräge verleiht. Es wurde ja schon früher hervorgehoben, daß der Gattungstypus nur in den seltensten Ausnahmefällen durch eine nur der betreffenden Gattung eigene Entwicklungstendenz charakterisiert ist, sondern in der Regel durch eine charakteristische Kombination von mehreren, dem Familientypus zugehörigen Gesetzmäßigkeiten.

Dabei kann allerdings mitunter einem Merkmal sozusagen der Charakter eines Leitfadens beigemessen werden, der die Verbindung herstellt, während die übrigen sich progressiv verändern. So ist das verbindende Merkmal aller Liliaceae-Wurmbeoideae eine ganz charakteristische kongenitale Verwachsung des zweiten Grundblattes bis hoch auf den Stengel. Häufig geben auch Merkmale der Jugendformen diesen Leitfaden ab, die ja, wie oben angeführt wurde, besonders hohe Wertigkeit besitzen. Sämlinge der Cactaceen-Gattungen Leuchtenbergia, Roseocactus und Ariocarpus sind charakterisiert durch auffallend lange, zwischen den stark reduzierten Cotyledonen büschelig vortretenden Warzen und zeigen so einen engen Zusammenhang, obwohl die Blüten bei Leuchtenbergia aus der Areole, bei Roseocactus aus einer Warzenfurche und bei Ariocarpus aus der Axille entspringen, weshalb noch A. Berger die drei Gattungen in verschiedene Gruppen einteilte. Aber in dieser Verlagerung der Blüte zeigt sich eben eine Progression, die vollkommen parallel mit der fortschreitenden Reduktion der Cotyledonen und der Sämlingsbestachelung verläuft. Hier gibt also ein konstantes Merkmal eine Verbindung, die die Progressionen der anderen Merkmale erst als solche erkennen läßt, trotz sehr großer habitueller Unterschiede bei adulten Pflanzen, die sich jedoch ebenfalls als eine Progression erweisen.

Auf diese Weise zerfällt der bearbeitete Formenkreis auf Grund der Totalanalyse in mehr oder weniger scharf umrissene, in sich gut geschlossene Gruppen, die zunächst noch keine klare Verbindung untereinander erkennen lassen. Daneben werden aber gewöhnlich auch einzelne Formen übrigbleiben, die wir weder der einen noch der anderen dieser Gruppen ohne weiteres anzuschließen vermögen. Diese Einzelformen werden wir später noch viel sorgfältiger zu überprüfen haben, da sie sehr häufig die Bindeglieder abgeben werden. Es muß als selbstverständlich vorausgesetzt werden, daß sie sich auf Grund ihres Typus als tatsächlich zum untersuchten Formenkreis gehörig erwiesen haben. Nichthinzugehöriges muß in diesem Stadium der Arbeit selbstverständlich bereits ausgeschieden sein.

Das „Genus primitivum" und die Hauptprogressionsrichtungen (Genera progressiva)

Diese Gruppen werden in der Regel bereits aus mehreren Gattungen bestehen. Umfassen sie nur eine einzige Gattung, so sind sie wie die Einzelformen weiterzubehandeln. Nun gilt es innerhalb der Gruppen alle Progressionen zu verfolgen und die so gefundenen Reihen auch geographisch zu überprüfen. Merkmale, bei denen anfangs ein Zweifel bestehen konnte, ob sie als primitiv oder als reduziert zu betrachten sind, werden sich nun auf Grund der immer klarer hervortretenden Entwicklungslinie, klar als das eine oder das andere herausstellen. Infolgedessen sind wir — immer unter Kontrolle durch die geographischen Tatsachen — nun in der Lage, innerhalb der Gruppen das „Genus primitivum" und die „Genera progressiva" sowie die Richtungen, in denen sich die Genera progressiva vom Genus primitivum abzweigen, festzustellen.

Wir erhalten also — immer noch innerhalb mehrerer, miteinander nicht verbundener Gruppen —

1. einen Ausgangspunkt (das Genus primitivum),
2. (meist) mehrere von diesem Ausgangspunkt abzweigende Hauptprogressionsrichtungen.

Die Hauptprogressionsrichtungen lassen dann ihrerseits wieder häufig eine weitere Teilung der Progressionsrichtung erkennen. Denn daß alle Linien sich genau von *einem* Ausgangspunkt aus verteilen, ist sehr unwahrscheinlich, wenn auch nicht unmöglich.

Bewertung verschieden gerichteter Progressionen der einzelnen Organe

Bei der Gruppenbildung wird nun der Fall nicht selten auftreten, daß die Progressionen der verschiedenen Organe durchaus nicht gleichsinnig verlaufen.

Das ist nicht etwa so zu verstehen, daß an einem Organ oder einer Organgruppe eine vervollkommnende, an einem anderen reduktive Progressionen auftreten. Denn diese können dennoch gleichsinnig in der Weise verlaufen, daß sie im Sinne der gleichen Entwicklungslinie liegen. So findet man überaus häufig (bisher freilich meist verkannt!) Reduktion der Blüten verbunden mit Komplikation der Infloreszenz. Hier übernimmt die Gesamtinfloreszenz die Funktion der „Blume" im blütenbiologischen Sinne, wird also zum Pseudanthium, zur „Blume höherer Ordnung".

Diese Ungleichsinnigkeit ist vielmehr dann gegeben, wenn die verschiedenen Organe oder Teile der Pflanze Entwicklungstendenzen zeigen, die verschiedenen Richtungen angehören. Es kann auch der Fall häufig vorkommen, daß ein Organ sehr primitiv *bleibt,* d. h. sich gegenüber der Ursprungsform wenig oder selbst gar nicht ändert, während andere als hochabgeleitet angesprochen werden müssen. Solche Erscheinungen werden besonders häufig bei den „Genera primitiva" auftreten, jenen Gattungen also, die an der Progressionsverzweigung stehen. Als ein Beispiel dieser Art wurde bereits im theoretischen Teil auf die Gattung Rhinopetalum hingewiesen, deren Blüten noch sehr Lloydia ähnlich gebaut sind, jedoch an einem Tepalum einen mächtigen Honigsporn besitzen, die ferner zwei Grundblätter wie Erythronium und eine Infloreszenz wie Fritillaria hat, zu deren Subgenus Theresia sie ja auch von manchen Autoren einbezogen wurde.

Wertung der Merkmale

In solchen Fällen gewinnt die richtige Wertung der Merkmale, wie sie oben angeführt wurden, sehr große Bedeutung.

Auch dafür ein Beispiel: Die Liliaceae-Wurmbeoiden-Gattung Gloriosa besitzt prächtige große Tagschwärmer-Blumen, die mit ihren zurückgerollten Tepalen und den abstehenden Staubblättern mit versatilen Antheren außerordentlich an hochabgeleitete Blüten sphyngidenblütiger Lilium-Arten erinnern, ja infolge des ausgeprägten Knickes der Griffelbasis, nach E c k a r d t einer Hemmungserscheinung des dritten Karpells, sogar noch höher abgeleitet erscheinen, als diese. Abgesehen von den morphologischen Verhältnissen der vegetativen Teile der Pflanze, die von vornherein eine engere Bindung mit Lilium ausschließen, zeigt aber auch die Blüte Merkmale, die ihre relative Primitivität gegenüber Lilium erkennen lassen: Erstens einen sehr mangelhaften Knospenverschluß, durch den die Tepalen schon lange vor der Anthese an der Spitze klaffen und eine sehr späte Farbstoffentwicklung. Wenn die Blüten sich entfalten, sind die Tepalen in der Basalregion und längs der Mittelstreifen noch grün und nur der Saum der Lamina purpurn. Erst später werden diese grünen Teile leuchtend gelb und der ursprünglich infolge des Chlorophyllgehaltes trübrote Teil scharlachrot. In diesen beiden Merkmalen stehen die Blüten noch denen von Ornithoglossum sehr nahe, die auch zurückgerollte Tepalen haben, jedoch viel kleiner sind. Die großen Sphyngidenblumen von Gloriosa sind also nur im Rahmen ihrer Entwicklungslinien als hochabgeleitet zu betrachten.

Daraus geht nun eindeutig hervor, daß auch die verschieden gerichteten Progressionen stets nur in der dynamischen, schrittweisen Betrachtung von Entwicklungsstufe zu Entwicklungsstufe richtig bewertet werden können. Auf diese Weise wird sich aber zeigen, daß, abgesehen von Tendenzmerkmalen, die zusammenhanglos auftreten, und sich nicht weiter verfolgen lassen, die verschiedenen Entwicklungstendenzen nicht gleichzeitig in Erscheinung treten, sondern sozusagen stufenweise. Man wird in diesen Fällen *alle* Arten der betreffenden Gattung zu untersuchen haben und dabei innerhalb der Gattung eine ursprünglichste Art (species primitiva) feststellen können, die manche der Entwicklungstendenzen noch nicht oder noch nicht ausgeprägt erkennen läßt. So wird sich die eine oder andere Progressionsrichtung als Hauptprogressionsrichtung erweisen, nicht allein dadurch, daß sie bereits bei den ursprünglichsten Formen der Entwicklungsreihe zu erkennen sind, sondern auch durch eine beträchtliche Konstanz. Sie wird dadurch zum Bindeglied oft auch stark veränderlicher Linien. Von dieser Hauptprogressionsrichtung können nun Abzweigungen auftreten, die durch Progressionen anderer Organe gekennzeichnet sind und ihrerseits wieder divergent verlaufen können.

Kennzeichen der höheren Entwicklungsstufe

Die höhere Entwicklungsstufe zeigt sich also darin, daß immer neue Entwicklungstendenzen zu den ursprünglichen, die Hauptprogressionsrichtung kennzeichnenden hinzutreten. Dabei wird man aber selbstverständlich die Wertigkeit der Merkmale sehr zu beachten haben. Denn auch bei einer ursprünglich bleibenden Linie (also dem Genus primitivum) treten ja bei den einzelnen Arten neue Merkmale, also neue Entwicklungstendenzen in Erscheinung, sonst würde das Genus ja monotypisch bleiben, aber diese betreffen stets nur geringwertige Merkmale und beeinträchtigen daher nicht den primitiven Charakter der Gattung.

Unter Berücksichtigung dieser Grundsätze und bei dynamischer Verfolgung der Entwicklungslinien werden also solche Fälle mit divergentem Verlauf der Progressionsrichtungen sich nicht nur richtig auflösen lassen, sie werden sogar die stammesgeschichtliche Aufgliederung der betreffenden Formengruppe, d. h. die Aufstellung eines Stammbaumes für sie oft erleichtern.

4. Ausarbeitung der Entwicklungslinien der einzelnen Formenkreise

Für die in sich geschlossenen Formenkreise arbeitet man nun gleich ihre Stammesgeschichte, wie sie sich aus den festgestellten Progressionen erschließen läßt, aus.

Grundsätzliches

Hiebei sind folgende Grundsätze unbedingt zu beachten:

1. Die rezenten Formen, ausgenommen die der Art untergeordneten Kategorien, können zwar bei nachgewiesener Primitivität als unmittelbare, weniger abgeänderte Nachkommen der Stammformen aufgefaßt werden, sie dürfen aber auf keinen Fall als mit ihnen identisch betrachtet werden. Oder, anders ausgedrückt, eine rezente Form kann niemals als „Stammform" einer auf höherer Stufe stehenden anderen rezenten Form angesehen werden.

2. Eine über der Art stehende Kategorie kann, sofern sie nicht eine unnatürliche Zusammenfassung ist, nur *einen* Ursprung haben. Steht sie in

einer Weise zwischen zwei ursprünglicheren Formen, so muß festgestellt werden, zu welcher der beiden sie in stammesgeschichtlicher Verbindung und zu welcher nur in konvergenter Entwicklung steht.

3. Die Entwicklungslinien müssen mit den geographischen Tatsachen im Einklang stehen, und zwar um so mehr, je niedriger die betreffende Kategorie steht. Das heißt, innerhalb einer Gattung sind die geographischen Entwicklungswege meist sehr klar erkennbar. Die Arten müssen sich auf das Mannigfaltigkeitszentrum der Gattung beziehen lassen.

Wenn man auch bei der Ausarbeitung der Entwicklungslinien dieser kleineren Gruppen nicht auf die Phylogenie der einzelnen Arten eingehen wird, da dies einesteils zu weit führen und dadurch das Bild verwirren würde, dessen höchst mögliche Prägnanz doch angestrebt werden soll und anderseits überhaupt, wie im ersten Teile dieses Buches angeführt wurde, in den Arbeitsbereich des Genetikers gehört, so muß man doch bei vielgestaltigen Gattungen oft die Untergattungen und selbst noch kleinere Kategorien in den Stammbaum aufnehmen, um den Progressionsverlauf innerhalb der höheren Einheit klar auszudrücken.

Der „Stammbaum"

Die Entwicklungslinien werden in Gestalt eines Stammbaumes dargestellt. Es muß daher hier auf die alte Frage der Berechtigung einer stammbaummäßigen Darstellung wenigstens kurz eingegangen werden, obwohl bereits Diels[5] sich grundsätzlich für sie ausgesprochen hat.

Falsche und richtige graphische Darstellungsform

Man hat den „Stammbäumen", also der graphischen Darstellung der Entwicklungslinien wiederholt vorgeworfen, daß sie „doch meist falsch" seien. Mit Recht und mit Unrecht! Mit Recht, wenn sie so ausgeführt sind, daß eine rezente Form oder Formengruppe aus einer anderen rezenten abzweigend dargestellt wird, wie das meist der Fall ist. Es muß unter allen Umständen der erste der obigen Grundsätze eingehalten werden. Ich finde daher jene Darstellungsweise als besonders zweckmäßig, wie sie A. Berger[6] anwendet. Bei dieser Methode liegen alle rezenten Gattungen in gleicher Höhe als Endpunkte des Linienstammbaumes, der nichts anderes ist und nichts anderes sein will als der Verlauf der festgestellten Hauptprogressionsrichtungen und der Progressionsverzweigungen. Der Primitivast, von dem man annimmt, daß er eine mehr oder weniger geradlinige Fortentwicklung der Stammform ist, wird dieser Anschauung entsprechend als gerade Linie dargestellt, an deren Endpunkt die primitivste rezente Gattung (oder Untergattung usw.) steht. Die abzweigenden Linien werden von dieser Hauptlinie seitlich abgezweigt, wobei die Reihenfolge der Abzweigungen, d. h. das vermutete relative Alter der Auszweigungen (der Progressionsverzweigungen) durch verschieden hohen Ansatz der Abzweigungen dargestellt wird. Unsichere Anschlüsse, d. h. solche, die zwar ohne Zweifel verbunden sind, deren genauen Anschluß bzw. deren

[5] Diels, L., Die Methoden der Phytographie und Systematik. In Abderhalden, Handb. d. biolog. Arbeitsmethoden. Abt. XI, Teil 1.

[6] Berger, A., Die Entwicklungslinien der Kakteen, Jena 1926.

relatives Alter sich nicht sicher nachweisen lassen, werden als punktierte Linien dargestellt.

Solche „Stammbäume" sind nicht falsch, denn den Verlauf der Progressionen kann man auch allein durch das Studium der rezenten Formen weitgehend erkennen und fixieren. Diesen Verlauf in Worten darzustellen, ist aber praktisch unmöglich. Was ein Blick auf die graphische Darstellung sofort in voller Klarheit zeigt, läßt sich auch mit vielen Worten nicht mit der erwünschten Prägnanz wiedergeben.

In dieser Prägnanz aber liegt der Hauptwert der graphischen Darstellung: Sie zwingt den Bearbeiter zu sorgfältigster genauer Arbeit bei den Untersuchungen, läßt ihm schon beim ersten Versuch der graphischen Darstellung Unklarheiten erkennen, die noch zu beseitigen sind, und — das halte ich für besonders wesentlich — sie zwingt ihn, seine Meinung eindeutig und unverschwommen festzulegen. Der Autor phylogenetischer Arbeiten muß so genau gearbeitet haben, daß er mit dem Stammbaum eindeutig ausdrücken kann: Diese Zusammenhänge haben meine Untersuchungen eindeutig aufgedeckt, dafür stehe ich ein! Unsere systematische Literatur von heute führt allzuoft die Worte: „möglicherweise" und „vielleicht", wenn es sich um verwandtschaftliche Beziehungen handelt. Die graphische Darstellung aber ist eindeutig und zeigt genau den auf Grund der Bearbeitung erzielten Stand der Kenntnis verwandtschaftlicher Beziehungen. Treten später, z. B. durch ergänzendes Material neue Erkenntnisse hinzu, so darf der Bearbeiter sich nicht scheuen, allenfalls Änderungen vorzunehmen. Hat er aber wirklich sorgfältig und dynamisch gearbeitet, so werden diese nur mehr geringfügige Ergänzungen sein.

5. Zusammenfügen der einzelnen Entwicklungslinien zu einem Gesamtstammbaum

Diese nunmehr in ihren Entwicklungslinien ausgearbeiteten Formengruppen stellen monophyletische, in sich geschlossene Einheiten, also einzelne Äste des Stammbaumes dar. Man wird ihnen daher oft die Kategorie eines Tribus oder Subtribus zubilligen können. Das „Genus primordioides" ist damit für diese Gruppen aber doch noch nicht endgültig festgestellt. Denn es sind ja einzelne Formen, die sich nicht in eine der geschlossenen Gruppen einbauen ließen, noch gänzlich unbearbeitet geblieben.

Überprüfung der isolierten Gattungen auf Grund der ermittelten Kenntnis der Gesetzmäßigkeiten

Nachdem nun die Entwicklungslinien der gut geschlossenen Einheiten ausgearbeitet sind, geht man an die neuerliche Überprüfung dieser isolierten Gattungen. Die bisherigen Ausarbeitungen haben eine noch wesentlich vertiefte Kenntnis der Gesetzmäßigkeiten der Entwicklung des bearbeiteten Formenkreises vermittelt. Vor allem haben sie die primitivsten und die höchst entwickelten Formen (in vervollkommnendem oder in reduktivem Sinne) erkennen lassen. Da die isolierten Formen doch irgendwie mit den geschlossenen Gruppen in Beziehung stehen müssen, kann man mit einiger

Wahrscheinlichkeit eine solche mit den beiden extremen Formen vermuten. Bei der Suche nach der Verbindung leistet uns nun die geographische Bearbeitung außerordentlich gute Dienste. Durch Vergleich des Areales der isolierten Form mit den Arealen der geschlossenen Gruppen, insbesondere mit eben den extremen Formen, kann man einen wertvollen Hinweis erhalten, in welcher Richtung die weiteren Untersuchungen besonders ausgeführt werden müssen. Bei diesen isolierten Formen haben wir es ja teils mit solchen zu tun, die durch besondere Progressionen sich von den anderen trennen, die also als besonders abgeleitete oder doch sehr selbständige Gattungen erweisen, oder aber um solche, deren Merkmale sowohl zu einer als auch zu einer anderen Gruppe so viele Beziehungen haben, daß man sie keiner der beiden zuteilen wollte, bevor ihre Stellung noch genauer geklärt war. In diesen haben wir es also mit Bindegliedern zu tun.

Formen mit besonderen Progressionen

Betrachten wir nun zunächst den ersten Fall. Wie eben angedeutet wurde, gibt es auch hier zwei Möglichkeiten.

A. Die *Form zeigt* überhaupt *sehr spezifische Gesetzmäßigkeiten* (Progressionen), d. h. Kombinationen, die in keiner der geschlossenen Gruppen auftreten. In diesem Falle haben wir es unzweifelhaft mit einer, wahrscheinlich sehr alten, tatsächlich ganz isolierten Entwicklungslinie zu tun, die unbedingt auch selbständig geführt werden muß, also Tribuscharakter hat, selbst dann, wenn sie nur durch eine einzige monotype Gattung, also durch eine einzige Art vertreten ist. Ein solcher Fall liegt in dem unten als Beispiel dargestellten Stammbaum der Liliaceae-Wurmbeoideae in der Tribus Baeometrae vor, die nur von Baeometra columellaris gebildet wird. Der Anschluß an den gesamten Stammbaum, der unten näher besprochen werden wird, liegt sehr weit unten als selbständige Auszweigung des zweiten Hauptastes der Unterfamilie.

B. Die *Form zeigt eine größere Anzahl von Tendenzen, die sie mit einer der geschlossenen Gruppen gemeinsam hat, wird aber durch ein oder mehrere hochwertige Merkmale von dieser entfernt,* die eine Zusammenfassung in diese Gruppe untunlich erscheinen lassen. In diesem Falle haben wir es also mit einer hochabgeleiteten Form zu tun. Wo ihr Anschluß liegt, wird sich wohl stets, sowohl aus der morphologischen Totalanalyse als auch aus der vergleichenden Arealgeographie erweisen lassen. Sie muß also als eine sehr junge Auszweigung jenes Zweiges aufgefaßt werden, dem sie am nächsten steht. In diesem Falle muß, um die Entscheidung zu fällen, ob sie ebenfalls als — nun aber hochabgeleitete — Tribus zu zählen, oder in die „Abstammungstribus" als höchste Ableitungsform einzubeziehen ist, eine genaue Untersuchung der Arten und selbst Individuen der nächst verwandten Gattung zur Gewißheit führen, ob Bindeglieder vorhanden sind oder nicht. In erster Linie wird diese Entscheidung allerdings von Wertigkeit und Zahl der trennenden Merkmale abhängen. Ist der Unterschied zu groß, so wird man, wenn nicht ausgesprochene Übergangsformen existieren, ihr in der Regel ebenfalls Tribuscharakter beimessen. Im anderen Falle, also bei Vorhandensein verbindender Zwischenformen, oder bei geringerer Wertigkeit oder Zahl der trennenden Merkmale, wird man sie hingegen der „Abstammungstribus" zuteilen und als Subtribus führen.

Formen in Mittelstellung

Wir kommen nun zum zweiten Fall, also zur verbindenden Stellung einer solchen Form. Auch in diesem Falle werden wir neue Untersuchungen führen, die zu entscheiden haben werden, wie eigentlich die Beziehungen zu den beiden Formengruppen sind. Wir müssen uns hiezu die Ausführungen über Progressionsverzweigungen im theoretischen Teil dieses Buches besonders vor Augen halten. Aus diesen geht hervor, daß nicht allein das Bindeglied als solches zu betrachten ist, sondern auch das gegenseitige Verhältnis der beiden verbundenen Formengruppen sehr wesentlich bei der Entscheidung über die Stellung des Bindegliedes in Betracht gezogen werden muß. Da die im theoretischen Teil als dritter Fall angeführte Möglichkeit einer Progressionskreuzung hier nicht in Betracht kommt, weil es sich ja nicht um Arten, sondern um höhere Kategorien handelt, müssen wir die nach den Schemata 1 und 2 des theoretischen Teiles gegebenen Möglichkeiten erwägen. Es wird sich aber, da es sich hier um ganze Sektionen oder Gruppen von Gattungen handelt, auch noch eine andere Möglichkeit der „Zwischenstellung" zeigen.

Mittelstellung in höheren Kategorien

Die Verzweigungsschemata gelten hier ebenso wie bei dem Verhältnis von Arten zueinander, nur müssen wir uns vor Augen halten, daß A und C nicht einzelne Arten, sondern ganze Stammbaumäste sind, die sich weiterverzweigen. Die Zwischenform B kann eine monotype Gattung sein, aber auch selbst sich in Arten auflösen.

Fall 1, echte Übergangsform. (Schema 1, von S. 51.) In diesem Falle liegt das Verhältnis der Gruppe A zur Gruppe C so, daß C die Fortsetzung der bereits in A angebahnten Entwicklungsrichtung ist. D. h. die Gruppe C zeigt alle Entwicklungstendenzen, die in Gruppe A bereits auftreten und trennt sich von ihr ausschließlich dadurch, daß neue Tendenzen von so hoher Wertigkeit hinzugetreten sind, daß eine Vereinigung nicht tunlich erscheint. A steht also zu C im Verhältnis der primitiveren Gruppe zur höheren. Hier liegt nun das Bindeglied B dazwischen, tatsächlich als „Übergangsform" im eigentlichen Sinne des Wortes. In linearer Anordnung würde also kaum ein Zweifel bestehen können, wo die Form B zu stehen hat, eben zwischen Gruppe A und Gruppe C. In der Ermittlung der phyletischen Verhältnisse aber genügt das nicht, da eine größere Genauigkeit erforderlich ist, um die Entwicklungslinien zu präzisieren. Es ergeben sich da wieder mehrere Möglichkeiten:

a) Die Zwischenform B ist so geartet, daß sie einen fließenden Übergang zwischen den Gruppen A und C, ohne eine Unterbrechung der Progressionen bildet. Hier sind also A und B tatsächlich „verbunden" und man wird ihnen kaum den Charakter von Tribus beimessen können. A, B und C werden dann zu einer Tribus vereint.

b) Zwischen Gruppe A und C sind sehr wesentliche Unterschiede. Die Zwischenform B läßt aber die Verbindung, d. h. die Abstammung von C aus B erkennen. In diesem Falle muß mit großer Sorgfalt ermittelt werden, ob die Form B sich als höchste Entwicklungsstufe der Gruppe A oder als die primitivste der Gruppe C erweist. Im letzteren Falle würde sie also das „Genus primitivum" der Gruppe C sein, dessen Abstammungslinie im Stammbaum gerade verläuft und die höheren Formen der Gruppe C abzweigen läßt. Bei der Aufstellung der Kategorien wird aber wohl zu überlegen sein, ob A und C nicht nur als Subtribus zu werten wären. Entscheidend ist da ausschließlich die Wertigkeit der Unterschiede. Im allgemeinen bin ich allerdings der Ansicht, daß bei einer geradlinigen Fortsetzung einer Progressionsreihe keine Tribusgrenze gesetzt werden soll, da sie in der linearen Anordnung des Textes eine nicht wirkliche Unterbrechung der Entwicklungslinie herbeiführt.

c) Wäre dann nur ein Spezialfall von b), der dann gegeben ist, wenn sowohl von der Gruppe A zur Zwischenform B, als auch von dieser zur Gruppe C eine so scharfe Grenze liegt, daß sie weder zu A noch zu C gestellt werden könnte. Dieser Fall dürfte wohl sehr selten vorkommen. Man würde ihn dann so ausdrücken, daß auch für die Zwischenform B eine eigene Subtribus aufzustellen wäre.

Im Stammbaum würde sich dieser Fall so ausdrücken, daß die Abstammungslinie von B sehr tief vom höchsten Ast der Gruppe A abzweigt, und ihrerseits ebenfalls sehr tief, *fast* in gleicher Höhe die Linie der primitivsten Form der Gruppe C entläßt.

Fall 2, Progressionsverzweigung. (Schema 2, S. 51.) Dieser Fall, die echte Progressionsverzweigung, liegt dem ersten gegenüber verhältnismäßig einfach in der Behandlung. Weniger einfach ist die Feststellung zu treffen, daß ein solcher Fall vorliegt und, wie schon im theoretischen Teil ausgeführt, wurde er tatsächlich bisher sehr oft verkannt. Er ist dadurch charakterisiert, daß die „Zwischenform" B primitiver ist, als die Formen *beider* Folgegruppen A und C. Sie ist ein direkter Nachkomme jener Stammform, von der die Stammbaumäste A und C abgezweigt wurden. Erkennbar wird diese Tatsache dadurch, daß A, B und C den gleichen Grundbauplan besitzen, der ihre enge Verwandtschaft erkennen läßt. B zeigt Merkmale, die sowohl nach A als auch nach C hinleiten können, je nachdem welche weiteren Progressionen hinzutreten. Das Verhältnis von A und C ist dadurch charakterisiert, daß die hinzutretenden Progressionen in verschiedene Richtungen leiten, also z. B. in A eine vervollkommnende, in C eine reduktive Progressionsreihe realisiert wird, oder, wie in dem im theoretischen Teile angeführten Beispiel der Epiphyllanae, A einen nachtblühenden (Phyllocactus [Epiphyllum]), C einen tagblühenden Zweig (Chiapasia, Disocactus, Wittia) darstellt, während das Bindeglied B (Nopalxochia) eine Entwicklung nach beiden Richtungen möglich erscheinen läßt. In diesem letzteren Beispiel handelt es sich um so eng verwandte Formen, daß man sie alle nur zu einer Tribus zusammenfassen kann, in der Eccremocactus und Nopalxochia als Genera primitiva im Stammbaume in der Mitte zwischen den beiden Gruppen von Genera progressiva stehen. In der linearen (textlichen) Darstellung muß das Genus primitivum naturgemäß vorangehen.

Sind die Gruppen A und C so verschieden, daß jede als selbständige Tribus (Subtribus) geführt werden muß, dann muß in diesem Falle auch der „Zwischenform" B der *gleiche* Rang wie diesen gegeben werden, die dann als Tribus (Subtribus) primitiva bezeichnet werden muß.

Fall 3, Konvergenzerscheinung. Der dritte Fall von Zwischenform der eben erwähnt wurde, ist weder ein Bindeglied in einer geradlinig fortschreitenden Progressionsreihe noch eine Mittelform in einer Progressionsverzweigung, sondern einfach eine Konvergenzerscheinung.

Er mag im Modellvergleich etwa in folgender Weise charakterisiert werden. Die Zwischenform gehört im wesentlichen zum morphologischen Typus der Gruppe A oder läßt sich doch aus diesem Typus mehr oder weniger klar ableiten. Er besitzt jedoch auch Merkmale, die bei gewissen ebenfalls abgeleiteten Formen der Gruppe C (also mit dem allgemeinen morphologischen Typus von C) ebenfalls auftreten und die sie diesen mehr oder weniger ähnlich werden lassen. Bezeichnend ist hier also, daß die „verbindenden" Merkmale das Ergebnis von Progressionen des „Typus A" sind und sich von den primitiveren Formen dieser Gruppe ableiten lassen. Es handelt sich bei ihnen also — auch wenn es reduktive Erscheinungen sind — um eine Höherentwicklung aus den Primitivformen der Gruppe A.

Handelt es sich bei den „ähnlichen" Formen der Gruppe C ebenfalls um solche, die aus unähnlichen Primitivformen der Gruppe C progressiv entstanden sind, dann ist dieser Fall relativ einfach zu klären. Es kann aber recht schwierig werden, wenn mehr oder weniger alle Vertreter der Gruppe C die in A als abgeleitet erkannten Merkmale aufweisen. Solche Fälle bedürfen sehr sorgfältiger Prüfung, um sie von Zwischenformen der beiden ersten Fälle zu unterscheiden. Nur durch Totalanalyse und die dynamische schrittweise Ableitung der Formen jeder Gruppe kann man sich vor Fehldeutungen schützen. Dabei muß immer beachtet werden, daß im ersten Falle (Übergangsform) der gesamte Typus Übergangscharakter trägt und die Gruppe C höher organisiert ist als die Zwischenform, im zweiten Falle (Progressionsverzweigung) die Zwischenform ursprünglicher als beide Gruppen A und C ist, in diesem Falle aber die „Ähnlichkeitsmerkmale" typisch mehr oder weniger hoch abgeleitete Charaktere, also das Ergebnis letzter, zum Typus von A hinzugetretener Tendenzen sind.

Ein gutes Beispiel dieser Art geben die apetal und einsamig gewordenen (reduktive Progression!) Caryophyllaceen, deren Blüten denen gewisser Chenopodiaceen (also eines anderen Astes des Stammbaumes) habituell „ähnlich" geworden sind.

Gerade dieser Fall ist außerordentlich häufig verkannt worden, da der statischen „Ähnlichkeitsmethode" die Möglichkeit fehlte, bei gleicher Entwicklungshöhe auftretende Konvergenzen als solche zu erkennen, da ihr der morphologische Typusbegriff fremd war.

In der Konstruktion des Stammbaumes kann man, wenn die Gruppen A und C benachbart sind, die Konvergenz dadurch andeuten, daß man die beiden „ähnlichen" Zweige der Gruppe A und C so abzweigt, daß sie nebeneinander zu liegen kommen. Da es sich in diesen Fällen um hochabgeleitete Formen handelt, die also von der Abstammungslinie des Genus primitivum der betreffenden Gruppe weit abseits, und meist am weitesten außen liegen, läßt sich dies in der Regel, wenn auch nicht immer durchführen, wenn die konvergenten Formen nicht, wie bei dem Caryophyllaceen-Beispiel, zu wesentlich verschiedenen Stammbaumästen gehören.

Das Ergebnis dieser Aufarbeitung der isoliert stehenden und der Zwischenformen ist eine vollständige Aufgliederung des bearbeiteten Formenkreises in mehr oder weniger selbständigen Gruppen, denen, je nach der Lage, Tribus- oder Subtribuscharakter unter Umständen aber auch der Charakter einer höheren Kategorie beigemessen werden kann.

Feststellung der primitivsten Gruppe

Der nächste Schritt muß nun die Feststellung der primitivsten dieser Gruppen sein. Auch hier wieder ist „Primitivität" nicht mit „Einfachkeit" zu verwechseln! Die Primitivität (Ursprünglichkeit) gibt sich auch hier wieder dadurch zu erkennen, daß von den im Gesamtbereiche auftretenden Tendenzen mehr oder weniger nur jene bereits ausgebildet sind, die als verbindende Charaktere allen Gruppen gemeinsam sind, bzw. aus denen sich in dynamischem Verfolg der Entwicklung die Charaktere der anderen Gruppen in vervollkommnender oder reduktiver Progression ableiten lassen.

Schrittweiser Aufbau der Verbindungen zwischen den einzelnen Gruppen

Diese Ableitung von der Grundlinie der ursprünglichsten Tribus ergibt nun im schrittweisen Aufbau die Verbindung zwischen den einzelnen Gruppen zu einem zusammenhängenden Stammbaum. Wo sich dabei für eine Entwicklungslinie — meist handelt es sich dabei um alte Abzweigungen — wohl die Richtung aber nicht der genaue Ansatzpunkt feststellen läßt, wird die Abzweigung punktiert eingezeichnet.

Übergang zu einer höheren Unterfamilie

Bisher haben wir stillschweigend die Annahme getroffen, daß alle Gruppen (Tribus) die wir untersuchten, auf einer Stufe standen, d. h. durch gemeinsamen Typus in einer Weise verbunden sind, daß sie miteinander zu einer größeren Kategorie (Subfamilia) vereint werden können. Erstreckt sich die Bearbeitung jedoch über einen größeren Bereich, also etwa über eine ganze Familie, so wird in der primitivsten Subfamilia der Fall eintreten, daß an irgend einer Stelle, oft in letzten Auszweigungen ein Progressionssprung, d. h. das Hinzutreten einer sehr wesentlichen neuen Tendenz so verändert, daß er sich in den Typus einer anderen, abgeleiteteren Unterfamilie verwandelt. Mit anderen Worten, wir werden jenen Punkt finden, aus dem sich aus der Subfamilia primitiva eine Subfamilia progressiva abzweigt.

Wollten wir nun an dieser Stelle den ganzen Stammbaum der Subfamilia progressiva einzeichnen, so würde einesteils die Geschlossenheit des einen Stammbaumes, der ja alle Formen einer Subfamilie umfaßt, vollkommen gestört werden, anderseits die gesamte Konstruktion derart unübersichtlich werden, daß sie ihren Hauptwert, die Klarheit der Entwicklungslinien, verlieren würde. Anderseits aber ist gerade die Abzweigung einer höheren Gruppe von allergrößter Bedeutung.

In einem solchen Falle wird am besten nur der Abstammungsast der höheren Unterfamilie eingezeichnet und an sein Ende die Worte: „Anschluß der Unterfamilie . . .“ in eine Umrandung, die diese Worte heraushebt und gleichzeitig von den Gattungsnamen trennt, gesetzt.

Für die abgeleitete Unterfamilie aber wird ein eigener Stammbaum entworfen, der nun den Anschluß dadurch heraushebt, daß an die Basis der Hauptabstammungslinie der Namen der Subfamilia primitiva und der Tribus welcher der Ast entspringt, gesetzt wird, was ja freilich, stammesgeschichtlich gesehen, nicht ganz korrekt ist.

Beispiel eines „Stammbaumes“

Als ein Beispiel eines so ausgearbeiteten Stammbaumes einer Unterfamilie sei nachstehend der Stammbaum der Liliaceae-Wurmbeoideae wiedergegeben. In diesem ist nun noch ein Hilfsmittel angewandt, das aber durchaus nicht erforderlich ist, jedoch die Entwicklungslinien noch wesentlich

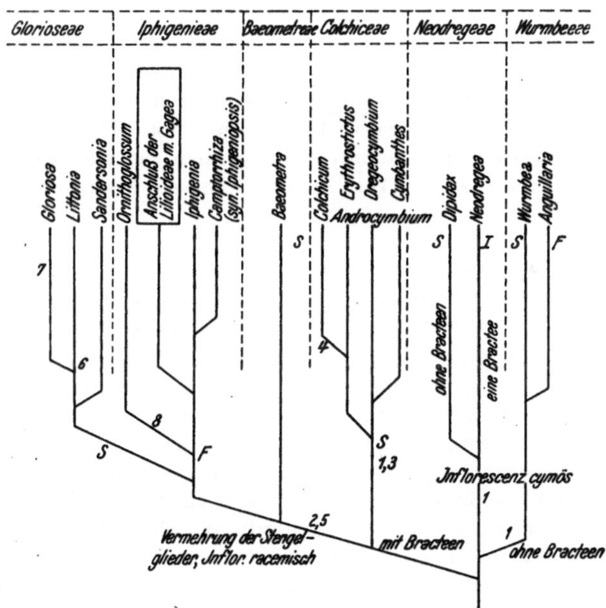

Schema 7. Beispiel eines Stammbaumes. (Liliaceae-Wurmbeoideae.)

besser charakterisiert: Es ist dies eine Legende zum Stammbaum. Durch sie werden einesteils die Hauptkennzeichen der einzelnen Hauptäste gleich in den Stammbaum eingefügt, anderseits aber auch die, die Höherentwicklung bedingenden Tendenzen und ihr konvergentes Auftreten in den verschiedenen Zweigen deutlich gemacht. Über dem ganzen Stammbaum liegt eine Kapitelzeile, die die Namen der einzelnen Tribus trägt. Besonders hingewiesen sei bei diesem Stammbaum auf die Gattung Androcymbium. Diese Gattung zerfällt in drei Untergattungen, von denen Dregeocymbium eine Mittelstellung einnimmt, während sich Cymbanthes nach einem, Erythrostictus nach dem anderen extrem weiterentwickelt. Die in Erythrostictus bereits auffallende Neigung zur Stengellosigkeit führt dann in letzter Auszweigung zur Gattung Colchicum. Es war in diesem Falle daher notwendig, nicht nur die Gattung Androcymbium als solche, in den Stammbaum einzutragen, sondern es mußten auch ihre inneren Entwicklungslinien ausgearbeitet werden, um den Anschluß von Colchicum richtig darzustellen.

Dieses Verfahren werden wir bei allen jenen Fällen anzuwenden haben, in denen eine Gattung in mehrere Untergattungen mit wesentlich verschiedenen Charakteren zerfällt, ganz besonders dann, wenn eine derselben, wie hier, in Fortsetzung ihrer Progressionsrichtung zur Entstehung einer anderen Gattung führt.

6. Die lineare Anordnung der Gattungen auf Grund des Stammbaumes

Ist der Stammbaum ausgearbeitet, so erübrigt sich nur mehr, die gefundenen Entwicklungslinien in der textlich allein möglichen linearen Form darzustellen. Kann schon die in eine Ebene gebrachte Form des Stammbaumes nicht mehr alle gegenseitigen Beziehungen ganz klar ausdrücken, so ist dies in der linearen Anordnung der Gattungen noch viel weniger der Fall. Namentlich die relative Entwicklungshöhe läßt sich da, wo mehrere Höhepunkte auf verschiedenen Entwicklungslinien erreicht werden, schon im Stammbaum schwer ausdrücken; in der linearen Anordnung eigentlich gar nicht.

Erläuterungen am Stammbaum-Beispiel

Dies mag an dem wiedergegebenen Stammbaum der Wurmbeoideae erläutert werden. Die Wurmbeoideae erreichen an zwei Entwicklungsästen höchst abgeleitete und hochorganisierte Formen, eine dritte Entwicklungslinie bleibt an sich relativ primitiv, leitet aber zu der weit höherstehenden Unterfamilie der Lilioideae. Der eine Höhepunkt liegt in der Tribus Colchiceae mit Colchicum, der zweite in den Glorioseae mit Gloriosa. Die den Glorioseae stammesgeschichtlich nahestehende, aber ursprünglichere Tribus der Iphigenieae leitet zu den Lilioideae-Lloydieae über.

Wenn nun auch in der linearen Anordnung ohne Zweifel die Tribus Neodregeae als die ursprüngliche an die erste Stelle zu setzen ist, der die, dieser Tribus sehr nahestehenden, Anguillarieae zu folgen haben, ist es zweifelhaft, welche der drei Tribus Colchiceae, Iphigenieae und Glorioseae an den letzten Platz zu stellen wäre.

Behandlung der Abzweigungsstellen einer höheren Unterfamilie

Dieser letzte Platz soll einesteils mit der höchst abgeleiteten Tribus besetzt werden, anderseits aber — als Überleitung zur nächsthöheren Unterfamilie — mit der das Bindeglied enthaltenden Tribus, also hier mit den Iphigenieae. Nun zeigt es sich aber, daß die Iphigenieae gegenüber den

Glorioseae weitaus primitiver sind, da die Glorioseae sich an der Wurzel der Iphigenieae abzweigen. Es erscheint daher nicht ratsam, die relativ ursprünglichen Iphigenieae an den Schluß der Unterfamilie zu setzen.

Dieser Fall ist geradezu typisch. Denn wenn man sich einmal mit verschiedenen stammesgeschichtlichen Problemen beschäftigt hat, kommt man zu der Erkenntnis, daß Entwicklungssprünge, die zu einer höheren Stufe, also wie hier zu einer höheren Unterfamilie führen, fast niemals bei den höchstorganisierten, sondern meist schon an den ürsprünglichsten Gliedern einer Kategorie auftreten. Aus diesem Grunde kann man fast nie die Übergangsgruppe an den Schluß der betreffenden Kategorie stellen, da sie innerhalb dieser von anderen Entwicklungsästen weitaus überragt wird. So leiten sich z. B. die Aizoaceae und Cactaceae nicht von den den höher abgeleiteten Phytolaccaceen ab sondern schon von der Primitivgruppe Phytolaccinae.

Behandlung mehrerer Höchststufen

Im Falle der Wurmbeoideae werden wir also die Iphigenieae nicht an die letzte Stelle zu setzen haben, sondern eine der beiden hochabgeleiteten Gattungen Gloriosa oder Colchicum. Um diese Entscheidung treffen zu können, muß man den relativen Abstand der in Frage kommenden Tribus von der „Tribus primitiva" feststellen. Dabei zeigt es sich nun, daß Androcymbium ziemlich unmittelbar an die Neodregeae angeschlossen werden kann, während die Glorioseae sich erst über die vermittelnde Tribus Iphigenieae anschließen lassen. Wir müssen also die Glorioseae ols höher abgeleitet betrachten als die Colchiceae, was sich schließlich auch morphologisch aus dem höheren Typus des Gynöceums und der höheren Entwicklung der vegetativen Teile begründen läßt. Die Glorioseae werden also als höchste Tribus aufzufassen und an die letzte Stelle zu setzen sein.

Innerhalb der einzelnen Tribus sind nun für die Anordnung der Gattungen ähnliche Erwägungen maßgebend. Da jeder Tribus ein in sich geschlossener Stammbaumzweig ist, wird es allerdings relativ leichter sein, die Reihenfolge den stammesgeschichtlichen Verhältnissen anzupassen. Denn die Höhe der Abzweigung einer Gattungslinie ist ja zugleich als Maß für die Höhe der Entwicklungsstufe gedacht und überdies wird die Entfernung von dem Genus primitivum, d. h. die Zahl der dazwischenliegenden Gattungen auch einen gewissen Hinweis auf die Höhe der Ableitung, d. h. auf die morphologische Distanz geben.

Es wird vielleicht mehr als eine langatmige Erklärung dieses Vorgehen erläutern, wenn hier der obige Stammbaum der Liliaceae-Wurmbeoideae in einer linearen Aufstellung ausgearbeitet wird.

Diese Einteilung muß nun auch noch erläutert werden. Da von dem primitiven Tribus Neodregeae sich zwei Hauptäste abzweigen, sind diese, ohne eine Kategoriebezeichnung, als „Ast A" und „Ast B" ausgedrückt. Der Ast B ist nun in drei Gruppen gespalten, von denen eine, die Baeometreae monotyp und sehr isoliert bleibt, von den beiden anderen die Colchiceae in Colchicum einen Höhepunkt erreicht und die zweite, eine von den Iphigenieae zu den Glorioseae reichende Übergangsreihe aufweist, die hauptsäch-

Liliaceae

Subfamilia I	*Wurmbaeeoideae F. Buxb.*
Tribus primitiva 1.	*Neodregeae F. Buxb.*
Genus primordioides	1. *Neodregea C. H. Wright*
Genus progressivum	2. *Dipidax Lacos*
Ast A.	
Tribus 2.	*Wurmbeeae F. Buxb.*
Genus primitivum	3. *Wurmbea Thumb.*
Genus progressivum	4. *Anguillaria R. Br.*
Ast B.	
Tribus 3.	*Colchiceae F. Buxb.*
Genus primitivum	5. *Androcymbium Willd.*
	Sect. Dregeocymbium K. Krause
	Sect. Cymbanthes Benth. et Hook.
	Sect. Erythrostictus Benth.
Genus progressivum	6. *Colchicum Tourn.*
Tribus 4.	*Baeometreae F. Buxb.*
	7. *Baeometra Salisb.*
Tribus 5.	*Iphigenieae F. Buxb.*
Genus primitivum	8. *Iphigenia Kunth.**
	* Hier Anschluß der Liliaceae-Lilioideae-Lloydieae
Genus progressivum	9. *Camptorrhiza Phill. (Syn. Iphigeniopsis F. Buxb.)*
Genus progressivum	10. *Ornithoglossum Salisb.*
Tribus 6.	*Glorioseae F. Buxb.*
Genus primitivum	11. *Littonia Hook. f.*
Genus progressivum	12. *Sandersonia Hook. f.*
Genus progressivum	13. *Gloriosa L.*

lich durch die verschiedene Öffnung der Kapsel in zwei Tribus zerfällt und in Gloriosa einen zweiten Höhepunkt der Unterfamilie erreicht. Um diese Trennung in zwei Gruppen mit Höhepunkten und eine isolierte Tribus darzustellen, wird die lineare Anordnung nach den Colchiceae und nach den Baeometrae durch einen durchlaufenden Strich abgeteilt. Auf diese Weise ist nun auch in der linearen Fassung die Aufgliederung in selbständige Äste mit Höhepunkten der Entwicklung eingedeutet.

In allen Tribus ist das Genus primitivum an die erste Stelle gesetzt. Es erübrigt sich, wenn dieser Grundsatz strikte eingehalten wird, es gesondert zu bezeichnen.

In ganz genau der gleichen Weise geht man nun auch vor, wenn die Bearbeitung nicht eine Unterfamilie, sondern eine höhere Kategorie betraf. Allerdings muß dazu betont werden, daß es in solchen Fällen aus Gründen der Klarheit und Übersichtlichkeit nicht angebracht ist, alles in einem bis zu den Gattungen aufgeteilten Stammbaum zusammenzufassen. Man wird vielmehr für jede Kategorie einen Stammbaum entwerfen, der immer nur die nächst tieferen Kategorien umfaßt, für die wieder ein gesonderter Stammbaum zu entwerfen ist. Die lineare Anordnung kann aber im ganzen erfolgen.

Auflösung bei Bearbeitung ganzer Reihen

Betrifft die Bearbeitung eine ganze Reihe (ordo), dann ist wohl fast immer eine ähnliche Auflösung in mehrere Äste mit Höhepunkten zu erwarten, von denen mancher nur eine, mancher aber auch mehrere in gleichgerichteter Progression entwickelte Familien umfaßt. Man wird nun diesen Ästen den Rang einer Subordo geben, und, sofern sich innerhalb der Subordo ähnliche Abteilungen ergeben, wie unter den Tribus der Wurmbeoideae, ebenfalls das Hilfsmittel der Unterteilung durch einen Strich zweckmäßig gebrauchen.

Auf diese Weise wird es möglich sein, auch in der linearen Anordnung eine Übersicht der stammesgeschichtlichen Verhältnisse zu vermitteln, die noch textlich ausgeführt werden sollen, wo die graphische Darstellung — also der Stammbaum — z. B. aus Raummangel nicht wiedergegeben werden kann. In der phylogenetischen Ableitung allerdings darf auf diese unter gar keinen Umständen verzichtet werden.

Schlußwort

Die hier vertretene Erneuerung der systematischen Forschung in der Botanik steht an ihrem Beginn. Sie ist eigentlich bisher nur ein Programm. Das vorliegende Werk soll nun dieses Programm entwickeln und seine theoretischen Grundlagen, wie auch die erwiesenermaßen zum Ziele führende Methodik darstellen. Eine ungeheure Fülle von Arbeit ist noch zu leisten, unzählige, zum Teil grundlegende Probleme sind noch zu lösen. Um diese Aufgabe zu erfüllen, brauchen wir dringend einen weiten Forschernachwuchs, der sich nicht durch die Schwierigkeit der Aufgaben zurückschrecken läßt, sondern sich mit Begeisterung diesem interessantesten Zweig der „sciencia amabilis" zuwendet.

Diesem Forschernachwuchs sei dieses Buch gewidmet!